BIM 工程师专业技能培训教材

BIM 应用与项目管理

人力资源和社会保障部职业技能鉴定中心
工业和信息化部电子行业职业技能鉴定指导中心　组织编写
北京绿色建筑产业联盟 BIM 技术研究与推广应用委员会

BIM工程技术人员专业技能培训用书编委会　编

中国建筑工业出版社

图书在版编目(CIP)数据

BIM应用与项目管理/BIM工程技术人员专业技能培训用书编委会编．—北京：中国建筑工业出版社，2016.1

BIM工程师专业技能培训教材

ISBN 978-7-112-19018-8

Ⅰ．①B…　Ⅱ．①B…　Ⅲ．①建筑设计-计算机辅助设计-应用软件-技术培训-教材　Ⅳ．①TU201.4

中国版本图书馆CIP数据核字(2016)第010617号

本书为BIM工程师专业技能培训教材，结合大量工程项目技术实践经验，讲述了BIM技术与项目管理的结合，涵盖了项目设计、施工和运维。全书共分为5个章节，第1～2章主要分别从项目管理基础知识和BIM在项目管理中的应用与协同两个方面对BIM技术与项目管理做了简单介绍；第3～5章在前两章的基础上结合BIM技术目前在国内的应用现状，进一步从项目管理的设计阶段、施工阶段和运维阶段对BIM技术在项目中的应用和管理做了详细具体的介绍。本书适用于所有BIM领域从业人员，所有有意向学习BIM技术的人员，也可作为高校BIM课程的主教材。

*　*　*

责任编辑：封　毅　范业庶　毕凤鸣
责任设计：李志立
责任校对：陈晶晶　党　蕾

BIM工程师专业技能培训教材
BIM应用与项目管理

人力资源和社会保障部职业技能鉴定中心
工业和信息化部电子行业职业技能鉴定指导中心　组织编写
北京绿色建筑产业联盟BIM技术研究与推广应用委员会

BIM工程技术人员专业技能培训用书编委会　编

*

中国建筑工业出版社出版、发行(北京西郊百万庄)
各地新华书店、建筑书店经销
北京红光制版公司制版
北京市密东印刷有限公司印刷

*

开本：787×1092毫米　1/16　印张：11¾　字数：290千字
2016年1月第一版　2018年4月第八次印刷
定价：**30.00**元

ISBN 978-7-112-19018-8
(28163)

丛书编委会

本书编委会

主　　编：向　敏　　天津市建筑设计院

刘占省　　北京工业大学

副 主 编：赵雪锋　　北京工业大学

王　勇　　北京城建集团有限责任公司

主　　审：刘　睿　　华北电力大学

编写人员：王　毅　　中国建筑西北设计研究院有限公司

潘　婧　　联合建管（北京）国际工程技术研究院

申屠海滨　　陕西信实工程咨询有限公司

张　磊　　北京市第三建筑工程有限公司

张溥壬　　海航地产集团有限公司

关书安　　北京麦格天宝科技发展集团有限公司

汤红玲　　哈尔滨工程大学

王　媛　　北京麦格天宝科技发展集团有限公司

侯　兰　　四川建筑职业技术学院

丛 书 总 序

BIM（建筑信息模型）源自于西方发达国家，他们在BIM技术领域的研究与实践起步较早，大多建设工程项目均采用BIM技术，验证了BIM技术的应用潜力。改革开放以来，我国经济高速增长带动了建筑业快速发展，但建筑业同时面临着严峻的市场竞争和可持续发展诸多问题。在这个背景下，国内建筑业与BIM技术结缘日趋迫切；2002年以后我国建筑业开始慢慢接触BIM技术，在设计、施工、运维方面很大程度上改变了传统模式和方法。使项目信息共享，协同合作、沟通协调、成本控制、虚拟情境可视化、数据交付信息化、能源合理利用和能耗分析方面更加方便快捷，从而大大提高了人力、物料、设备的使用效率和社会经济效益。

当前，我国的建筑业面临着转型升级，BIM技术将会在这场变革中起到关键作用；也必定成为建筑领域实现技术创新、转型升级的突破口。围绕住房和城乡建设部关于《推进建筑信息模型应用指导意见》，在建设工程项目规划设计、施工项目管理、绿色建筑等方面，更是把推动建筑信息化建设作为行业发展总目标之一。国内各省市行业主管部门已相继出台关于推进BIM技术推广应用的指导意见，标志着我国工程项目建设、绿色节能环保、集成住宅、3D打印房屋、建筑工业化生产等要全面进入信息化时代。

如何高效利用网络化、信息化为建筑业服务，是我们面临的重要问题；尽管BIM技术进入我国已经有很长时间，所创造的经济效益和社会效益只是星星之火。不少具有前瞻性与战略眼光的企业领导者，开始思考如何应用BIM技术来提升项目管理水平与企业核心竞争力，却面临诸如专业技术人才、数据共享、协同管理、战略分析决策等难以解决的问题。

在“政府有要求，市场有需求”的背景下，如何顺应BIM技术在我国运用的发展趋势，是建筑人应该积极参与和认真思考的问题。推进建筑信息模型（BIM）等信息技术在工程设计、施工和运行维护全过程的应用，提高综合效益，是当前建筑人的首要工作任务之一，也是促进绿色建筑发展、提高建筑产业信息化水平、推进智慧城市建设和实现建筑业转型升级的基础。普及和掌握BIM技术（建筑信息化技术）在建筑工程技术领域应用的专业技术与技能，实现建筑技术利用信息技术转型升级，同样是现代建筑人职业生涯可持续发展的重要节点。

为此，北京绿色建筑产业联盟应工业和信息化部电子行业职业技能鉴定指导中心的要求，特邀请国际国内BIM技术研究、教学、开发、应用等方面的专家，组成BIM技术与技能培训教材编委会；针对BIM技术应用组织编写了这套BIM工程师专业技能培训与考试指导用书。这套丛书阐述了BIM技术在建筑全生命周期中相关工作的操作标准、流程、技巧、方法；介绍了相关BIM建模软件工具的使用功能和工程项目各阶段、各环节、各系统建模的关键技术。说明了BIM技术在项目管理各阶段协同应用关键要素、数据分析、战略决策依据和解决方案。提出了推动BIM在设计、施工等阶段应用的关键技术的发展和整体应用策略。

我们将努力使本套丛书成为现代建筑人在日常工作中较为系统、深入、贴近实践的工具型丛书，促进建筑业的施工技术和管理人员、BIM技术中心的实操建模人员，战略规划和项目管理人员，以及参加BIM工程师专业技能考评认证的备考人员等理论知识升级和专业技能提升。本丛书还可以作为高等院校的建筑工程、土木工程、工程管理、建筑信息化等专业教学课程用书。

本套丛书包括四本基础分册，分别为《BIM技术概论》、《BIM应用与项目管理》、《BIM建模应用技术》、《BIM应用案例分析》，为学员培训和考试指导用书。另外，应广大设计院、施工企业的要求，我们还将陆续推出与本套丛书配套的《BIM设计施工综合技能与实务（系列）》、《BIM设计施工综合案例精选》、《BIM工程师技能训练习题集及应试攻略》等用书。

感谢本丛书参加编写的各位编委们在极其繁忙的日常工作中抽出时间撰写书稿。感谢清华大学、北京建筑大学、北京工业大学、华北电力大学、云南农业大学、四川建筑职业技术学院、黄河科技学院、中国建筑科学研究院、中国建筑设计研究院、中国智慧科学技术研究院、中国铁建电气化局集团、中国建筑西北设计研究院、北京城建集团、北京建工集团、上海建工集团、天津市建筑设计院、上海BIM工程中心、鸿业科技公司、广联达软件、橄榄山软件、麦格天宝集团、海航地产集团有限公司、T-Solutions、上海开艺设计集团等单位对本套丛书编写的大力支持和帮助，感谢中国建筑工业出版社为这套丛书的出版所做出的大量的工作。

北京绿色建筑产业联盟执行主席　陆泽荣

2015年12月

本书前言

BIM技术引入国内建筑工程领域后，被视为建筑行业“甩图板”之后的又一次革命，引起了社会各界的高度关注，在短短的时间内被应用于大量的工程项目进行技术实践，应用阶段涵盖了设计、施工和运维。通过应用，行业内积累了大量的应用经验，但是也发现现阶段存在对BIM技术的认识不统一、BIM技术人员储备不足、BIM技术流程和成果不规范等因素，以至于很多项目出现BIM技术与项目管理结合度不够的现象。

BIM作为一种更利于建筑工程信息化全生命期管理的技术，其未来在建筑领域的普遍应用已不容置疑。住房和城乡建设部于2015年6月16日发布了《关于印发推进建筑信息模型应用指导意见的通知》（建质函［2015］159号），要求到2020年末，建筑行业甲级勘察、设计单位以及特级、一级房屋建筑工程施工企业应掌握并实现BIM与企业管理系统和其他信息技术的一体化集成应用；到2020年末，以下新立项项目勘察设计、施工、运营维护中，集成应用BIM的项目比率达到90%：以国有资金投资为主的大中型建筑；申报绿色建筑的公共建筑和绿色生态示范小区。各地市也出台了相关推动和规范BIM技术应用的相关文件。

基于上述现状，同时结合工业和信息化部职业技能鉴定指导中心BIM系列岗位教育与考评项目管理中心组织的BIM职业技能考试，编制本书，希望能为考生提供帮助，也希望能为有志从事BIM工作的技术人员提供指引。

本书共分为5个章节，第1～2章主要分别从项目管理基础知识和BIM在项目管理中的应用与协同两个方面对BIM技术与项目管理做了简单介绍。第3～5章在前两章的基础上结合BIM技术目前在国内的应用现状进一步从项目管理的设计阶段、施工阶段和运维阶段对BIM技术在项目中的应用和管理做了详细具体的介绍。

本书在编写的过程中参考了大量专业文献，汲取了行业专家的经验，参考和借鉴了有关专业书籍内容，以及BIM中国网、筑龙BIM网、中国BIM门户等论坛上相关网友的BIM应用心得体会。在此，向这部分文献的作者表示衷心的感谢！

由于本书编者水平有限，时间紧张，不妥之处在所难免，恳请广大读者批评指正。

《BIM应用与项目管理》编写组

2015年12月

目　录

第1章　项目管理的基础知识

导读：

本章主要介绍了项目管理的基础知识、建筑全生命周期的概念以及BIM在项目管理中的价值。首先，从项目管理的定义、特点以及具体内容来阐述了项目管理；接下来讲述了建筑全寿命周期的相关知识，包括概念、常用术语以及全生命周期一体化管理模式；最后介绍了传统项目管理模式和基于BIM的项目管理模式的特点，BIM的发展现状及趋势，从而得出BIM在项目管理中应用的必然性。

1.1　项目管理的基本介绍

1.1.1　项目管理概述

1. 定义

项目是指一系列独特的、复杂的并相互关联的活动，这些活动有着一个明确的目标或目的，必须在特定的时间、预算、资源限定内，依据规范完成。

项目管理，就是项目的管理者在有限的资源约束下，运用系统的观点、方法和理论，对项目涉及的全部工作进行有效地管理。包括运用各种相关技能、方法与工具，为满足或超越项目有关各方对项目的要求与期望，所开展的各种计划、组织、领导、控制等方面的活动。

2. 发展及现状

近代项目管理学科起源于20世纪50年代，在美国出现了CPM和PERT技术，60年代在阿波罗登月计划中取得巨大成功，由此风靡全球。从60年代起，国际上许多人对于项目管理产生了浓厚的兴趣。目前有两大项目管理的研究体系，即：以欧洲为首的体系—国际项目管理协会（IPMA）和以美国为首的体系—美国项目管理协会（PMI）。在过去的30多年中，他们都做了卓有成效的工作，为推动国际项目管理现代化发挥了积极的作用。

我国对项目管理系统研究和行业实践起步较晚。真正称得上项目管理的第一个项目是鲁布革水电站，1984年在国内首先采用国际招标，实行项目管理，缩短了工期，降低了造价，取得了明显的经济效益。此后，我国的许多大中型工程相继实行项目管理体制，包括项目资本金制度、法人负责制、合同承包制、建设监理制等。2000年1月1日开始，我国正式实施全国人大通过的《招标投标法》。这个法律涉及项目管理的诸多方面，为我国项目管理的健康发展提供了法律保障。应该说多年来我国的项目管理取得的成绩是显著的，但目前质量事故、工期拖延、费用超支等问题仍然不少。

1.1.2　项目管理的特点

1. 普遍性

项目作为一种一次性和独特性的社会活动而普遍存在于我们人类社会的各项活动之中，甚至可以说人类现有的各种物质文化成果最初都是通过项目的方式实现的，因为现有各种运营所依靠的设施与条件最初都是靠项目活动建设或开发的。

2. 目的性

项目管理的目的性要通过开展项目管理活动去保证满足或超越项目有关各方面明确提出的项目目标或指标和满足项目有关各方未明确规定的潜在需求和追求。一切项目管理活动都是为实现“满足或超越项目有关各方对项目的要求和期望”这一目的服务的。

3. 独特性

项目管理的独特性是项目管理不同于一般生产、服务运营管理，也不同于常规的政府和独特的行政管理内容，它有自己独特的管理对象、独特管理活动和独特管理方法与工具，是一种完全不同的管理活动。

4. 集成性

项目管理的集成性是项目的管理中必须根据具体项目各要素或各专业之间的配置关系做好集成性的管理，而不能孤立地开展项目各个专业或专业的独立管理。

5. 创新性

项目管理的创新性包括两层含义：其一是指项目管理是对于创新（项目所包含的创新之处）的管理，其二是指任何一个项目的管理都没有一成不变的模式和方法，都需要通过管理创新去实现对于具体项目的有效管理。

6. 组织的临时性和开放性

项目组织没有严格的边界，是临时性的、开放性的。这一点与一般企业、事业单位和政府机构组织很不一样。项目班子在项目的全过程中，其人数、成员、职责是在不断变化的。某些项目班子的成员是借调来的，项目终结时班子要解散，人员要转移。参与项目的项目组织往往有多个，他们通过协议或合同以及其他的社会关系组织到一起，在项目的不同时段不同程度的介入项目活动。

7. 成果的不可挽回性

项目的一次性属性决定了项目不同于其他事情可以试做，做砸了可以重来；也不同于生产批量产品，合格率达 99.99%是很好的了。项目在一定条件下启动，一旦失败就永远失去了重新进行原项目的机会，项目相对于运营有较大的不确定性和风险。

1.1.3　项目管理的内容

1. 项目范围管理

是为了实现项目的目标，对项目的工作内容进行控制的管理过程。它包括范围的界定、范围的规划、范围的调整等。

2. 项目时间管理

是为了确保项目最终的按时完成的一系列管理过程。它包括具体活动界定、活动排序、时间估计、进度安排及时间控制等各项工作。

3. 项目成本管理

是为了保证完成项目的实际成本、费用不超过预算成本、费用的管理过程。它包括资源的配置，成本、费用的预算以及费用的控制等项工作。

4. 项目质量控制

是为了确保项目达到客户所规定的质量要求所实施的一系列管理过程。它包括项目质量规划，项目质量控制和项目质量保证等。

5. 项目采购管理

是为了从项目实施组织之外获得所需资源或服务所采取的一系列管理措施。它包括采购计划，采购与征购，资源的选择以及合同的管理、产品需求和鉴定潜在的来源，依据报价招标等方式选择潜在的卖方，管理与卖方的关系等项目工作。

6. 其他管理

包括项目人力资源管理，项目风险管理、项目集成管理等。

1.2　建筑全生命周期管理的基本介绍

1.2.1　建筑全生命周期管理的概念

建筑全生命周期是指从材料与构件生产、规划与设计、建造与运输、运行与维护直到拆除与处理（废弃、再循环和再利用等）的全循环过程。如图 1.2.1。

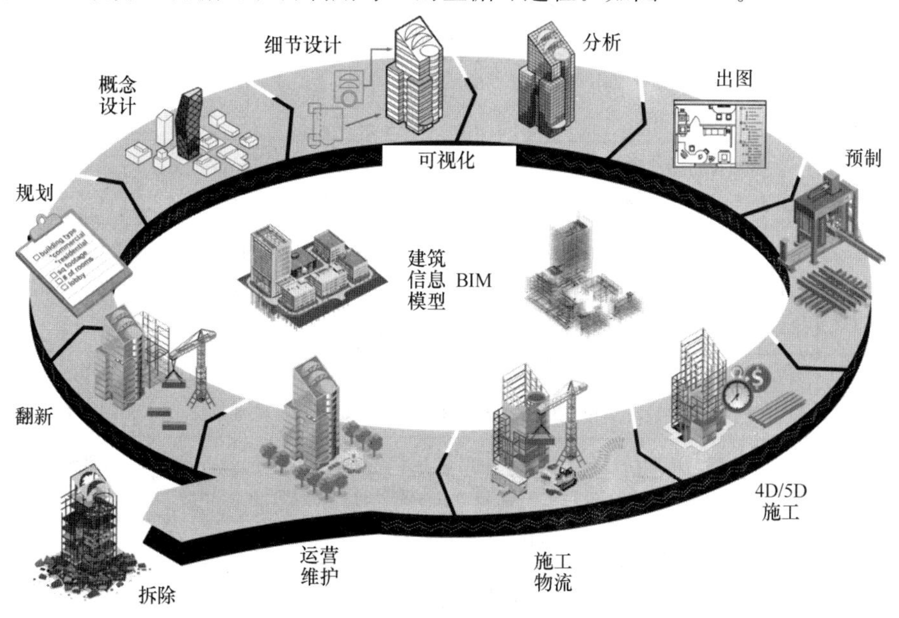

图 1.2.1　建筑全生命周期

建筑工程项目具有技术含量高、施工周期长、风险高、涉及单位众多等特点，因此建筑全生命周期的划分就显得十分重要。一般我们将建筑全生命周期划分为四个阶段，即规划阶段、设计阶段、施工阶段、运维阶段。

建筑全生命周期管理就是对建筑工程项目的生命周期各阶段进行全过程管理，涉及范围、进度、成本、质量、采购、沟通等职能领域的内容。

1.2.2 建筑全生命周期管理的常用术语

关于建筑全生命周期管理的常用术语见表1.2.2。

建筑全生命周期管理的常用术语 表1.2.2

利益相关方	在组织的决策或活动中有重要利益的个人或团体。建筑工程利益相关方一般包含：政府部门、业主单位、勘察设计单位、施工单位、监理咨询单位、供货单位、物业公司等
政府部门	政府部门是指建设过程中涉及的计划、规划、环保、建设、城管、水利、园林绿化、交警、环境、防疫、消防、人防、质量监督、安全监督等部门
业主单位	是指建筑工程的投资方，一般对该工程拥有产权。业主单位也称为建设单位或项目业主，指建设工程项目的投资主体或投资者，它也是建设项目管理的主体
勘察设计单位	勘察单位受业主单位委托，提供地质勘察服务，包括确定地基承载力，并建议采取合适的基础形式和施工方法； 设计单位包括方案设计、扩初设计和施工图设计、精装修设计、钢结构深化设计、机电深化设计、幕墙深化设计、园林景观设计等。本书中没有特别注明的设计单位是指业主单位在项目实施前所委托的为建设项目进行总体设计的单位，一般负责工程的扩初设计、施工图设计等
施工单位	施工单位是指承担具体施工工作的，由专业人员组成的、有相应资质、进行生产活动的企业，一般包括总承包单位、专业承包单位及劳务分包
监理咨询单位	监理单位，是指取得监理资质证书，具有法人资格的监理公司、监理事务所和兼承监理业务的工程设计、科学研究及工程建设咨询的单位； 工程咨询单位是指遵循独立、科学、公正的原则，运用工程技术、科学技术、经济管理和法律法规等多学科方面的知识和经验，为政府部门、项目业主及其他各类客户的工程建设项目决策和管理提供咨询活动的单位
供货单位	供货单位是指在建筑生产环节，提供建筑材料、成品和半成品设备生产供应的单位，根据合同关系的不同，又分为施工单位自行采购、甲指乙供等常见合同形式
运维单位	常见的运维单位为物业管理公司，简称物业公司。物业公司是专门从事地上永久性建筑物、附属设备、各项设施及相关场地和周围环境的专业化管理的，为业主和非业主使用人提供良好的生活或工作环境的，具有独立法人资格的经济实体
五方责任主体	建筑工程五方责任主体项目负责人是指承担建筑工程项目建设的建设单位项目负责人、勘察单位项目负责人、设计单位项目负责人、施工单位项目经理、监理单位总监理工程师
三控三管一协调	三控三管一协调是一种工程建设中建筑主体各方的工作，建筑、房地产以及建设监理的基础工作大致就分别包括“三控”、“三管”、“一协调”的主要内容
“三控”	工程进度控制、工程质量控制、工程投资（成本）控制
“三管”	合同管理、职业健康安全与环境管理、信息管理
“一协调”	“一协调”指全面地组织协调（协调的范围分为内部的协调和外部的协调）

1.2.3 建筑全生命周期一体化管理模式

建设项目全生命期一体化管理（PLIM）模式是指由业主单位牵头，专业咨询方全面负责，从各主要参与方中分别选出一至两名专家一起组成全生命期一体化项目管理组

(PLMT)，将全生命期中各主要参与方、各管理内容、各项目管理阶段有机结合起来，实现组织、资源、目标、责任和利益等一体化，相关参与方之间有效沟通和信息共享，以向业主单位和其他利益相关方提供价值最大化的项目产品。建设项目全生命期一体化管理模式主要涵盖了三个方面：参与方一体化、管理要素一体化、管理过程一体化。图1.2.3-1所示的是霍尔的关于一体化管理模式的三维结构模型。

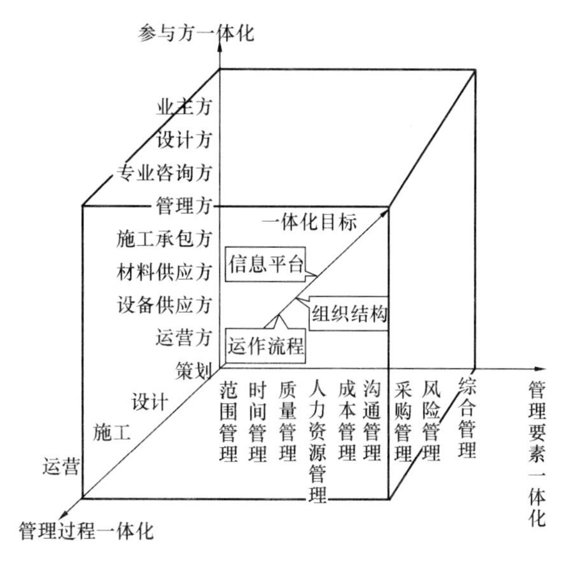

图1.2.3-1 项目全生命期的一体化管理模式

参与方一体化的实现，有利于各方打破服务时间，服务范围和服务内容上的界限，促进管理过程一体化和管理要素一体化；管理过程一体化的实现，又要求打破管理阶段界面，对管理要素一体化的实施起了一定的促进管理作用；而管理要素一体化的实施同时反过来促进过程的一体化。在这个基础上，运作流程、组织结构和信息平台是实现PLIM模式的三个基本要素。同时，BIM技术协同、信息平台的特点，是PLIM模式下建设项目全生命期一体化项目管理的主要技术手段，BIM技术与PLIM模式的结合造就了最佳项目管理模式。

1. PLIM模式运作流程

建设项目全生命周期一体化管理模式下的项目运作流程与传统项目运作流程有一定的相似之处，但是建设项目全生命周期一体化管理模式相对于传统项目管理模式更加注重项目参与方目标的平衡、信息有效流通和并行工程的应用。

2. 建设项目决策阶段

建设项目决策阶段的运作流程如图1.2.3-2所示，PLMT为主要责任和协调方，负责收集来自各方的信息，确定初步方案并反馈给业主单位。业主单位综合考虑自身资金实力、核心竞争力等情况，确定最优方案后，项目管理组对最优方案进行细化和论证，征求

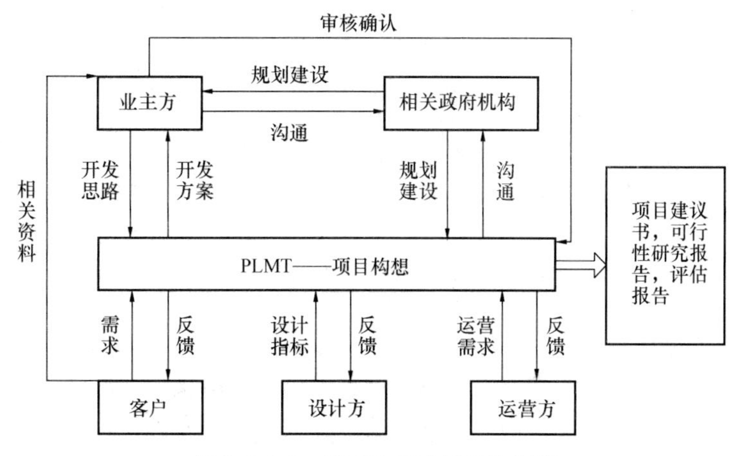

图1.2.3-2 项目决策阶段运作流程

设计方意见，同时及时对各种信息进行分析和整理，最后提出项目建议书和项目可行性研究报告及项目评估报告。

3. 建设项目设计阶段

建设项目设计阶段的运作流程如图 1.2.3-3 所示。

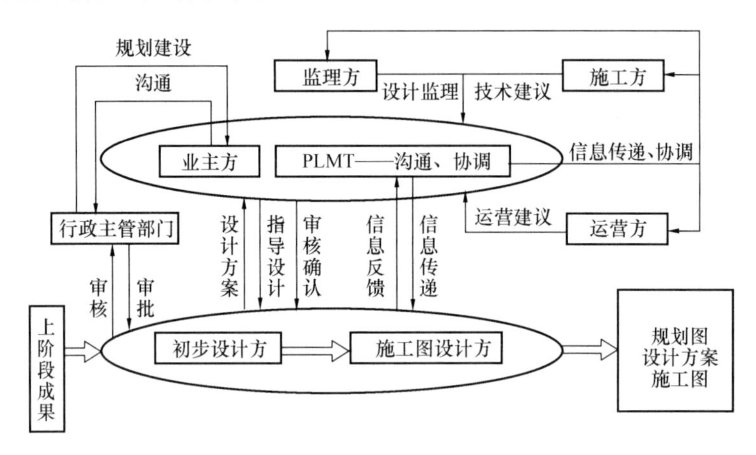

图 1.2.3-3　项目设计阶段运作流程

初步设计方和施工图设计方为主要责任方，初步设计方以可行性研究报告、概念设计、规划要求为主要设计依据，通过 PLMT 与其他各方就设计方案进行反复讨论，确定符合规划的设计方案和规划图，获得业主单位的认可后，将规划图与设计方案交予施工图设计方，施工图设计方同样综合考虑各方意见后形成施工图。

4. 建设项目实施阶段

建设项目实施阶段的运作流程如图 1.2.3-4 所示。

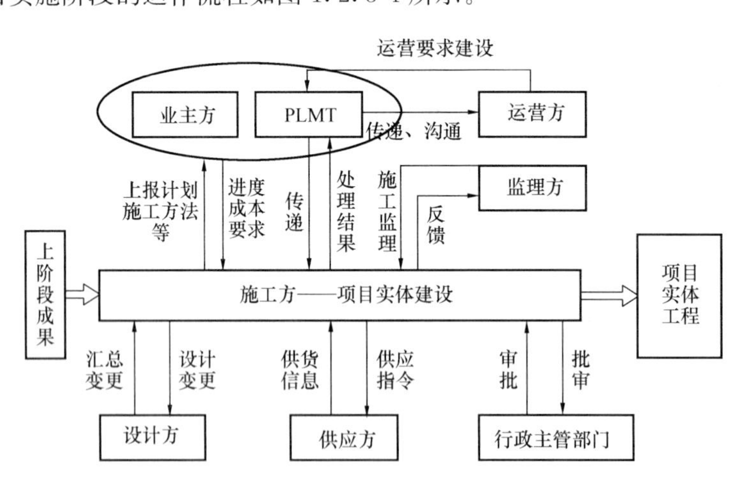

图 1.2.3-4　项目施工阶段运作流程

施工方为主要责任和协调方，以施工图为主要施工依据，在施工过程中，综合考虑业主单位、运营方、供应方和监理方等的意见，反复讨论给出反馈意见后执行；同时若在施工过程中需进行变更，则需先做出汇总变更要求并提交设计方，在设计方做出设计变更后执行变更，最后完成项目的实体建设。

5. 建设项目运营阶段

建设项目运营阶段的运作流程如图 1.2.3-5 所示，运营方为主要负责人，在收集前几个阶段项目资料的基础上，根据项目运营情况，结合物业管理以及维修情况对项目进行综合评价，并将评价结果反馈给设计方；同时对于不符合要求的，通过施工单位协调之后，由施工单位整改，最后向顾客移交最终成果。

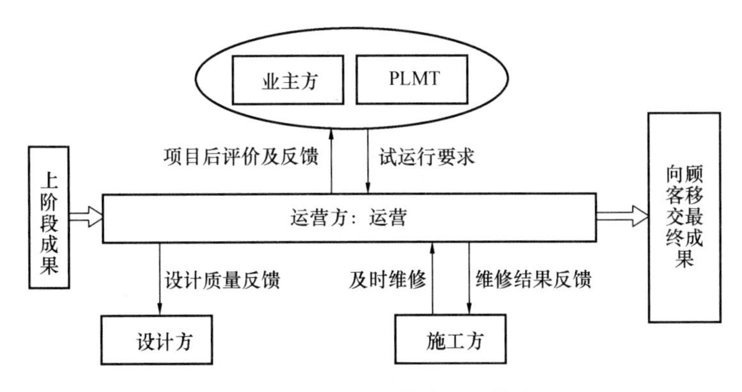

图 1.2.3-5　项目运维阶段运作流程

建设项目全生命周期一体化管理模式以上四个阶段的运作都体现了一体化的管理思想，PLMT 的实现为参与方一体化管理创造了条件，同时在各个阶段其他参与方通过 PLMT 渗透进项目的实施，在这种情况下打破了项目管理过程界面，实现了管理过程一体化。

6. PLIM 的组织

项目管理组织是参与项目管理工作，并且职责、权限分工和相互关系得到安排的一组人员及设施，包括业主单位、咨询方、承包方和其他参与项目管理的单位针对项目管理工作而建立的管理组织。建设项目中常见的项目管理组织类型包括直线制、职能制和矩阵制等。PLIM 除了具有一般项目管理的共性之外，还具有其特性，决定了其特殊组织结构。

PLIM 模式可采用如图 1.2.3-6 所示的组织结构，业主作为项目的最高决策者，负责

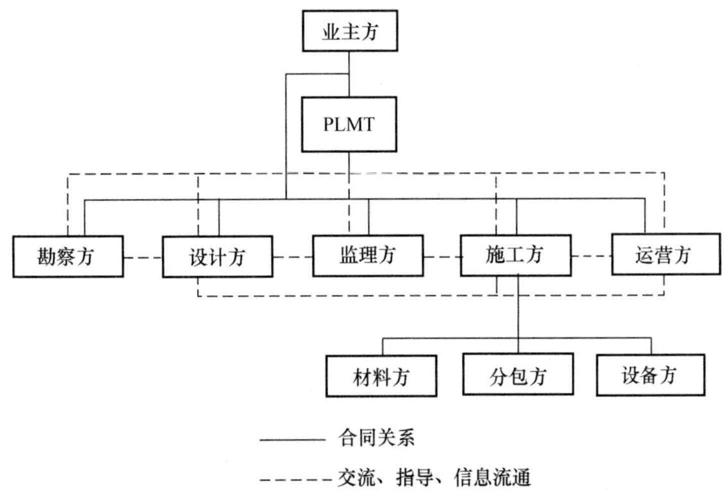

图 1.2.3-6　PLIM 模式下的项目组织结构

监督和管理 PLMT，对项目负有最终的决策控制权，最终决定项目实施方并签订合同，同时组织、领导和监管各项工作。

7. 一体化管理特点

（1）强调合作理念。各参与方不把对方视为对手，把工作重点放在如何保证和扩大共同利益。

（2）强调各方提前参与。各参与方均提前参与至项目中，设计阶段向决策阶段渗透，施工阶段向设计阶段渗透，运营阶段向施工阶段渗透。

（3）以 PLMT 为主要管理方。PLMT 承担项目全生命周期目标、费用、进度管理，同时在各阶段沟通各方达到一体化管理目标。

（4）信息一体化为基础。一体化管理要求各方、各阶段信息透明、共享。各方能以非常小的信息成本获得足够的、透明的所需信息。

1.3　BIM 在项目管理中的作用与价值

1.3.1　BIM 的含义

BIM 的全称是 Building Information Modeling，即建筑信息模型，BIM 技术是一种多维（三维空间、四维时间、五维成本、N 维更多应用）模型信息集成技术，可以使建设项目的所有参与方（包括政府主管部门、业主、设计、施工、监理、造价、运营管理、项目用户等）在项目从概念产生到完全拆除的整个生命周期内都能够在模型中操作信息和在信息中操作模型，从而从根本上改变从业人员依靠符号文字形式图纸进行项目建设和运营管理的工作方式，实现在建设项目全生命周期内提高工作效率和质量以及减少错误和风险的目标。

BIM 的含义总结为以下三点：

1. BIM 是以三维数字技术为基础，集成了建筑工程项目各种相关信息的工程数据模型，是对工程项目设施实体与功能特性的数字化表达。

2. BIM 是一个完善的信息模型，能够连接建筑项目生命期不同阶段的数据、过程和资源，是对工程对象的完整描述，提供可自动计算、查询、组合拆分的实时工程数据，可被建设项目各参与方普遍使用。

3. BIM 具有单一工程数据源，可解决分布式、异构工程数据之间的一致性和全局共享问题，支持建设项目生命期中动态的工程信息创建、管理和共享，是项目实时的共享数据平台。

1.3.2　BIM 在项目管理中的优势

1. 传统项目管理存在的不足

传统的项目管理模式，管理方法成熟、业主可控制设计要求、施工阶段比较容易提出设计变更、有利于合同管理和风险管理。但存在的不足在于：

（1）业主方在建设工程不同的阶段可自行或委托进行项目前期的开发管理、项目管理和设施管理，但是缺少必要的相互沟通；

（2）我国设计方和供货方的项目管理还相当弱，工程项目管理只局限于施工领域；

（3）监理项目管理服务的发展相当缓慢，监理工程师对项目的工期不易控制、管理和协调工作较复杂、对工程总投资不易控制、容易互相推诿责任；

（4）我国项目管理还停留在较粗放的水平，与国际水平相当的工程项目管理咨询公司还很少；

（5）前期的开发管理、项目管理和设施管理的分离造成的弊病，如仅从各自的工作目标出发，而忽视了项目全寿命的整体利益；

（6）由多个不同的组织实施，会影响相互间的信息交流，也就影响项目全寿命的信息管理等；

（7）二维CAD设计图形象性差，二维图纸不方便各专业之间的协调沟通，传统方法不利于规范化和精细化管理；

（8）造价分析数据细度不够，功能弱，企业级管理能力不强，精细化成本管理需要细化到不同时间、构件、工序等，难以实现过程管理；

（9）施工人员专业技能不足、材料的使用不规范、不按设计或规范进行施工、不能准确预知完工后的质量效果、各个专业工种相互影响；

（10）施工方对效益过分的追求，质量管理方法很难充分发挥其作用对环境因素的估计不足，重检查，轻积累。

因此我国的项目管理需要信息化技术弥补现有项目管理的不足，而BIM技术正符合目前的应用潮流。

2. 基于BIM技术的项目管理的优势

“十二五”规划中提出“全面提高行业信息化水平，重点推进建筑企业管理与核心业务信息化建设和专项信息技术的应用”，可见BIM技术与项目管理的结合不仅符合政策的导向，也是发展的必然趋势。

基于BIM的管理模式是创建信息、管理信息、共享信息的数字化方式，其具有很多的优势，具体如下：

（1）基于BIM的项目管理，工程基础数据如量、价等，数据准确、数据透明、数据共享，能完全实现短周期、全过程对资金风险以及盈利目标的控制。

（2）基于BIM技术，可对投标书、进度审核预算书、结算书进行统一管理，并形成数据对比。

（3）可以提供施工合同、支付凭证、施工变更等工程附件管理，并为成本测算、招投标、签证管理、支付等全过程造价进行管理。

（4）BIM数据模型保证了各项目的数据动态调整，可以方便统计，追溯各个项目的现金流和资金状况。

（5）根据各项目的形象进度进行筛选汇总，可为领导层更充分的调配资源、进行决策创造条件。

（6）基于BIM的4D虚拟建造技术能提前发现在施工阶段可能出现的问题，并逐一修改，提前制定应对措施。

（7）使进度计划和施工方案最优，在短时间内说明问题并提出相应的方案，再用来指导实际的项目施工。

（8）BIM技术的引入可以充分发掘传统技术的潜在能量，使其更充分、更有效地为工程项目质量管理工作服务。

（9）除了可以使标准操作流程“可视化”外，也能够做到对用到的物料，以及构建需求的产品质量等信息随时查询。采用BIM技术，可实现虚拟现实和资产、空间等管理、建筑系统分析等技术内容，从而便于运营维护阶段的管理应用。

（10）运用BIM技术，可以对火灾等安全隐患进行及时处理，从而减少不必要的损失，对突发事件进行快速应变和处理，快速准确掌握建筑物的运营情况。

总体上讲，采用BIM技术可使整个工程项目在设计、施工和运营维护等阶段都能够有效地实现建立资源计划、控制资金风险、节省能源、节约成本、降低污染和提高效率。应用BIM技术，能改变传统的项目管理理念，引领建筑信息技术走向更高层次，从而大大提高建筑管理的集成化程度。

BIM集成了所有的几何模型信息功能要求及构件性能，利用独立的建筑信息模型涵盖建筑项目全寿命周期内的所有信息，如规划设计、施工进度、建造及维护管理过程等。它的应用已经覆盖建筑全生命周期的各个阶段，美国bSa（buildingSMARTalliance）对BIM在建筑全生期中的应用现状做了详细的归纳，如图1.3.2所示。

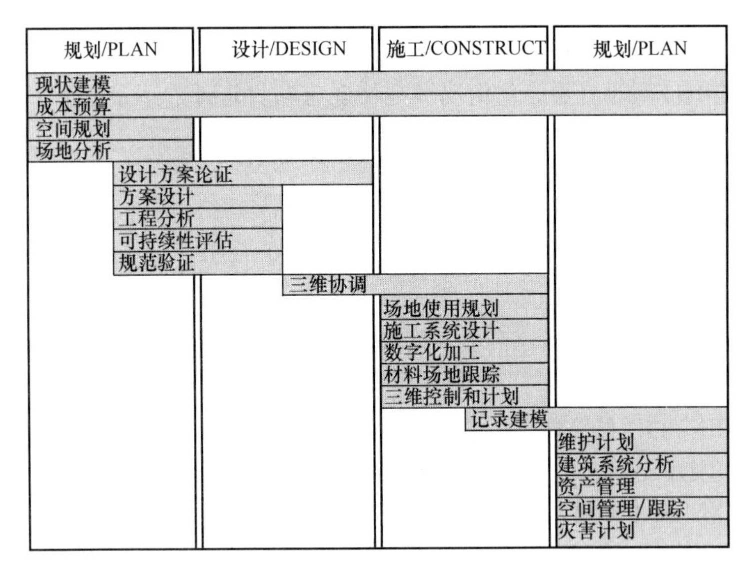

图1.3.2　BIM在建筑全寿命周期各阶段的应用

3. 项目管理中BIM应用的必然性

虽然我国房地产业新增建设速度已经放缓，但因为疆域辽阔、人口众多、东西部发展不均衡，我国基础建设工程量仍然巨大。在建筑业快速发展的同时，建筑产品质量越来越受到行业内外关注，使用方越来越精细、越来越理性的产品要求，使得建设管理方、设计方、施工企业等参建单位也面临更严峻的竞争。

在这样的背景下，我们看到了国内BIM技术在项目管理中应用的必然性：

第一，巨大的建设量同时也带来了大量因沟通和实施环节信息流失而造成的损失，BIM信息整合重新定义了信息沟通流程，很大程度上能够改善这一状况。

第二，社会可持续发展的需求带来更高的建筑生命期管理要求，以及对建筑节能设计、施工、运维的系统性要求。

第三，国家资源规划、城市管理信息化的需求。

BIM技术在建筑行业的发展，也得到了政府高度重视和支持，2015年6月16日，中华人民共和国住房和城乡建设部印发《关于推进建筑信息模型应用的指导意见》，确定BIM技术应用发展目标为：

到2020年末，建筑行业甲级勘察、设计单位以及特级、一级房屋建筑工程施工企业应掌握并实现BIM与企业管理系统和其他信息技术的一体化集成应用。

到2020年末，以下新立项项目勘察设计、施工、运营维护中，集成应用BIM的项目比率达到90%：以国有资金投资为主的大中型建筑；申报绿色建筑的公共建筑和绿色生态示范小区。

各地方政府也相继出台了相关文件和指导意见，在这样的背景下，BIM技术在项目管理中的应用将越来越普遍，全生命期的普及应用将是必然趋势。

1.3.3 BIM应用的常见模式

在《BIM技术概论》一书中，详细介绍了BIM技术的特点。在具体的项目管理中，根据应用范围、应用阶段、参与单位等的不同，BIM技术的应用又可大致分为以下几种模式。

1. 单业务应用

基于BIM模型，有很多具体的应用是解决单点的业务问题，如复杂曲面设计、日照分析、风环境模拟、管线综合碰撞、4D施工进度模拟、工程量计算、施工交底、三维放线、物料追踪等等，如果BIM应用是通过使用单独的BIM软件解决类似上述的单点业务问题，一般就称为单业务应用。

单业务应用需求明确、任务简单，是目前最为常见的一中应用形式，但如果没有模型交付和协同，如果为了单业务应用而从零开始搭建BIM模型，往往费效比较低。

2. 多业务集成应用

在单业务应用的基础上，根据业务需要，通过协同平台、软件接口、数据标准集成不同模型，使用不同的软件，并配合硬件，进行多种单业务应用，就称为多业务集成应用。例如，将建筑专业模型协同供结构专业、机电专业设计使用，将设计模型传递给算量软件进行算量使用等等。

多业务集成应用充分体现了BIM技术本质，是未来BIM技术应用发展方向。它的业务表现形式见表1.3.3。

多业务集成应用的表现形式 **表1.3.3**

类　别	内　容　举　例
1. 不同专业模型的集成应用	如建筑专业模型、结构专业模型、机电专业模型、绿建专业模型的集成应用
2. 不同业务模型的集成应用	如算量模型和4D进度计划模型、放线模型、三维扫描验收模型的集成应用
3. 不同阶段模型的集成应用	如设计模型和合约模型、施工准备模型、施工管理模型、竣工运维模型的集成应用

续表

类　别	内　容　举　例
4. 与其他业务或新技术的集成应用	这包括两个方面内容：一是与非现场业务的集成应用，例如幕墙、钢结构的装配式施工，将设计BIM模型和数据，经过施工深化，直接传到工厂，通过数控机床对构件进行数字化加工；二是与其他非传统建筑专业的软硬件技术集成应用，如3D打印、3D扫描、3D放线、GIS等技术

3. 与项目管理的集成应用

随着BIM技术的单业务应用、多业务集成应用案例逐渐增多，BIM技术信息协同可有效解决项目管理中生产协同和数据协同这两个难题的特点，越来越成为使用者的共识。目前，BIM技术已经不再是淡出的技术应用，正在与项目管理紧密结合应用，包括文件管理、信息协同、设计管理、成本管理、进度管理、质量管理、安全管理等等，越来越多的协同平台、项目管理集成应用在项目建设中体现，这已成为BIM技术应用的一个主要趋势。

从项目管理的角度，BIM技术与项目管理的集成应用在现阶段主要有以下两种模式：

（1）IPD模式

集成产品开发（Integrated Product Development，简称IPD）是一套产品开发的模式、理念与方法。IPD的思想来源于美国PRTM公司出版的《产品及生命周期优化法》一书，该书中详细描述了这种新的产品开发模式所包含的各个方面。

IPD模式在建设领域的应用体现为，开始动工前，业主就召集设计方、施工方、材料供应商、监理方等各参建方一起做出一个BIM模型，这个模型是竣工模型，即所见即所得，最后做出来就是这个样子。然后各方就按照这个模型来做自己的工作就行了。

采用IPD模式后，施工过程中不需要再返回设计院改图，材料供应商也不会随便更改材料进行方案变更。这种模式虽然前期投入时间精力多，但是一旦开工就基本不会再浪费人、财、物、时在方案变更上。最终结果是可以节约相当长的工期和不小的成本。

（2）VDC模式

美国发明者协会于1996年首先提出了虚拟建设的概念。虚拟建设的概念是从虚拟企业引申而来的，只是虚拟企业针对的是所有的企业，而虚拟建设针对的是工程项目，是虚拟企业理论在工程项目管理中的具体应用。

虚拟设计建设模式（VirtualDesignConstruction，简称VDC），是指在项目初期，即用BIM技术进行整个项目的虚拟设计、体验和建设模拟，甚至是运维，通过前期反复的体验和演练，发现项目存在的不足，优化项目实施组织，提高项目整体的品质和建设速度、投资效率。

课　后　习　题

一、单项选择题

1. 工程项目管理难度最大的阶段是工程项目的（　　）。

A. 实施阶段　　B. 策划阶段
C. 竣工验收阶段　　D. 准备阶段

2. 项目管理是第二次世界大战后期发展起来的重大新管理技术之一，最早起源于（　　）。

A. 中国　　B. 美国
C. 英国　　D. 日本

3.（　　）又叫横道图、条状图（Bar chart）。它是在第一次世界大战时期发明的，以图示的方式通过活动列表和时间刻度形象地表示出任何特定项目的活动顺序与持续时间。

A. 概念图　　B. 鱼骨图
C. 甘特图　　D. 排列图

4. 项目管理方法的核心是风险管理与（　　）相结合。

A. 目标管理　　B. 质量管理
C. 投资管理　　D. 技术管理

5. 国际标准组织设施信息委员会将 BIM 定义为："BIM 是利用开放的行业标准，对设施的物理和功能特性及相关的项目生命周期信息进行（　　）形式的表现，从而为项目决策提供支持，有利于更好实现项目的价值。"

A. 复合　　B. 职能
C. 矩阵　　D. 数字化

6. BIM 模型的建立有助于设计对防火、（　　）、声音、温度等相关的分析研究。

A. 技术规格偏离表　　B. 疏散
C. 合同条件　　D. 技术数据表

7. 在 BIM 建筑信息模型中，由于整个过程都是可视化的，所以，可视化的结果不仅可以用来效果图的展示及报表的生成，更重要的是，项目设计、建造、（　　）中的沟通、讨论、决策都在可视化的状态下进行。

A. 计划　　B. 执行
C. 运营过程　　D. 评价

8. BIM 是近十年在原有 CAD 技术基础上发展起来的一种多维模型信息集成技术，其中多维是指三维空间、四维时间、五维（　　）、N 维更多应用。

A. 设计　　B. 成本
C. 实施阶段　　D. 运营过程

9. 在工程项目进度管理中，安排工作顺序常用的方法是（　　）。

A. 进度曲线法　　B. 网络图法
C. 直方图法　　D. 相关图法

10. 根据项目专业特点，将项目直接安排到公司某一部门内进行，这属于（　　）组织形式。

A. 复合式　　B. 项目式
C. 职能式　　D. 矩阵式

参考答案：

1. A　2. B　3. C　4. A　5. D　6. B　7. C　8. B　9. B　10. C

二、多项选择题

1. 项目管理本身属于项目管理工程的大类，项目管理工程包括（　　）。

A. 开发管理（DM）　　B. 项目管理（PM）

C. 设施管理（FM）　　D. 建筑信息模型（BIM）

E. 其他

2. 项目管理的特性有：（　　）。

A. 普遍性　　B. 成果的不可挽回性

C. 随意性（FM）　　D. 独特性（BIM）

E. 创新性

3. 工程项目进度管理中常用的实际进度与计划进度的对比分析方法包括（　　）比较法。

A. 里程碑　　B. 横道图

C. S形曲线　　D. 网络样板

E. 关键线路

4. 项目管理（Project Management）：运用各种相关技能、方法与工具，为满足或超越项目有关各方对项目的要求与期望，所开展的各种（　　）等方面的活动。

A. 效益　　B. 计划

C. 组织　　D. 领导

E. 控制

5. 项目管理的内容包括（　　）。

A. 成本　　B. 质量

C. 时间　　D. 采购

6. 风险管理措施主要包括（　　）。

A. 风险识别　　B. 风险量化

C. 风险控制　　D. 投资管理

E. 制定应对措施

参考答案：

1. ABCD　2. ABDE　3. BC　4. BCDE　5. ABCD　6. ABCE

第 2 章　BIM 在项目管理中的应用与协同

导读：

本章首先从 BIM 技术应用和推广过程中常见的问题开始，解释为什么要在项目管理中应用 BIM 技术，应用 BIM 技术有哪些优势，能为项目管理创造什么价值，以及开展项目管理中的 BIM 技术应用等；然后讲述了 BIM 的协同特性，以及它在项目管理中的应用；最后简要说明了 BIM 在项目管理中总体实施的步骤和内容。

2.1　BIM 在项目各方管理中的应用

在项目实施过程中，各利益相关方既是项目管理的主体，同时也是 BIM 技术的应用主体。不同的利益相关方，因为在项目管理过程中的责任、权利、职责的不同，针对同一个项目的 BIM 技术应用，各自的关注点和职责也不尽相同。例如，业主单位更多的关注整体项目的 BIM 技术应用部署和开展，设计单位则更多关注设计阶段的 BIM 技术应用，施工单位则更多关注施工阶段的 BIM 技术应用。又比如，最为常见的管线综合 BIM 技术应用，建设单位、设计单位、施工单位、运维单位的关注点就相差甚远，建设单位关注净高和造价，设计单位关注宏观控制和系统合理性，施工单位关注成本和施工工序、施工便利，运维单位关注运维便利程度。不同的关注点，就意味着同样的 BIM 技术，作为不同的实施主体，一定会有不同的组织方案、实施步骤和控制点。

虽然不同利益相关的 BIM 需求并不相同，但 BIM 模型和信息根据项目建设的需要，只有在各利益相关方之间进行传递和使用，才能发挥 BIM 技术的最大价值。所以，实施一个项目的 BIM 技术应用，一定要清楚 BIM 技术应用首先为哪个利益相关方服务，BIM 技术应用必须纳入各利益相关方的项目管理内容。各利益相关方必须结合企业特点和 BIM 技术的特点，优化、完善项目管理体系和工作流程，建立基于 BIM 技术的项目管理体系，进行高效的项目管理。在此基础上，兼顾各利益相关方的需求，建立更利于协同的共同工作流程和标准。

BIM 技术应用与传统的项目管理是密不可分的，因此，各利益相关方在进行 BIM 技术应用时，还要从对传统项目管理的梳理、BIM 应用需求、形式、流程和控制节点等几个方面，进行管理体系、流程的丰富和完善，实现有效、有序管理。

2.1.1　业主单位与 BIM 应用

1. 业主单位的项目管理

业主单位是建设工程生产过程的总集成者——人力资源、物质资源和知识的集成，也是建设工程生产过程的总组织者。业主单位也是建设项目的发起者及项目建设的最终责任者，业主单位的项目管理是建设项目管理的核心。作为建设项目的总组织者、总集成者，业主单位的项目管理任务繁重、涉及面广且责任重大，其管理水平与管理效率直接影响建设项目的增值。

业主单位的项目管理是所有各利益相关方中唯一涵盖建筑全生命周期各阶段的项目管理，业主单位的项目管理在建筑全生命周期项目管理各阶段均有体现。作为项目发起方，业主单位应将建设工程的全寿命过程以及建设工程的各参与单位集成对建设工程进行管理，应站在全方位的角度来设定各参与方的权责利的分工。

2. 业主单位 BIM 项目管理的应用需求

业主单位首先需要明确利用 BIM 技术实现什么目的、解决什么问题，才能更好地应用 BIM 技术辅助项目管理。业主往往希望通过 BIM 技术应用来控制投资、提高建设效率，同时积累真实有效的竣工运维模型和信息，为竣工运维服务，在实现上述需求的前提下，也希望通过积累实现项目的信息化管理、数字化管理。常见的具体应用需求见表 2. 1. 1-1。

业主单位 BIM 项目管理的应用需求　　表 2. 1. 1-1

业主单位 BIM 项目管理的应用需求	1. 可视化的投资方案 能反映项目的功能，满足业主的需求，实现投资目标
	2. 可视化的项目管理 支持设计、施工阶段的动态管理，及时消除差错，控制建设周期及项目投资
	3. 可视化的物业管理 通过 BIM 与施工过程记录信息的关联，不仅为后续的物业管理带来便利，并且可以在未来进行的翻新、改造、扩建过程中为业主及项目团队提供有效的历史信息

应用 BIM 技术可以实现的业主单位需求如下：

（1）招标管理

在业主单位招标管理阶段，BIM 技术应用主要体现在以下几个方面：①数据共享。BIM 模型的直观、可视化能够让投标方快速的深入了解招标方所提出的条件、预期目标，保证数据的共通共享及追溯。②经济指标精确控制。控制经济指标的精确性与准确性，避免建筑面积、限高，以及工程量的不确定性。③无纸化招标。能增加信息透明度，还能而节约大量纸张，实现绿色低碳环保。④削减招标成本。基于 BIM 技术的可视化和信息化，可采用互联网平台低成本、高效率的实现招投标的跨区域、跨地域进行，使招投标过程更透明、更现代化，同时能降低成本。⑤数字评标管理，基于 BIM 技术能够记录评标过程并生成数据库，对操作员的操作进行实时的监督，有利于规范市场秩序，有效推动招标投标工作的公开化、法制化，使得招投标工作更加公正、透明。

（2）设计管理

在业主单位设计管理阶段，BIM 技术应用主要体现在以下几个方面：①协同工作，基于 BIM 的协同设计平台，能够让业主与各参与方实时观测设计数据更新、施工进度和施工偏差查询，实现图纸、模型的协同。②基于精细化设计理念的数字化模拟与评估。基于 BIM 数字模型，可以利用更广泛的计算机仿真技术对拟建造工程进行性能分析，如日照分析、绿色建筑运营、风环境、空气流动性、噪声云图等指标；也可以将拟建工程纳入城市整体环境，将对周边既有建筑等环境的影响进行数字化分析评估，如日照分析、交通流量分析等指标，这些对于城市规划及项目规划意义重大。③复杂空间表达。在面对建筑物内部复杂空间和外部复杂曲面时，利用BIM软件可视化、有理化的特点，能够更好地表达设计和建筑曲面，为建筑设计创新提供了更好的技术工具。④图纸快速检查。利用BIM技术的可视化功能，可以大幅度提高图纸阅读和检查的效率，同时，利用BIM软件的自动碰撞检测功能，也可以帮助图纸审查人员快速发现复杂困难节点。

（3）工程量快速统计

目前主流的工程造价算量模式有几个明显的缺点：图形不够逼真；对设计意图的理解容易存在偏差，容易产生错项和漏项；需要重新输入工程图纸搭建模型，算量工作周期长；模型不能进行后续使用，没有传递，建模投入很大但仅供算量使用。

利用BIM技术辅助工程计算，能大大减轻工程造价工作中算量阶段的工作强度。首先，利用计算机软件的自动统计功能，即可快速地实现BIM算量。其次，由于是设计模型的传递，完整表达了设计意图，可以有效减少错项、漏项。同时，根据模型能够自动生成快速统计和查询各专业工程量，对材料计划、使用做精细化控制，避免材料浪费。利用BIM技术提供的参数更改技术，能够将更改自动反映到其他位置，从而可以帮助工程师们提高工作效率、协同效率以及工作质量。

（4）施工管理

在施工管理阶段，业主单位更多的是施工阶段的风险控制，包含安全风险、进度风险、质量风险和投资风险等。其中安全风险包含施工中的安全风险和竣工交付后运营阶段的安全风险。同时，考虑不可避免的变更因素，业主单位还要考虑变更风险。在这一阶段，基于各种风险的控制，业主单位需要对现场目标的控制、承包商的管理、设计者的管理、合同管理、手续办理、项目内部及周边管理协调等问题进行重点管控。为了有效管控，急需专业的平台来提供各个方面庞大的信息和各个方面人员的管理。

BIM技术正是为解决此类工程问题的首选技术。BIM技术辅助业主单位在施工管理阶段进行项目管理的优势主要体现在以下几个方面：①验证施工单位施工组织的合理性，优化施工工序和进度计划；②使用3D和4D模型明确分包商的工作范围，管理协调交叉，施工过程监控，可视化报表进度；③对项目中所需的土建、机电、幕墙和精装修所需要的重大材料，或甲指甲控材料进行监控，对工程进度进行精确计量，保证业主项目中的成本，控制风险；④工程验收时，用3D扫描仪进行三维扫描测量，对表观质量进行快速、真实、可追溯的测量，与模型参照对比来检验工程质量，防止人工测量验收的随意性和误差。

（5）销售推广

利用BIM技术和虚拟现实技术、增强虚拟现实技术、3D眼镜、体验馆等，还可以将BIM模型转化为具有很强交互性的三维体验式模型，结合场地环境和相关信息，从而组成沉浸式场景体验。在沉浸式场景体验中，客户可以定义第一视角的人物，以第一人称视角，身临其境，浏览建筑内部，增强客户体验。利用BIM模型，可以轻松出具房间渲染效果图和漫游视频，减少了二次重复建模的时间和成本，提高了销售推广系统的响应效率，对销售回笼资金将起到极大的促进作用。同时，竣工交付时可为客户提供真实的三维竣工 BIM 模型，有助于销售和交付的一致性，减少法务纠纷，更重要的是能避免客户二次装修时对隐蔽机电管道的破坏，降低安全和经济风险。

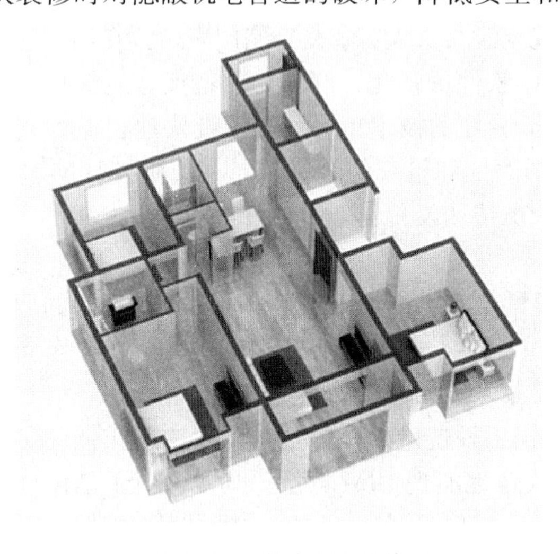

图 2.1.1-1　某房屋三维模型

BIM 辅助业主单位进行销售推广主要体现在以下几个方面：①面积准确。BIM 模型可自动生成户型面积和建筑面积、公摊面积，结合面积计算规则适当调整，可以快速进行面积测算、统计和核对，确保销售系统数据真实、快捷。②虚拟数字沙盘。通过虚拟现实技术为客户提供三维可视化沉浸式场景，体会身临其境的感觉。某工程推广房屋三维模型如图 2.1.1-1 所示。③减少法务风险。因为所有的数字模型成果均从设计阶段交付至施工阶段、销售阶段，所有信息真实可靠，销售系统提供客户的销售模型与真实竣工交付成果一致，将大幅减少不必要的法务风险。

（6）运维管理

根据我国《城镇国有土地使用权出让和转让暂行条例》第 12 条规定，土地使用权出让最高年限按下列用途确定：居住用地 70 年；工业用地 50 年；教育、科技、文化、卫生、体育用地年限为 50 年；商业、旅游、娱乐用地 40 年；仓储用地 50 年；综合或者其他用地 50 年。

与动辄几十年的土地使用权年限相比，施工建设期一般仅仅数年，高达 127 层的上海中心也仅仅用了不到 6 年的施工建设时间。与较长的运营维护期相比，施工建设期则要短很多。在漫长的建筑物运营维护期间内，建筑物结构设施（如墙、楼板、屋顶等）和设备设施（如设备、管道等）都需要不断得到维护。一个成功的维护方案将提高建筑物性能，降低能耗和修理费用，进而降低总体维护成本。

BIM 模型结合运营维护管理系统可以充分发挥空间定位和数据记录的优势，合理制定维护计划，分配专人专项维护工作，以提高建筑物在使用过程中出现突发状况后的应急处理能力。BIM 辅助业主单位进行运维管理主要体现在以下几个方面：①设备信息的三维标注，可在设备管道上直接标注名称规格、型号，三维标注跟随模型移动、旋转；②属性查询，在设备上右击鼠标，可以显示设备部具体规格、参数、厂家等信息；③外部链接，在设备上点击，可以调出有关设备设施的其他格式文件，如图片、维修状况，仪表数值等；④隐蔽工程，工程结束后，各种管道可视性降低，给设备维护，工程维修或二次装饰工程带来一定难度，BIM 清晰记录各种隐蔽工程，避免错误施工的发生；⑤模拟监控，物业对一些净空高度，结构有特殊要求，BIM 提前解决各种要求，并能生成 VR 文件，可以让客户互动阅览。

（7）空间管理

空间管理是业主单位为节省空间成本、有效利用空间、为最终用户提供良好工作、生活环境而对建筑空间所做的管理。BIM 可以帮助管理团队记录空间的使用情况，处理最终用户要求空间变更的请求，分析现有空间的使用情况合理分配建筑物空间，确保空间资源的最大利用率。

某工程基于BIM的房间管理如图2.1.1-2所示。

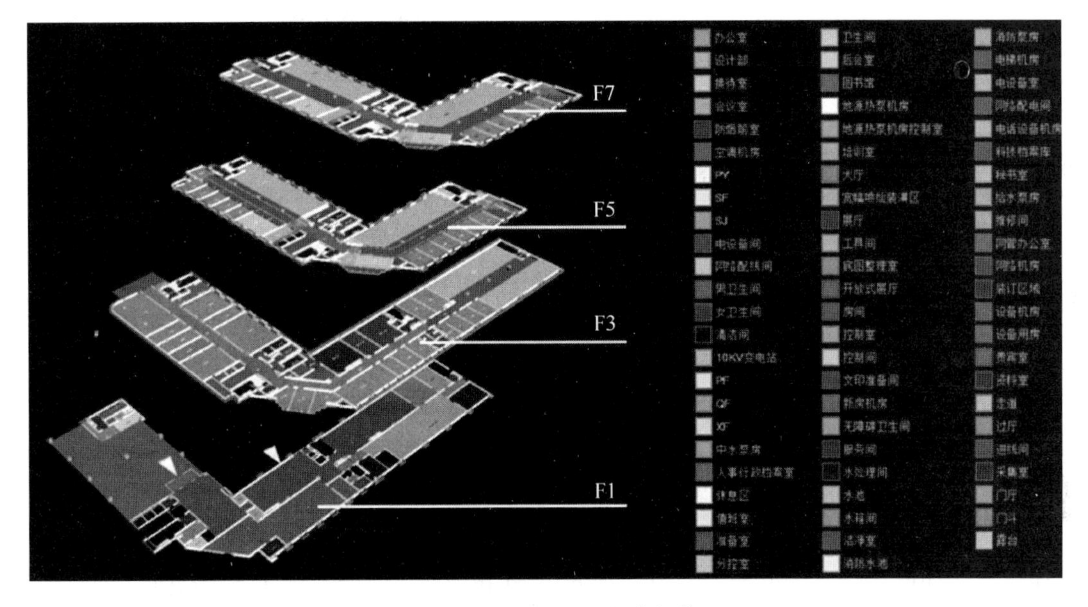

图2.1.1-2 基于BIM的房间管理

（8）决策数据库

决策是对若干可行方案进行决策，即是对若干可行方案进行分析、分析比较、比较判断、判断选优的过程。决策过程一般可分为四个阶段：①信息收集。对决策问题和环境进行分析，收集信息，寻求决策条件。②方案设计。根据决策目标条件，分析制定若干行动方案根据决策目标条件，分析制定若干行动方案。③方案评价。进行评价，分析优缺点，对方案排序。④方案选择。综合方案的优劣，择优选择。

建设项目投资决策在全生命期中处于十分重要的地位。传统的投资决策环节，决策主要依据根据经验获得。但由于项目管理水平差异较大，信息反馈的及时性、系统性不一，经验数据水平差异较大；同时由于运维阶段信息化反馈不足，传统的投资决策主要依据很难覆盖到项目运维阶段。

BIM技术在建筑全生命周期的系统、持续运用，将提高业主单位项目管理水平，将提高信息反馈的及时性和系统性，决策主要依据将由经验或者自发的积累，逐渐被科学决策数据库所代替，同时，决策主要依据将延伸到运维阶段。

3. 业主单位项目管理中BIM技术的应用形式

鉴于BIM技术尚未普及，目前主流的业主单位项目管理BIM技术应用有这样几种形式：①咨询方做独立的BIM技术应用，由咨询方交付BIM竣工模型。②设计方、施工单位各做各的BIM技术应用，由施工单位交付BIM竣工模型。③设计方做设计阶段的BIM技术应用，并覆盖到施工阶段，由设计方交付BIM竣工模型。④业主单位成立BIM研究中心或BIM研究院，由咨询方协助，组织设计、施工单位做BIM咨询运用，逐渐形成以业主为主导的BIM技术应用。各种应用形式优缺点如表2.1.1-2所示。

设计方各 BIM 应用形式的优缺点　　表 2.1.1-2

序号	优　点	缺　点
1	BIM 工作界面清晰	基本 BIM 就是翻模型，仅作为初次接触体验，对工程实际意义不大，业主单位投入较小；真 BIM 全过程应用，对 BIM 咨询方要求极高，且需要驻场，由于没有其他业态支撑，所有投入均需业主单位承担，业主单位投入极大
2	成本可由设计方、施工单位自行分担，业主单位投入小。业主单位逐渐掌握 BIM 技术后，这将是最合理的 BIM 应用范式	缺乏完整的 BIM 衔接，对建设方的 BIM 技术能力、协同能力要求较高。现阶段实现有价值的成果难度较大
3	能更好地从设计统筹的角度发起，有助于把各专项设计进行统筹，帮助建设方解决建设目标不清晰的诉求	施工过程需要驻场，成本较高
4	有助于培养业主自身的 BIM 能力	成本最高

4. 业主单位 BIM 项目管理的应用流程

业主单位作为项目的集成者、发起者，一定要承担项目管理组织者的责任，BIM 技术应用也是如此。业主单位不应承担具体的 BIM 技术应用，而应该从组织管理者的角度去参与 BIM 项目管理。

一般来说，业主单位的 BIM 项目管理应用流程如图 2.1.1-3 所示。

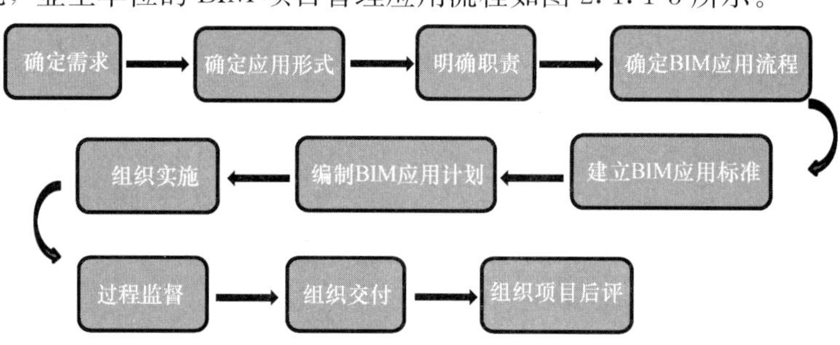

图 2.1.1-3　业主单位的 BIM 项目管理流程图

5. 业主单位 BIM 项目管理的节点控制

BIM 项目管理的节点控制就是要紧紧围绕 BIM 技术在项目管理中进行运用这条主线，从各环节的关键点入手，实现关键节点的可控，从而使整体项目管理 BIM 技术运用的质量得到提高，从而实现项目建设的整体目标。节点的选择，一般选择各利益相关方之间的协同点，选择 BIM 技术应用的阶段性成果，或选择与实体建筑相关的阶段性成果，将上述的交付关键点作为节点。针对关键节点，考核交付成果，对交付成果进行验收，通过针对节点的有效管控，实现整体项目的风险控制。

2.1.2　勘察设计单位与 BIM 应用

1. 设计方的项目管理

作为项目建设的一个参与方，设计方的项目管理是主要服务于项目的整体利益和设计方本身的利益。设计方项目管理的目标包括设计的成本目标、进度目标、质量目标和项目建设的投资目标。项目建设的投资目标能否实现与设计工作密切相关。设计方的项目管理工作主要在设计阶段进行，但它也会向前延伸到设计前的准备阶段，向后延伸至设计后的施工阶段、动用前准备阶段和保修期等。

设计方项目管理的内容包括：

①与设计有关的安全管理（提供的设计文件需符合安全法规）；②设计本身的成本控制和与设计工作有关的项目建设投资成本控制；③设计进度控制；④设计质量控制；⑤设计合同管理；⑥设计信息管理；⑦与设计工作有关的组织和协调。

2. 设计方BIM项目管理的应用需求

在设计方BIM项目管理工作中，一般来说，设计方对于BIM技术应用有如下主要需求，如表2.1.2-1所示。

设计单位BIM项目管理的应用需求　　表2.1.2-1

设计单位BIM项目管理的应用需求	1. 增强沟通 通过创建模型，更好地表达设计意图，满足业主单位需求，减少因双方理解不同带来的重复工作和项目品质下降。
	2. 提高设计效率 通过BIM三维空间设计技术，将设计和制图完全分开，提高设计质量和制图效率，整体提升项目设计效率。
	3. 提高设计质量 利用模型及时进行专业协同设计，通过直观可视化协同和快速碰撞检查，把错漏碰缺等问题消灭在设计过程中，从而提高设计质量。
	4. 可视化的设计会审和参数协同 基于三维模型的设计信息传递和交换将更加直观、有效，有利于各方沟通和理解。
	5. 可以提供更多更便捷的性能分析 如绿色建筑分析应用，通过BIM模型，模拟建筑的声学、光学以及建筑物的能耗、舒适度，进而优化其物理性能。

应用BIM技术可以实现的设计方需求如下：

（1）三维设计

BIM技术是由三维立体模型表述，从初始就是可视化的、协调的，基于BIM的三维设计能够精确表达建筑的几何特征。在传统的设计模式中，方案设计和扩初设计、施工图设计之间是相对独立的。而应用BIM技术之后，模型创建完成后自动生成平立剖面及大样详图，许多工作在模型的创建过程中已经完成。相对于二维绘图，三维设计不存在几何表达障碍，对任意复杂的建筑造型均能准确表现。某工程BIM三维立体模型表述如图2.1.2-1所示。

（2）协同设计

协同设计是设计方技术更新的重要方向。通过协同技术建立一个交互式协同平台，在该平台上，所有专业设计人员协同设计，不仅能看到和分享本专业的设计成果，还能及时

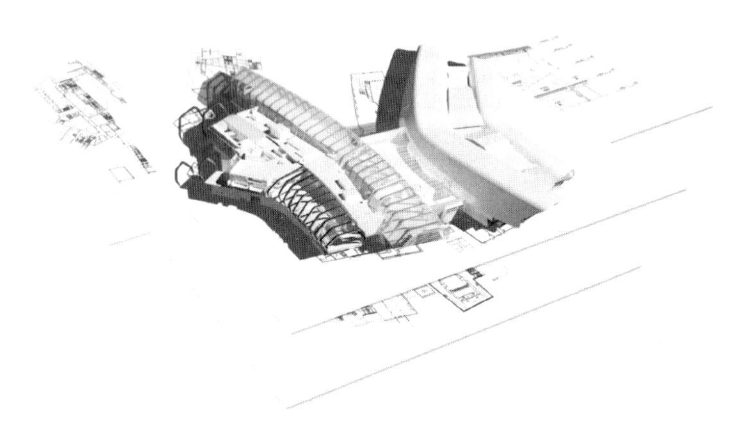

图 2.1.2-1 三维模型

查阅其他专业的设计进程，从而减少目前较为常见的各专业之间（以及专业内部）由于沟通不畅或沟通不及时从而导致的错、漏、碰、缺，真正实现所有图纸信息元的单一性，实现一处修改其他自动修改，提升设计效率和设计质量。同时，协同设计也可以对设计项目的规范化管理起到重要作用，包括进度管理、文件管理、人员管理、流程管理、批量打印、分类归档等等。

BIM技术与协同技术是互相依赖、密不可分的整体，BIM的核心就是协同。BIM技术将与协同技术完美融合，共同成为设计手段和工具的一部分，大幅提升协同设计的技术含量。某工程多专业管线协同设计局部展示如图 2.1.2-2。

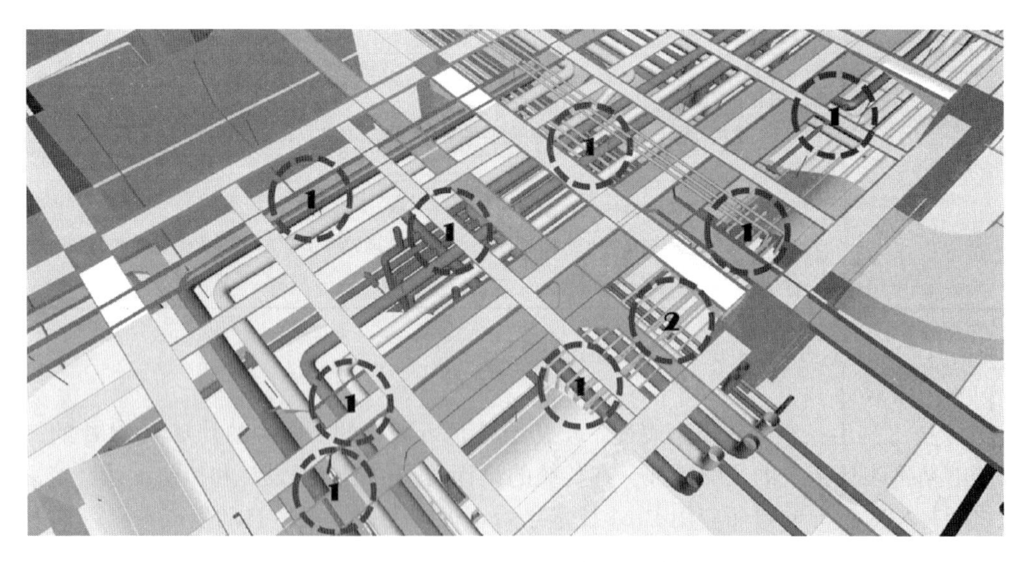

图 2.1.2-2 多专业管线协同设计

（3）建筑性能化设计

随着信息技术和互联网思维的发展，促使现阶段的业主和居住者对建筑的使用及维护会表现出更多的期望。在这样的环境下，西方发达国家已经逐渐开始推行基于对象的、新式的“基于性能化”的建筑设计理念，使建筑行业变得更加由客户端驱动，提供更好的工程价值及客户满意度。

目前，已逐渐开展的性能化设计有景观可视度、日照、风环境、热环境、声环境等性能指标。这些性能指标一般在项目前期就已经基本确定，但由于缺少技术手段，一般项目很难有时间和费用对上述各种性能指标进行多方案分析模拟。BIM技术对建筑进行了数字化改造，借助计算机强大的计算功能，使得建筑性能分析的普及应用具备了可能。

（4）效果图及动画展示

设计方常常需要效果图和动画等工具来进行辅助设计成果表达。BIM系列软件的工作方式是完全基于三维模型的，软件本身已具有强大的渲染和动画功能，可以将专业、抽象的二维建筑表达直接三维直观化可视化呈现，使得业主等非专业人员对项目功能性的判断更为明确、高效，决策更为准确。某行政服务中心方案BIM展示如图2.1.2-3所示。

图2.1.2-3 某行政服务中心设计BIM模型直接截图效果

（5）碰撞检测

BIM技术在三维碰撞检查中的应用已经比较成熟，国内外也都有相关软件可以实现，如Navisworks软件，这些软件都是应用BIM可视化技术，在建造之前就可以对项目的土建、管线、工艺设备等进行管线综合及碰撞检查，不但能够彻底消除硬碰撞、软碰撞，优化工程设计，减少在建筑施工阶段可能存在的错误损失和返工的可能性，而且还能优化净空和管线排布方案。

（6）设计变更

设计变更是指设计单位依据建设单位要求调整，或对原设计内容进行修改、完善、优化。设计变更应以图纸或设计变更通知单的形式发出。

在建设单位组织的有设计单位和施工企业参加的设计交底会上，经施工企业和建设单位提出，各方研究同意而改变施工图的做法，都属于设计变更，为此而增加新的图纸或设计变更说明都由设计单位或建设单位负责。而引入BIM技术后，利用BIM技术的参数化功能，可以直接修改原始模型，并可时实查看变更是否合理，减少变更后还得再次变更的情况，提高变更的质量。

3. 设计方BIM技术应用形式

目前，全国设计方BIM技术发展水平并不一致，有的设计方BIM设计中心已发展为数字服务机构，专职为建设方提供信息化咨询和技术服务，包括软件研发和平台研发，有的才刚刚开始了解BIM技术。BIM技术在设计方主营业务领域应用形式主要是：①已成立BIM设计中心多年，基本具备设计人直接使用BIM技术进行设计的能力；②成立了BIM设计中心，由BIM设计中心与设计所结合，二维设计与BIM设计阶段应用同步进行；③刚开始接触BIM技术，由咨询公司提供BIM技术培训、提供二维设计完成后的BIM翻模和咨询工作。上述三种形式分别称为BIM设计（设计BIM2.0）、BIM同步建模（设计BIM1.5）和BIM翻模（设计BIM1.0）。各种应用形式优缺点如表2.1.2-2所示。

设计方各 BIM 应用形式的优缺点　　表 2.1.2-2

序号	优　点	缺　点
1	设计师直接用 BIM 进行设计，模型和设计意图一致，设计质量高，效果好，项目成本低	企业前期需要大量积累，积累应用经验和技术人员，建立流程、制度和标准，前期投入大
2	二维出图流程、时间不受影响，BIM 能为二维设计及时提供意见和建议，设计质量较高	二维设计成本没有降低，同时增加 BIM 设计人员投入，成本较高
3	二维出图流程、时间不受影响，投入低	模型和设计意图容易出现偏差

上述三种形式是现阶段设计方 BIM 技术应用的必经之路，待软件将流程、制度和标准固化到软件模块内，软件成熟以后，设计方有可能直接进入 BIM 设计的环节。

4. 设计方的 BIM 技术的应用流程

与其他行业相比，建筑物的生产是基于项目协作的，通常由多个平行的利益相关方在较长的生命周期中协作完成。因此，建筑信息模型尤其依赖于在不同阶段、不同专业之间的信息传递标准，就是要建立一个在整个行业中通用的语义和信息交换标准，使不同工种的信息资源在建筑全生命周期中各个阶段都能得到很好地利用，保证业务协作可以顺利地进行。

BIM 技术的提出给设计流程带来了很大的改变。在传统的设计过程中各个设计阶段的设计沟通都是以图纸为介质，不同的设计阶段的不同内容都分别体现在不同的图纸中，经常会出现信息不流通设计不统一的问题。如图 2.1.2-4 所示的是传统的设计流程，各个阶段各个专业之间信息是有限共享的，无法实时更新。而通过 BIM 技术，从设计初期就将不同专业的信息模型整合到一起，改变了传统的设计流程，通过 BIM 模型这个载体，实现了设计过程中信息的实时共享（如图 2.1.2-5）。

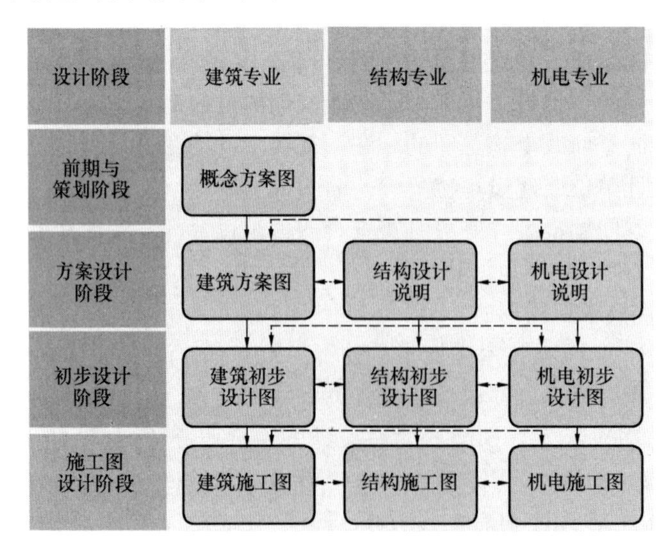

图 2.1.2-4　传统模式下的设计流程

BIM 技术促使设计过程从各专业点对点的滞后协同改变为通过同一个平台实时互动

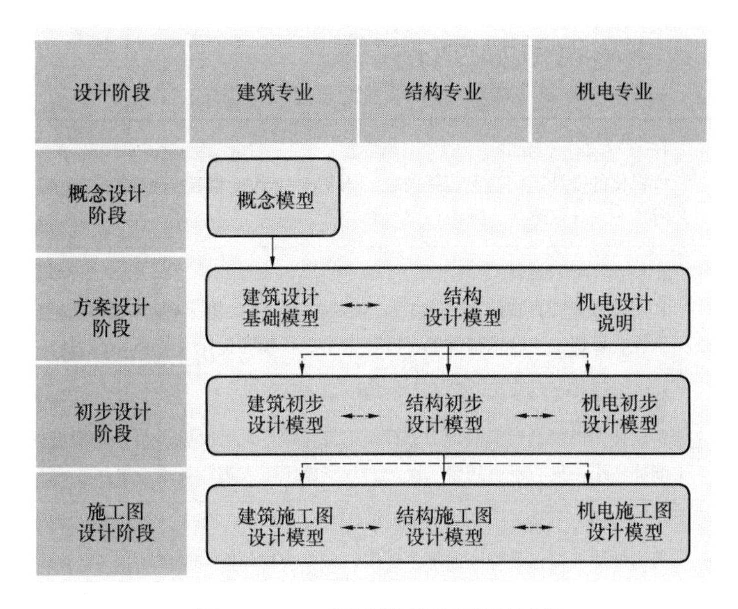

图 2.1.2-5　BIM 模式下的设计流程

的信息协同方式。这种方式带来的改变不仅仅在交互方式上有着巨大优势，也同样带来了专业间配合的前置，使更多问题在设计前期得到更多的关注，从而大幅提高设计质量。

5. 设计方的 BIM 技术应用的核心

设计方无论采用何种 BIM 技术应用形式和技术手段、技术工具，应用的核心在于用 BIM 技术提高设计质量，完成 BIM 设计或辅助设计表达，为业主单位整体的项目管理提供有力有效的技术支撑。所以，设计方 BIM 技术应用的核心是模型完整表达设计意图，与图纸内容一致，部分细节的表达深度，可能模型要优于二维图纸。

6. 勘察单位与 BIM 技术应用

勘察单位主要是野外土工作业与室内试验，与 BIM 技术的衔接主要是勘察基础资料和勘察成果文件提交，目前 BIM 应用于这块的案例较少，有待于 BIM 技术应用普及后，勘察单位逐渐参与到 BIM 技术应用工作中来。

2.1.3　施工单位与 BIM 应用

1. 施工单位的项目管理

施工项目管理是以施工项目为管理对象，以项目经理责任制为中心，以合同为依据，按施工项目的内在规律，实现资源的优化配置和对各生产要素进行有效地计划、组织、指导、控制，取得最佳的经济效益的过程。施工项目管理的核心任务就是项目的目标控制，施工项目的目标界定了施工项目管理的主要内容，就是“三控三管一协调”，即成本控制、进度控制、质量控制、职业健康安全与环境管理、合同管理、信息管理和组织协调。

2. 施工单位 BIM 项目管理的应用需求

施工单位是项目的最终实现者，是竣工模型的创建者，施工企业的关注点是现场实施，关心 BIM 如何与项目结合，如何提高效率和降低成本，因此，施工单位低 BIM 的需求见表 2.1.3-1。

施工单位 BIM 项目管理的应用需求　　表 2.1.3-1

施工单位 BIM 项目管理的应用需求	1. 理解设计意图 可视化的设计图纸会审能帮助施工人员更快更好地解读工程信息，并尽早发现设计错误，及时进行设计联络
	2. 降低施工风险 利用模型进行直观的"预施工"，预知施工难点，更大程度地消除施工的不确定性和不可预见性，保证施工技术措施的可行、安全、合理和优化
	3. 把握施工细节 在设计方提供的模型基础上进行施工深化设计，解决设计信息中没有体现的细节问题和施工细部做法，更直观更切合实际地对现场施工工人进行技术交底
	4. 更多的工厂预制 为构件加工提供最详细的加工详图，减少现场作业、保证质量
	5. 提供便捷的管理手段 利用模型进行施工过程荷载验算、进度物料控制、施工质量检查等

施工单位 BIM 技术具体应用内容详见第四章，本小节仅针对施工模型建立、施工质量、进度、成本、安全几个方面进行简要介绍。

（1）施工模型建立

施工前，施工单位施工组织设计技术人员需要先进行详细的施工现场查勘，重点研究解决施工现场整体规划、现场进场位置、卸货区的位置、起重机械的位置及危险区域等问题，确保建筑构件在起重机械安全有效范围作业；施工工法通常由工程产品和施工机械的使用决定，现场的整体规划、现场空间、机械生产能力、机械安拆的方法又决定施工机械的选型；临时设施是为工程施工服务的，它的布置将影响到工程施工的安全、质量和生产效率。

鉴于上段所述原因，施工前根据设计方提供的 BIM 设计模型，建立包括建筑构件、施工现场、施工机械、临时设施等在内的施工模型。基于该施工模型，可以完成以下内容：基于施工构件模型，将构件的尺寸、体积、重量、材料类型、型号等记录下来，然后针对主要构件选择施工设备、机具，确定施工单位法；基于施工现场模型，模拟施工过程、构件吊装路径、危险区域、车辆进出现场状况、装货卸货情况等，直观、便利的协助管理者分析现场的限制，找出潜在的问题，制定可行的施工单位法；基于临时设施模型，能够实现临时设施的布置及运用，帮助施工单位事先准确地估算所需要的资源，以及评估临时设施的安全性，是否便于施工，以及发现可能存在的设计错误；整个施工模型的建立，能够提高效率、减少传统施工现场布置方法中存在漏洞的可能，及早发现施工图设计和施工单位方案的问题，提高施工现场的生产率和安全性。

（2）施工质量管理

一方面，业主是工程高质量的最大受益者，也是工程质量的主要决策人，但由于受专业知识局限，业主同设计人员、监理人员、承包商之间的交流存在一定困难。BIM 为业主提供形象的三维设计，业主可以更明确地表达自己对工程质量的要求，如建筑物的色泽、材料、设备要求等，有利于各方开展质量控制工作。

另一方面，BIM是项目管理人员控制工程质量的有效手段。由于采用BIM设计的图纸是数字化的，计算机可以在检索、判别、数据整理等方面发挥优势。而且利用BIM模型和施工方案进行虚拟环境数据集成，对建设项目的可建设性进行仿真实验，可在事前发现质量问题。

（3）施工进度管理

在BIM三维模型信息的基础上，增加一维进度信息，我们将这种基于BIM的管理称为4D管理。从目前看，BIM技术在工程进度管理上有三方面应用：

首先，是可视化的工程进度安排。建设工程进度控制的核心技术，是网络计划技术。目前，该技术在我国利用效果并不理想。在这一方面BIM有优势，通过与网络计划技术的集成，BIM可以按月、周、天直观地显示工程进度计划。另一方面便于工程管理人员进行不同施工方案的比较，选择符合进度要求的施工单位案；同时，也便于工程管理人员发现工程计划进度和实际进度的偏差，及时进行调整。

其次，是对工程建设过程的模拟。工程建设是一个多工序搭接、多单位参与的过程。工程进度总计划，是由多个专项计划搭接而成的。传统的进度控制技术中，各单项计划间的逻辑顺序需要技术人员来确定，难免出现逻辑错误，造成进度拖延；而通过BIM技术，用计算机模拟工程建设过程，项目管理人员更容易发现在二维网络计划技术中难以发现的工序间逻辑错误，优化进度计划。

再则，是对工程材料和设备供应过程的优化。当前，项目建设过程越来越复杂，参与单位越来越多，如何安排设备、材料供应计划，在保证工程建设进度需要的前提下，节约运输和仓储成本，正是“精益建设”的重要问题。BIM为精益建设思想提供了技术手段。通过计算机的资源计算、资源优化和信息共享功能，可以达到节约采购成本，提高供应效率和保证工程进度的目的。

（4）施工成本管理

在4D的基础上，加入成本维度，被称为5D技术，5D成本管理也是BIM技术最有价值的应用领域。在BIM出现以前，在CAD平台上，我国的一些造价管理软件公司已对这一技术进行了深入的研发，而在BIM平台上，这一技术可以得到更大的发展空间，主要表现在以下几个方面：

首先，BIM使工程量计算变得更加容易。在BIM平台上，设计图纸的元素不再是线条，而是带有属性的构件。也就不再需要预算人员告诉计算机它画出的是什么东西了，“三维算量”实现了自动化。

其次，BIM使成本控制更易于落实。运用BIM技术，业主可以便捷准确地得到不同建设方案的投资估算或概算，比较不同方案的技术经济指标。而且，项目投资估算、概算亦比较准确，能够降低业主不可预见费比率，提高资金使用效率。同样，BIM的出现可以让相关管理部门快速准确地获得工程基础数据，为企业制定精确的“人材机”计划提供有效支撑，大大减少了资源、物流和仓储环节的浪费，为实现限额领料、消耗控制提供了技术支撑。

再则，BIM有利于加快工程结算进程。工程实施期间进度款支付拖延的一个主要原因在于工程变更多、结算数据存在争议。BIM技术有助于解决这个问题。一方面，BIM有助于提高设计图纸质量，减少施工阶段的工程变更；另一方面，如果业主和承包商达成协议，基于同一 BIM 进行工程结算，结算数据的争议会大幅度减少。

最后，多算对比，有效管控。管理的支撑是数据，项目管理的基础就是工程基础数据的管理，及时、准确地获取相关工程数据就是项目管理的核心竞争力。BIM 数据库可以实现任一时点上工程基础信息的快速获取，通过合同、计划与实际施工的消耗量、分项单价、分项合价等数据的多算对比，可以有效了解项目运营是盈是亏，消耗量有无超标，进货分包单价有无失控等等问题，实现对项目成本风险的有效管控。

（5）施工安全管理

BIM 具有信息完备性和可视化的特点，BIM 在施工安全管理方面的应用主要体现在以下几点。

首先，将 BIM 当做数字化安全培训的数据库，可以达到更好的效果。对施工现场不熟悉的新工人在了解现场工作环境前都有较高风险遭受伤害。BIM 能帮助他们更快和更好地了解现场的工作环境。不同于传统的安全培训，利用 BIM 的可视化和与实际现场相似度很高的特点，可以让工人更直观和准确的了解到现场的状况，从而制定相应的安全工作策略。

其次，BIM 还可以提供可视化的施工空间。BIM 的可视化是动态的，施工空间随着工程的进展会不断地变化，它将影响到工人的工作效率和施工安全。通过可视化模拟工作人员的施工状况，可以形象地看到施工工作面、施工机械位置的情形，并评估施工进展中这些工作空间的可用性、安全性。

再则，仿真分析及健康监测。对于复杂工程，其施工中如何考虑不利因素对施工状态的影响并进行实时的识别和调整，如何合理准确地模拟施工中各个阶段结构系统的时变过程，如何合理的安排施工和进度，如何控制施工中结构的应力应变状态处于允许范围内，都是目前建筑领域所迫切需要研究的内容与技术。通过 BIM 相关软件可以建立结构模型，并通过仪器设备将实时数据传回，然后进行仿真分析，追踪结构的受力状态，杜绝安全隐患。

3. 施工单位的 BIM 技术应用形式

目前，全国施工单位的 BIM 技术发展水平并不一致，有的施工单位经过多年多个项目的 BIM 技术应用，已经找到了 BIM 技术在施工单位的应用方向，将 BIM 中心升级为施工深化设计中心，具体的项目管理应用由中心配合项目管理部组织，各分包分别应用，最终集成的服务方式，但还有的企业才刚刚开始了解 BIM 技术。这里，就 BIM 技术在施工这一环节常见的应用形式见表 2.1.3-2。

BIM 技术在施工中常见的应用形式　　　　表 2.1.3-2

BIM 技术在施工中常见的应用形式	1. 成立施工深化设计中心，由中心负责承建设计 BIM 模型或搭建 BIM 设计模型，基于 BIM 技术进行深化设计，由中心配合项目部组织具体施工过程 BIM 技术实施
	2. 成立集团协同平台，对下属项目提供软、硬件及云技术协同支持
	3. 委托 BIM 技术咨询公司，同步培训并咨询，在项目建设过程中摸索 BIM 技术对于项目管理的支持
	4. 完全委托 BIM 技术咨询公司，进行投标阶段 BIM 技术应用，被动解决建设方 BIM 技术要求
	5. 提供便捷的管理手段，利用模型进行施工过程荷载验算、进度物料控制、施工质量检查等

上述几种形式都是现阶段施工单位BIM技术应用的常见形式，具体采用何种形式，可根据施工单位企业规模、人员规模、市场规模等因素，综合判定确定。

4. 施工单位的BIM技术常见应用内容

根据不同的应用深度，可分为A、B、C三个等级，如表2.1.3-3所示，其中C级主要集中于模型应用，从深化设计、施工策划、施工组织，从完善、明确施工标的物的角度进行各业务点BIM技术应用。B级在C级基础上，增加了基于模型进行技术管理的内容，如进度管理、安全管理等项目管理内容。A级则基本包含了目前的施工阶段BIM技术应用，既包含了B、C级应用深度，也包含了三维扫描、放线、协同平台等更广泛的BIM技术应用。

施工单位的BIM应用形式　　表2.1.3-3

序号	应用点	不同应用深度		
		A	B	C
一	施工准备阶段			
1.1	补充施工组织模型、场地布置	●	●	●
1.2	BIM审图、碰撞检查	●	●	●
1.3	根据分包合同拆分设计模型	●	●	●
1.4	管线排布、净空优化、深化设计	●	●	●
1.5	三维交底	●	●	●
1.6	重要节点施工模拟、虚拟样板	●	●	●
1.7	工程量统计并与进度计划关联	●	●	
1.8	进度模拟（4D）	●	●	
1.9	进度、资金模拟（5D）	●		
1.10	构件编码体系建立	●		
1.11	信息平台部署	●		
二	建造实施阶段			
2.1	月形象进度报表	●	●	●
2.2	月工程量统计报表（设备与材料管）	●	●	●
2.3	施工前图模会审、工程量分析	●	●	●
2.4	施工后模型更新、信息添加	●	●	●
2.5	分包单位模型管理	●	●	●
2.6	专项深化设计模型协同	●	●	●
2.7	阶段性模型交付	●	●	●
2.8	移动应用	●	●	●
2.9	进度跟踪管理（4D）	●	●	
2.10	安全可视化管理	●	●	
2.11	进度、资金跟踪管理（5D）	●		
2.12	三维放线、定位	●		
2.13	三维扫描	●		

续表

序号	应 用 点	不同应用深度		
		A	B	C
2.14	信息化协同	●		
2.15	信息化施工管理	●		
三	竣工交付阶段			
3.1	竣工模型交付	●	●	●
3.2	竣工数据提取	●	●	
3.3	竣工运维平台	●		
四	其他			

2.1.4　监理咨询单位与 BIM 应用

项目管理过程中常见的监理咨询单位有监理单位和造价咨询单位、招标代理单位等，也有新兴的 BIM 咨询单位，这里仅以与 BIM 技术应用更为紧密的监理单位、造价咨询、BIM 咨询单位进行介绍。

1. 项目管理中的监理单位工作特征

工程监理的委托权由建设单位拥有，建设单位为了选取有资格和能力并且与施工现状相匹配的工程监理单位，一般以招标的形式进行选择，通过有偿的方式委托这些机构对施工进行监管；工程监理工作涉及范围大，监理单位除了工程质量之外，还需要对工程的投资、工程进度、工程安全等诸多方面进行严格监督和管理；监理范围由工程监理合同、相关的法律规定、相对应的技术标准、承发包合同决定；工程监理单位在监管过程中具有相对独立性，维护的不仅仅是建设单位的利益，还需要公正地考虑施工单位的利益；工程监理是施工单位和建设单位之间的桥梁，各个相关单位之间的协调沟通离不开工程监理单位。

2. 监理方 BIM 项目管理的应用需求

从监理单位的工作特征可以看出，监理单位是受业主方委托的专业技术机构，在项目管理工作中执行建设过程监督和管理的职责。如果按照理论的监理业务范围，监理业务包含了设计阶段、施工阶段和运维阶段，甚至包含了投资咨询和全过程造价咨询，但通常的监理服务内容往往仅包含了建造实施阶段的监督和管理，本书中对于监理方 BIM 项目管理的介绍局限于通常的监理服务内容，将监理单位和造价咨询单位分开介绍，如监理单位也承担造价咨询业务，结合造价咨询单位部分的 BIM 介绍，共同理解。

正因为监理单位不是实施方，而 BIM 技术目前尚在实践、探索阶段，还未进入规范化应用、标准化应用的环节，所以，目前 BIM 技术在监理单位的应用还不普遍。但如果按照项目管理的职责要求，一旦 BIM 技术规范应用，监理单位仍将代表建设方监督和管理各参建单位的 BIM 技术应用。

鉴于目前已有大量项目开始 BIM 技术应用，监理单位目前在 BIM 技术应用领域应从两个方向开展技术储备工作：

（1）大量接触和了解 BIM 应用技术，储备 BIM 技术人才，具备 BIM 技术应用监督和管理的能力。

(2) 作为业主方的咨询服务单位，能为业主方提供公平公正的BIM实施建议，具备编制BIM应用规划的能力。

3. 造价咨询单位的BIM技术应用

造价咨询单位在工程造价咨询是指面向社会接受委托，承担工程项目的投资估算和经济评价、工程概算和设计审核、标底和报价的编制和审核、工程结算和竣工决算等业务工作。

造价咨询单位的服务内容，总体而言，包含两部分：一是具体编制工作，二是审核工作。这两部分内容的核心都是工程量与价格（价格包含清单价、市场价等）。其中工程量包含设计工程量和施工现场实际实施动态工程量。

BIM技术的引入，将对造价咨询单位在整个建设全生命期项目管理工作中对工程量的管控发挥质的提升。

(1) 算量建模工作量将大幅度减少。因为承接了设计模型，传统的算量建模工作将变为模型检查、补充建模（如钢筋、电缆等），传统建模体力劳动将转变为对基于算量模型规则的模型检查和模型完善。

(2) 大幅度提高算量效率。传统的造价咨询模式是待设计完成后，根据施工图纸进行算量建模，根据项目的大小，少则一周，多则数周，然后计价出件。算量建模工作量减少后，将直接减少造价咨询时间，同时，算量成果还能在软件中与模型构件一一对应，便于快捷直观的检验成果。

(3) 将减轻企业负担，形成以核心技术人员和服务经理组成的企业竞争模式。传统造价咨询行业，算量建模人员数量占据了企业主要人员规模。BIM技术应用推广以后，算量建模将不再是造价咨询企业的人力资源重要支出，丰富的数据资源库、项目经验积累、资深的专业技术人员，将是造价咨询企业的核心竞争力。

(4) 单个项目的造价咨询服务将从节点式变为伴随式。BIM技术推广应用后，造价咨询行业的参与度将不再局限于预算、清单、变更评估、结算阶段。项目进度评估、项目赢得值分析、项目预评估，均需要造价咨询专业技术支持；同时，项目管理、计价是一项复杂的工程，涵盖了定额众多子项和市场信息调价，过程中存在众多的暗门，必须有专业的软件应用人员和造价咨询专家技术支持。造价咨询行业将延伸到项目现场，延伸到项目建设全过程，与项目管理高度融合，提供持续的造价咨询技术服务。

4. BIM咨询顾问的BIM技术应用

在BIM技术应用初期，BIM咨询顾问多由软件公司担当，在BIM技术推广应用方面功不可没。从长远来看，以CAD甩图板为例，纯BIM技术的咨询顾问公司将不再独立存在，但在相当长的一段时间内，两种类型的BIM咨询顾问，仍将长期存在，如图2.1.4所示。

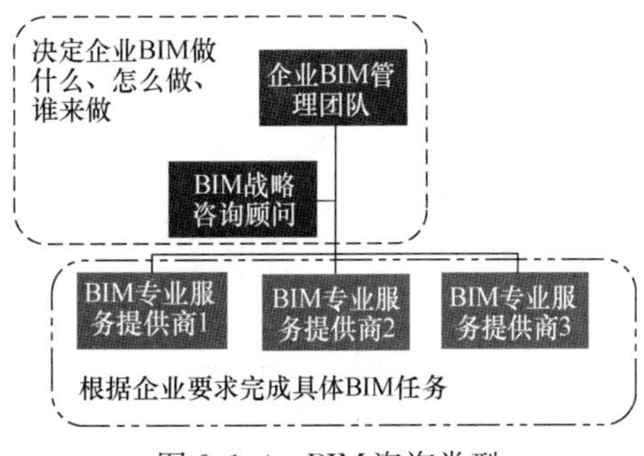

图2.1.4 BIM咨询类型

第一类BIM咨询顾问可以称之为“BIM战略咨询顾问”，其基本职责是企业自身BIM管理决策团队的一部分，和企业BIM管理团队一起帮助决策层决定该企业的BIM应该做什么、怎么做、找谁来做等问题，通常BIM

战略咨询顾问只需要一家，如果有多家的话虽然理论上可行但实际操作起来可能比没有还麻烦。BIM战略咨询顾问对企业要求较高，要求其对项目管理实施规划、BIM技术应用、项目管理各阶段工作、各利益相关方工作内容，均要精通且熟练。

第二类BIM咨询顾问是根据需要帮助企业完成企业自身目前不能完成的各类具体BIM任务的"BIM专业服务提供商"，一般情况下企业需要多家BIM专业服务提供商，一是因为没有一家BIM咨询顾问能在每一项BIM应用上都做到最好，再者同样的BIM任务通过不同BIM专业服务提供商的比较，企业可以得到性价比更高的服务。

目前，BIM咨询顾问尚无资质要求，理论上，可对项目管理任意一方提供BIM技术咨询服务，但在实际操作过程中，企业往往根据BIM咨询顾问的人员技术背景、人员技术实力、企业业绩，选择合适的BIM咨询顾问合作。

2.1.5　供货单位与BIM应用

1. 供货单位的项目管理

供货单位作为项目建设的一个参与方，其项目管理主要服务于项目的整体利益和供货单位本身的利益。其项目管理的目标包括供货单位的成本目标、供货的进度目标和供货的质量目标。

供货单位的项目管理工作主要在施工阶段进行，但它也涉及设计准备阶段、设计阶段、动用前准备阶段和保修期。

供货单位项目管理的任务包括：

（1）供货的安全管理；

（2）供货单位的成本控制；

（3）供货的进度控制；

（4）供货的质量控制；

（5）供货合同管理；

（6）供货信息管理；

（7）与供货有关的组织与协调。

2. 供货单位项目管理的BIM应用需求

在建筑全生命周期项目管理流程中，供货单位的BIM应用需求主要来自于如表2.1.5所示的几个方面。

供货单位BIM项目管理的应用需求　　表2.1.5

供货单位BIM项目管理的应用需求	1. 设计阶段 提供产品设备全信息BIM数据库，配合设计样板进行产品、设备设计选型
	2. 招投标阶段 根据设计BIM模型，匹配符合设计要求的产品型号，并提供对应的全信息模型
	3. 施工建造阶段 配合施工单位，完成物流追踪；提供合同产品、设备的模型，配合进行产品、设备吊装或安装模拟；根据施工组织设计BIM指导，配送产品、货物到指定位置
	4. 运维阶段 配合维修保养，配合运维管控单位及时更新BIM数据库

2.1.6 运维单位与BIM应用

1. 运维单位与项目管理

常规项目开发建设最长3～5年，而运维单位管理工作则长达50～70年，甚至上百年。工程建设与物业管理是密不可分的，正确处理好工程建设与物业管理的关系，搞好建管衔接是确保建筑全生命周期使用周期内“长治久安”的大事。在一些新建住宅小区，之所以出现一年新、二年破、三年乱的现象，出现业主入住初期就有大量的投诉和报修，以及物业管理前期介入开发建设的全过程难于落实，从根本上讲，主要是还没有找到开发建设与物业管理有效衔接的途径和手段。

建筑物作为耐用不动产，其使用周期是所有消费商品中寿命最长的一种。由于它在长期的使用过程中具有自身需要维护、保养的特点，又有其居住主人（物业所有权人和物业使用权人）不断接受服务（特殊商品）的需求，同时，它还具有美化环境和装点城市的功能。这些远不是作为物质形态的房产可以独立完成的，而必须辅之以管理、服务。这种服务并不是简单的维修和保养，而是一种综合的、高层次上的管理和服务。尤其重要的是，管理服务必须是经常性的。

以下就住宅小区物业管理与开发建设过程中一些主要环节，如规划设计阶段的物业前期介入、工程建设阶段的物业监督、接管前的承接查验、综合竣工验收后的项目移交接管等，介绍运维单位与项目管理之间的关系。

（1）规划设计阶段的物业前期介入

规划设计作为住宅小区开发建设前期工作的重要环节，对于住宅小区的形成起着决定性作用。在进行规划时，不仅要从住宅区的总体布局、使用功能、环境布置来安排，而且要对物业管理所涉及的问题加以考虑。现状是开发商在规划设计时较少考虑到日后物业管理的因素，往往导致了住宅小区设施配套不全，安全管理不善，给管理带来了许多不便。一些发达城市小区管理得好，首先是规划设计搞得好，如小区封闭管理的形式、垃圾点的设置、监控防盗系统的配置、园林绿化和硬化美化的设计、物业管理办公和经营性用房的定位等等，都考虑得非常周到，为日后的物业管理提供了极为有利的条件，只有这样才能使住宅小区在几十年的使用周期内实现物业管理运营的良性循环。

（2）工程建设阶段的物业监督

在住宅小区建设阶段，施工质量直接关系到小区使用后使用功能的正常发挥。抓好小区建设的施工质量不仅关系到住户的切身利益，也关系到日后物业管理的难易，应是物业管理的重要内容，所以物业需配合工程建设参与工程监督：物业是以住户的身份代表业主利益检验工程质量，避免为验收而验收；能及早地从今后管理的角度监督建设施工单位严格地按规划设计原意进行建设，及时制止一些建设单位不顾小区今后管理的难度和广大业主的利益而随意改变规划设计现象的发生；能使物业了解房屋建设结构及各种管线的埋设，收集整理好小区建设的基本情况和有关资料，在业主入住前，为住宅区的装修管理和水电、土建维修提供方便，使建设寓于管理之中，为全面管理好小区打好基础。

（3）接管前的承接查验

物业管理单位参加单项工程验收和小区综合竣工验收是住宅小区整体物业接管前对建设单位的最后一个制约环节，对未按规划设计建设配套设施和物业管理设施的行为，物业管理单位有权要求建设单位补建或完善，从而确保物业管理前提条件的落实。在物业验收中严格把关，对即将接管的小区认真做好使用功能的核查，对各种设备、管线都逐一检查并做好登记，办理交接手续，建立移交档案，与开发建设单位签订《前期物业管理服务协议》，从法律上讲完成建管交接。验收的主要内容包括分户验收、设备验收、配套验收、公区验收等。

（4）综合竣工验收后的项目移交接管

住宅小区综合竣工验收后标志着开发建设单位的工程建设任务的完成，物业管理单位在这个阶段要全面的介入前期管理。前期物业管理是指从房屋竣工交付使用销售之日至业主委员会成立之日的管理，按照有关规定新建住宅小区入住率达到50%以上时才具备成立业主委员会的条件。因此从小区竣工到业主委员会成立一般要2～3年的时间，在这期间物业管理企业实施前期物业管理是避免建管脱节的重要举措，首先要做好与开发单位的移交工作，移交主要包括资料移交、物品移交、工程移交等等。在小区竣工交付后的前期物业管理阶段，虽然开发建设单位的工程建设任务完成了，但一般情况下，其住宅销售正值高峰期，通过实施优质的物业管理服务一方面能够增强购房者的信心，已经购房的业主对物业管理的满意度也能够对相关群体产生潜在的购房消费需求，起到促销的作用，以及开发单位投资回收的速度。这也体现了物业管理反作用于开发建设的特性。

综上所述，住宅小区的物业管理与开发建设的各个环节有着内在的联系，开发建设单位为购房人提供了住宅产品消费，物业管理单位为购房人提供了物业服务消费，从维护消费者权益的角度无论是提供住宅产品的开发商还是提供服务行为的管理，其根本目的是一致的，那就是让业主（消费者）享有优良的产品和优质的服务，因此住宅小区的开发建设和物业管理是相互依存、相互促进的关系。

2. 运维单位BIM项目管理的应用需求

结合运维单位在建筑全生命周期项目管理流程中的特点，运维单位的BIM应用需求主要来自于如表2.1.6所示的几个方面。

运维单位BIM项目管理的应用需求　　表2.1.6

运维单位BIM项目管理的应用需求	1. BIM技术可以更好更直观的技术手段参与规划设计阶段
	2. BIM技术应用帮助提高设计成果文件品质，并能及时的统计设备参数，便于前期运维成本测算，从运维角度为设计方案决策提供意见和建议
	3. 施工建造阶段，运用BIM技术直观检查计划进展、参与阶段性验收和竣工验收，保留真实的设备、管线竣工数据模型
	4. 运维阶段，帮助提高运维质量、安全、备品备件周转和反应速度，配合维修保养，及时更新BIM数据库

2.1.7　政府监管机构与BIM应用

1. 政府监管机构的项目管理

政府监管机构并不参与具体的项目建设，主要负责监督管理建设项目中与本机构智能相关的内容，涉及建设工程项目管理的政府监管部门有很多，这里仅列举部分政府机构，见表2.1.7。

参与项目管理的政府机构及其职责 表2.1.7

单位	职责
发改委	项目核准、备案及验收
安全监督管理局	安全评价及验收
环境保护局	环境影响评价及验收
水利局	水土保持评价及验收
文物管理局	地下文物钻探
矿产管理局	压覆矿产评价
地震局	地震安全评价
卫生局	劳动安全卫生评价及验收
武警消防	消防审查及验收
质量监督管理局	特种设备检验
档案局	档案验收
国土资源局	征地
林业局	涉及林地的手续办理
人防办	人民防空手续办理
气象局	防雷接地审查及验收
电业局	供电总体方案审查及增容费收取
审计局	项目竣工验收审计
规划管理局	项目规划管理
劳动和社会保障局	劳动防护审查及验收
质监站、安监站	建设工程质量和安全监督
其他单位	

2. 政府监管机构的BIM应用需求

政府监管机构的BIM应用需求主要是本机构需要的模型和数据信息，从数据统一真实的角度，政府监管机构希望这部分模型和数据信息来源于一个完整的BIM模型数据库的一部分，而不是虚假的，针对该机构的、与其他机构掌握的信息有冲突的专属BIM模型和数据。

2.2 BIM在项目管理中的协同

2.2.1 协同的概念

协同即协调两个或者两个以上的不同资源或者个体，协同一致地完成某一目标的过程或能力。项目管理中由于涉及参与的各个专业较多，而最终的成果是各个专业成果的综合，这个特点决定了项目管理中需要密切的配合和协作。由于参与项目的人员因专业分工或项目经验等个种因素的影响，实际工程中经常出现因配合未到位而造成的工程返工甚至工程无法实现而不得不变更设计的情况。故在项目实施过程中对各参与方在各阶段进行信息数据协同管理意义重大。

以下从 cad 时代和 BIM 时代两个时段对协同方式的改变进行简单介绍。

1. cad 时代的协同方式

在平面 CAD 时代，一般的设计流程是各专业将本专业的信息条件以电子版和打印出的纸质文件的形式发送给接收专业，接收专业将各文件落实到本专业的设计图中，然后再进一步的将反馈资料提交给原提交条件的专业，最后会签阶段在检查各专业的图纸是否满足设计要求。在施工阶段，由施工单位根据设计单位提供的图纸信息进行项目工程施工。在竣工阶段，业主方根据图纸对工程完成情况进行逐项核对。这些过程都是单向进行的，并且是阶段性的，故各专业的信息数据不能及时有效的传达。

一些信息化设施比较好的设计公司，利用公司内部的局域网系统和文件服务器，采用参考链接文件的形式，保持设计过程中建筑底图的及时更新。但这仍然是一个单向的过程，结构、机电向建筑反馈条件仍然需要提供单独的条件图。

2. BIM 时代的协同方式

基于 BIM 技术创建三维可视化高仿真模型，各个专业设计的内容都以实际的形式存在于模型中。各参与方在各阶段中的数据信息可输入模型中，各参与方可根据模型数据进行相应的工作任务，且模型可视化程度高便于各参与方之间的沟通协调，同时也利于项目实施人员之间的技术交底和任务交接等，大大减少了项目实施中由于信息和沟通不畅导致的工程变更和工期延误等问题的发生，很大程度上提高了项目实施管理效率，从而实现项目的可视化、参数化、动态化协同管理。另外，基于 BIM 技术的协同平台的利用，实现了各信息、人员的集成和协同，大大提高了项目管理的效率。

2.2.2　协同的平台

为了保证各专业内和专业之间信息模型的无缝衔接和及时沟通，BIM 项目需要在一个统一的平台上完成。这个平台可以是专门的平台软件，也可以利用 windows 操作系统实现。协同平台具有以下几种功能。

1. 建筑模型信息存储功能

建筑领域中各部门各专业设计人员协同工作的基础是建筑信息模型的共享与转换，这同时也是 BIM 技术实现的核心基础。所以，基于 BIM 技术的协同平台应具备良好的存储功能。目前在建筑领域中，大部分建筑信息模型的存储形式仍为文件存储，这样的存储形式对于处理包含大量数据，且改动频繁的建筑信息模型效率是十分低下的，更难以对多个项目的工程信息进行集中存储。而在当前信息技术的应用中，以数据库存储技术的发展最为成熟、应用最为广泛。并且数据库具有存储容量大、信息输入输出和查询效率高、易于共享等优点，所以协同平台采用数据库对建筑信息模型进行存储，从而可以解决上文所述的当前 BIM 技术发展所存在的问题。

2. 具有图形编辑平台

在基于 BIM 技术的协同平台上，各个专业的设计人员需要对 BIM 数据库中的建筑信息模型进行编辑，转换、共享等操作。这就需要在 BIM 数据库的基础上，构建图形编辑平台。图形编辑平台的构建可以对 BIM 数据库中的建筑信息模型进行更直观的显示，专业设计人员可以通过它对 BIM 数据库内的建筑信息模型进行相应的操作。不仅如此，存储整个城市建筑信息模型的BIM数据库与GIS（GeographicInformationSystem，地理信息系统）、交通信息等相结合，利用图形编辑平台进行显示，可以实现真正意义上的数字城市。

3. 兼容建筑专业应用软件

建筑业是一个包含多个专业的综合行业，如设计阶段，需要建筑师、结构工程师、暖通工程师、电气工程师、给排水工程师等多个专业的设计人员进行协同工作，这就需要用到大量的建筑专业软件，如结构性能计算软件、光照计算软件等。所以，在BIM协同平台中，需兼容专业应用软件以便于各专业设计人员对建筑性能的设计和计算。

4. 人员管理功能

由于在建筑全生命周期过程中有多个专业设计人员的参与，如何能够有效的管理是至关重要的。通过此平台可以对各个专业的设计人员进行合理的权限分配、对各个专业的建筑功能软件进行有效的管理、对设计流程、信息传输的时间和内容进行合理的分配，从而实现项目人员高效的管理和协作。

下面以某施工单位在项目实施过程中的协同平台为例，对协同平台的功能和相关工作做具体介绍。

某施工总承包单位为有效协同各单位各项施工工作的开展，顺利执行BIM实施计划，组织协调工程其他施工相关单位，通过自主研发BIM平台实现了协同办公。协同办公平台工作模块包括：族库管理模块、模型物料模块、采购管理模块、统计分析模块、数据维护模块、工作权限模块、工程资料模块。所有模块通过外部接口和数据接口进行信息的提取、查看、实时更新数据。在BIM协同平台搭建完毕后，邀请发包方、设计及设计顾问、QS顾问、监理、专业分包、独立承包商和供应商等单位参加并召开BIM启动会。会议应明确工程BIM应用重点，协同工作方式，BIM实施流程等多项工作内容。该项目基于BIM的协同工作页面如图2.2.2所示。

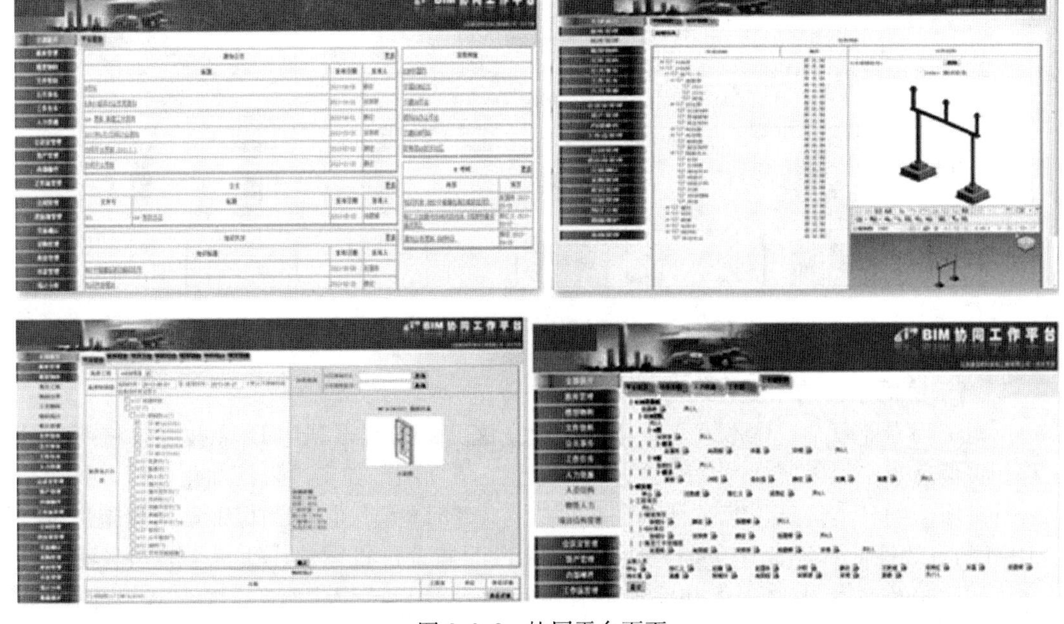

图2.2.2 协同平台页面

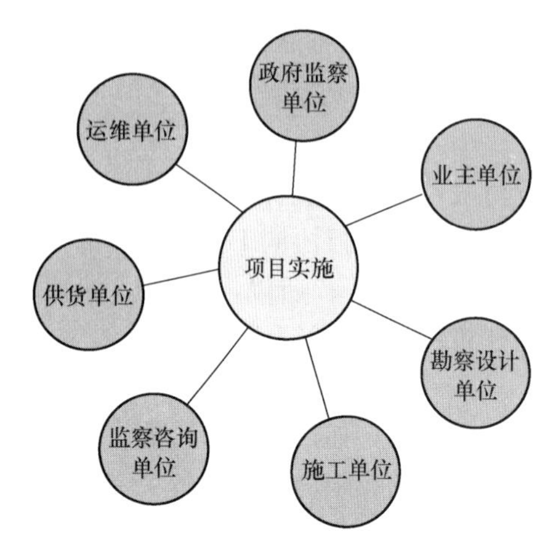

图2.2.3-1　项目各参与方图

2.2.3　项目各方的协同管理

项目在实施过程中各参与方较多(如图2.2.3-1所示)，且各自职责不同，但各自的工作内容之间却联系紧密，故各参与方之间良好的沟通协调意义重大。项目各参与方之间的协同合作有利于各自任务内容的交接，避免不必要的工作重复或工作缺失而导致的项目整体进度延误甚至工程返工。一般基于BIM技术的各参与方协同应用主要包括基于协同平台的信息、职责管理和会议沟通协调等内容。

1. 基于协同平台的信息管理

协同平台具有较强的模型信息存储能力，项目各参与方通过数据接口将各自的模型信息数据输入到协同平台中进行集中管理，一旦某个部位发生变化，与之相关联的工程量、施工工艺、施工进度、工艺搭接、采购单等相关信息都自动发生变化，且在协同平台上采用短信、微信、邮件、平台通知等方式统一告知各相关参与方，他们只需重新调取模型相关信息，便轻松完成了数据交互的工作。项目BIM协同平台信息交互共享如图2.2.3-2所示。

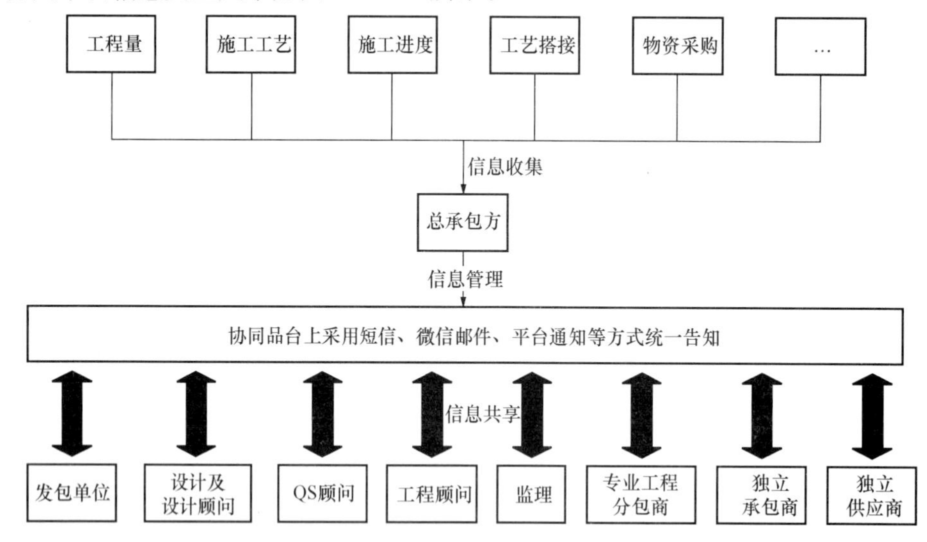

图2.2.3-2　项目BIM协同平台信息交互共享示意图

2. 基于协同平台的职责管理

面对工程专业复杂、体量大，专业图纸数量庞大的工程，利用BIM技术，将所有的工程相关信息集中到以模型为基础的协同平台上，依据图纸如实进行精细化建模，并赋予工程管理所需的各类信息，确保出现变更后，模型及时更新。同时为保证本工程施工过程中BIM的有效性，对各参与单位在不同施工阶段的职责进行划分，让每个参与者明白自己在不同阶段应该承担的职责和完成的任务，与各参与单位进行有效配合，共同完成BIM的实施。

某工程项目实施施工阶段中各参与方职责划分见表 2.2.3-1。

某工程各参与方职责划分 **表 2.2.3-1**

<table>
<tr><th>施工阶段</th><th>甲 方</th><th>设计方</th><th>总包 BIM</th><th>分 包</th></tr>
<tr><td>低区（1-36 层）结构施工阶段</td><td rowspan="2">监督 BIM 实施计划的进行；签订分包管理办法</td><td rowspan="2">与甲方、总包方配合，进行图纸深化，并进行图纸签认</td><td rowspan="2">模型维护，方案论证，技术重难点的解决</td><td rowspan="2">配合总包 BIM 对各自专业进行深化和模型交底</td></tr>
<tr><td>高区（36 层以上）结构施工阶段</td></tr>
<tr><td>装饰装修机电安装施工阶段</td><td>监督 BIM 实施计划的进行；签订分包管理办法，进行模型确认</td><td>与甲方、总包方配合，进行图纸深化，并进行图纸签认</td><td>施工工艺模型交底，工序搭接，样板间制作</td><td>按照模型交底进行施工</td></tr>
<tr><td>系统联动调试、试运行</td><td>模型交付</td><td>竣工图纸的确认</td><td>模型信息整理、模型交付</td><td>模型确认</td></tr>
</table>

在对项目各参与方职责划分后，根据相应职责创建“告示板”式团队协作平台，项目组织中的 BIM 成员根据权限和组织构架加入协同平台，在平台上创建代办事项、创建任务，并可做任务分配，也可对每项任务创建一个卡片，可以包括活动、附件、更新、沟通内容等信息。团队人员可以上传各自创建的模型，也可随时浏览其他团队成员上传的模型，发布意见，进行便捷的交流，并使用列表管理方式，有序地组织模型的修改、协调，支持项目顺利进行（如图 2.2.3-3 所示）。

图 2.2.3-3 “告示板”式团队协作平台

3. 基于协同平台的流程管理

项目实施过程中，除了让每个项目参与者明晰各自的计划和任务外，还应让他了解整个项目模型建立的状况、协同人员的动态、提出问题及表达建议的途径。从而使项目各参与方能够更好的安排工作进度，实现与其他参与方的高效对接，避免不必要的工期延误。

某项目管理的 BIM 协同工作流程如图 2.2.3-4 所示。

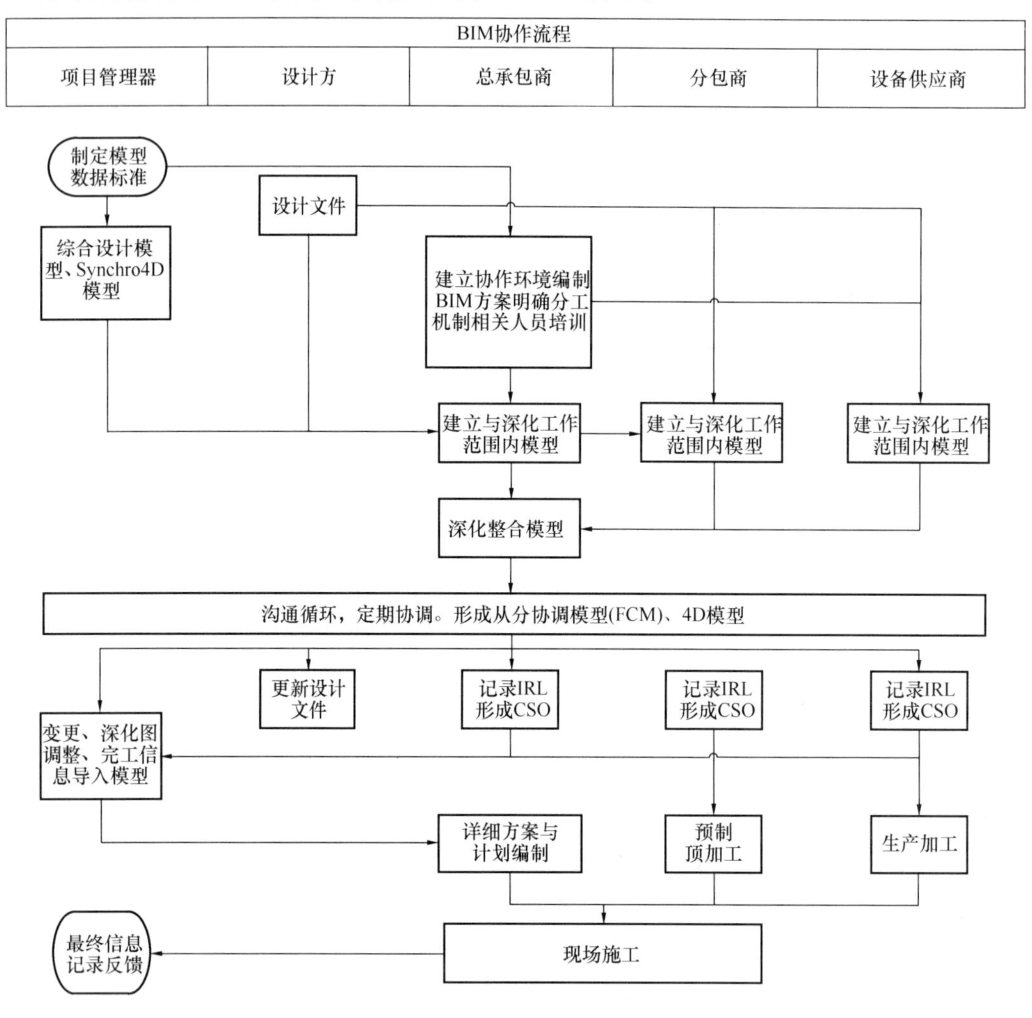

图 2.2.3-4　BIM 协同流程图

4. 会议沟通协调

基于协同平台可以使各参与方能够更好地把握各自相应的工作任务，但项目管理实施过程中仍还会存在各种问题需要沟通解决，协同平台只能解决项目管理中的部分内容，故还需要各参与方定期组织会议进行直接沟通协调。协调会议由 BIM 专职负责人与项目总工每周定期召开 BIM 例会，会议将由甲方、监理、总包、分包、供应商等各相关单位参加。会议将生成相应的会议纪要，并根据需要延伸出相应的图纸会审、变更洽商或是深化图纸等施工资料，由专人负责落实。例会上应协调以下内容：

(1) 进行模型交底，介绍模型的最新建立和维护情况；

（2）通过模型展示，实现对各专业图纸的会审，及时发现图纸问题；

（3）随着工程的进度，提前确定模型深化需求，并进行深化模型的任务派发、模型交付以及整合工作，对深化模型确认后出具二维图纸，指导现场施工；

（4）结合施工需求进行技术重难点的BIM辅助解决，包括相关方案的论证，施工进度的4D模拟等，让各参与单位在会议上通过模型对项目有一个更为直观、准确的认识，并在图纸会审、深化模型交底、方案论证的过程中，快速解决工程技术重难点。

2.3 BIM应用的总体实施

2.3.1 明确项目BIM需求

每个项目都有五种典型的利益相关者，项目发起人、项目客户、项目经理、项目团队、项目相关职能部门的负责人，他们应该对项目承担责任。所以，在应用BIM技术进行项目管理时，需明确自身在管理过程中的需求，并结合BIM本身特点来确定项目管理的服务目标。这些BIM目标必须是具体的、可衡量的，并且能够促进建设项目的规划、设计、施工和运营成功。

2.3.2 编制BIM实施计划

1. 实施目标

企业在应用BIM技术进行项目管理时，需明确自身在管理过程中的目标，并结合BIM本身特点确定BIM辅助项目管理的服务目标，比如提升项目的品质（声、光、热、湿等）、降低项目成本（须具体化）、节省运行能耗（须具体化）、系统环保运行等。

为完成的BIM应用目标，各企业应紧随建筑行业技术发展步伐，结合自身在建筑领域的优势，确立BIM技术应用的战略思想。比如，某施工单位制定了“提升建筑整体建造水平、实现建筑全生命周期精细化动态管理”的BIM应用目标，据此确立了“以BIM技术解决技术问题为先导、通过BIM技术严格管控施工流程，全面提升精细化管理”的BIM技术应用思路。

2. 组织机构

在项目建设过程中需要有效地将各种专业人才的技术和经验进行整合，将他们各自的优势、长处、经验得到充分的发挥以满足项目管理的需要，提高管理工作的成效。为更好地完成项目BIM应用目标，响应企业BIM应用战略思想，需要结合企业现状及应用需求，先组建能够应用BIM技术为项目提高工作质量和效率的项目级BIM团队，进而建立企业级BIM技术中心，以负责BIM知识管理、标准与模板、构件库的开发与维护、技术支持、数据存档管理、项目协调、质量控制等。

3. 进度计划（以施工为例）

为了充分配合工程，实际应用将根据工程施工进度设计BIM应用方案。主要节点为：

（1）投标阶段初步完成基础模型建立，厂区模拟，应用规划，管理规划；

（2）中标进场前初步制定本项目BIM实施导则、交底方案，完成项目BIM标准大纲；

（3）人员进场前针对性进行 BIM 技能培训，实现各专业管理人员掌握 BIM 技能；

（4）确保各施工节点前一个月完成专项 BIM 模型，并初步完成方案会审；

（5）各专业分包投标前 1 个月完成分包所负责部分模型工作，用于工程量分析，招标准备；

（6）各专项工作结束后一个月完成竣工模型以及相应信息的三维交付；

（7）工程整体竣工后针对物业进行三维数据交付；

详细节点如图 2.3.2 所示。

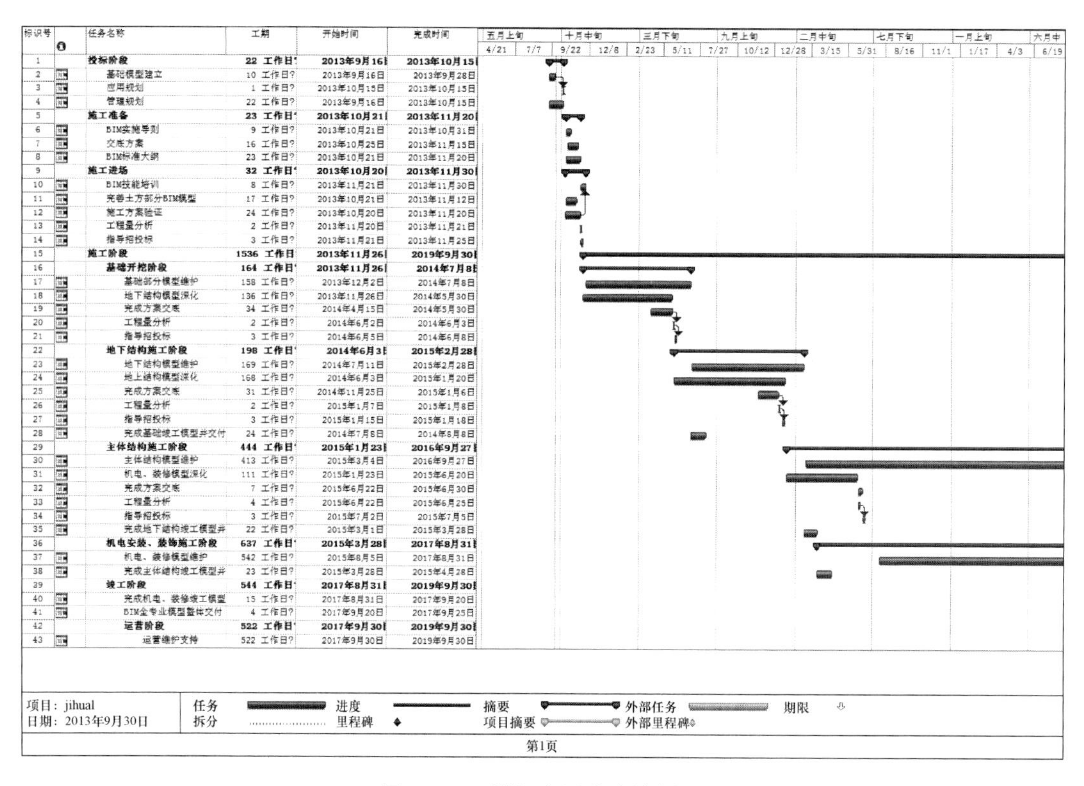

标识号	任务名称	工期	开始时间	完成时间
1	**投标阶段**	**22 工作日**	**2013年9月16**	**2013年10月15**
2	基础模型建立	10 工作日?	2013年9月16日	2013年9月28日
3	应用规划	1 工作日?	2013年10月15日	2013年10月15日
4	管理规划	22 工作日?	2013年9月16日	2013年10月15日
5	**施工准备**	**23 工作日**	**2013年10月21**	**2013年11月20**
6	BIM实施导则	9 工作日?	2013年10月21日	2013年10月31日
7	交底方案	16 工作日?	2013年10月25日	2013年11月15日
8	BIM标准大纲	23 工作日?	2013年10月21日	2013年11月20日
9	**施工进场**	**32 工作日**	**2013年10月20**	**2013年11月30**
10	BIM技能培训	8 工作日?	2013年11月21日	2013年11月30日
11	完善土方部分BIM模型	17 工作日?	2013年10月21日	2013年11月12日
12	施工方案验证	24 工作日?	2013年10月20日	2013年11月20日
13	工程量分析	2 工作日?	2013年11月20日	2013年11月21日
14	指导招投标	3 工作日?	2013年11月21日	2013年11月25日
15	**施工阶段**	**1536 工作日**	**2013年11月26**	**2019年9月30**
16	**基础开挖阶段**	**164 工作日**	**2013年11月26**	**2014年7月8**
17	基础部分模型维护	158 工作日?	2013年12月2日	2014年7月8日
18	地下结构模型深化	136 工作日?	2013年11月26日	2014年5月30日
19	完成方案交底	34 工作日?	2014年4月15日	2014年5月30日
20	工程量分析	2 工作日?	2014年6月2日	2014年6月3日
21	指导招投标	3 工作日?	2014年6月5日	2014年6月8日
22	**地下结构施工阶段**	**198 工作日**	**2014年6月3**	**2015年2月28**
23	地下结构模型维护	169 工作日?	2014年7月11日	2015年2月28日
24	地上结构模型深化	168 工作日?	2014年6月3日	2015年1月20日
25	完成方案交底	31 工作日?	2014年11月25日	2015年1月6日
26	工程量分析	2 工作日?	2015年1月7日	2015年1月8日
27	指导招投标	3 工作日?	2015年1月15日	2015年1月18日
28	完成基础竣工模型并交付	24 工作日?	2014年7月8日	2014年8月8日
29	**主体结构施工阶段**	**444 工作日**	**2015年1月23**	**2016年9月27**
30	主体结构模型维护	413 工作日?	2015年3月4日	2016年9月27日
31	机电、装修模型深化	111 工作日?	2015年1月23日	2015年6月20日
32	完成方案交底	7 工作日?	2015年6月22日	2015年6月30日
33	工程量分析	4 工作日?	2015年6月22日	2015年6月25日
34	指导招投标	3 工作日?	2015年7月2日	2015年7月5日
35	完成地下结构竣工模型并	22 工作日?	2015年3月1日	2015年3月28日
36	**机电安装、装饰施工阶段**	**637 工作日**	**2015年3月28**	**2017年8月31**
37	机电、装修模型维护	542 工作日?	2015年8月5日	2017年8月31日
38	完成主体结构竣工模型并	23 工作日?	2015年3月28日	2015年4月28日
39	**竣工阶段**	**544 工作日**	**2017年8月31**	**2019年9月30**
40	完成机电、装修竣工模型	15 工作日?	2017年8月31日	2017年9月20日
41	BIM全专业模型整体交付	4 工作日?	2017年9月20日	2017年9月25日
42	**运营阶段**	**522 工作日**	**2017年9月30**	**2019年9月30**
43	运营维护支持	522 工作日?	2017年9月30日	2019年9月30日

图 2.3.2　详细应用节点计划图

4. 资源配置

（1）软件配置计划

BIM 工作覆盖面大，应用点多。因此任何单一的软件工具都无法全面支持。需要根据我们的实施经验，拟定采用合适的软件作为项目的主要模型工具，并自主开发或购买成熟的 BIM 协同平台作为管理依托。如表 2.3.2-1 所示。

软件应用举例　　　　**表 2.3.2-1**

	实施目标	应用工具举例
1	全专业模型的建立	Revit 系列、Bentley 系列、ArchiCAD、DigitalProject
2	模型的整理及数据的应用	Revit 系列软件、PKPM、ETABS、ROBOT
3	碰撞检测	Revit 系列、Navisworks Manage

续表

	实施目标	应用工具举例
4	管综优化设计	Revit 系列、Navisworks Manage
5	4D 施工模拟	Navisworks Manage、Project Wise Navigator Visula Simulation、Synchro
6	钢结构深化	Revit Structure、钢筋放样软件 Tekla Structure

（2）硬件配置计划

BIM 模型带有庞大的信息数据，因此，在 BIM 实施的硬件配置上也要有着严格的要求。结合项目需求及成本，根据不同的使用用途和方向，对硬件配置进行分级设置，最大程度保证硬件设备在 BIM 实施过程中的正常运转，最大限度地有效控制成本。

5. 实施标准

BIM 是一种新兴的技术，贯穿在项目的各个阶段与层面。在项目 BIM 实施前期，应制定相应的 BIM 实施标准，对 BIM 模型的建立及应用进行规划，实施标准主要内容包括：明确 BIM 建模专业、明确各专业部门负责人、明确 BIM 团队任务分配、明确 BIM 团队工作计划、制定 BIM 模型建立标准等。

现有的 BIM 标准有美国 NBIMS 标准、新加坡 BIM 指南、英国 Autodesk BIM 设计标准、中国 CBIMS 标准以及各类地方 BIM 标准等。

由于每个施工项目的复杂程度不同、施工办法不同、企业管理模式不同，仅仅依照单一的标准难以使 BIM 实施过程中的模型精度、信息传递接口、附带信息参数等内容保持一致，企业有必要在项目开始阶段建立针对性强目标明确的企业级乃至于项目级的 BIM 实施办法与标准，全面指导项目 BIM 工作的开展。如北京建团有限责任公司发布的 BIM 实施标准（企业级）和长沙世贸广场工程项目标准（项目级）。

6. 保障措施

在项目 BIM 实施过程中，需要采取一定的措施来保障项目顺利进行，如表 2.3.2-2 所示。

项目 BIM 实施的保障措施 **表 2.3.2-2**

	保障措施	具 体 内 容
1	建立系统运行保障体系	成立总包 BIM 执行小组； 成立 BIM 系统领导小组； 职能部门设置 BIM 对口成员； 成立总包分包联合团队等
2	建立系统运行工作计划	编制 BIM 建模及模型数据提交计划； 编制碰撞检测计划等
3	建立系统运行例会制度	BIM 系统联合团队成员定期开会； 总包 BIM 系统执行小组定期开会； BIM 系统联合团队成员定期参加工程例会和设计协调会等

续表

	保障措施	具 体 内 容
4	建立系统运行检查机制	BIM 系统联合团队成员定期汇报工作进展及面临困难； 总包 BIM 系统执行小组定期开会，制定下步工作目标； BIM 系统联合团队成员定期参加工程例会和设计协调会等
5	模型维护与应用机制	分包及时更新和深化模型； 按要求导出管线图、各专业平面图及相关表格； 运用软件，优化工期计划，指导施工实施； 施工前，根据最新模型进行碰撞检查直至零碰撞； 施工引起的模型修改，在各方确认后 14 天内完成； 集成和验证最终模型，提交业主等

2.3.3　基于 BIM 技术的过程管理

项目全过程管理就指工程项目管理企业按照合同约定，在工程项目决策阶段，为业主编制可行性研究报告，进行可行性分析和项目策划；在工程项目设计阶段，负责完成合同约定的工程设计（基础工程设计）等工作；在工程项目实施阶段，为业主提供招标代理、设计管理、采购管理、施工管理和试运行（竣工验收）等服务，代表业主对工程项目进行质量、安全、进度、费用、合同、信息等管理和控制。

科学地进行工程项目施工管理是一个项目取得成功的必要条件。对于一个工程建设项目而言，争取工程项目的保质保量完成是施工项目管理的总体目标，具体而言就是在限定的时间、资源（如资金、劳动力、设备材料）等条件下，以尽可能快的速度，尽可能低的费用（成本投资）圆满完成施工项目任务。

BIM 模型是项目各专业相关信息的集成，适用于从设计到施工到运营管理的全过程，贯穿工程项目的全生命周期。应用 BIM 技术进行全过程项目管理的流程，如图 2.3.3-1 所示。

项目的实施、跟踪是一个控制过程，用于衡量项目是否向目标方向进展，监控偏离计划的偏差，在项目的范围、时间和成本三大限制因素之间进行平衡，采取纠正措施使进度与计划相匹配。此过程跨越项目生命周期的各个阶段，涉及项目管理的整体、范围、时间、成本、质量、沟通和风险等各个知识领域。如图 2.3.3-2～图 2.3.3-4，分别为项目的进度控制流程图、成本控制流程图、质量控制流程图。

在 BIM 模型中集成的数据包括任务的进度（实际开始时间、结束时间、工作量、产值、完成比例）、成本（各类资源实际使用、各类物资实际耗用、实际发生的各种费用）、资金使用（投资资金实际到位、资金支付）、物资采购、资源增加等内容。根据采集到的各期数据，可以随时计算进度、成本、资金、物资、资源等各个要素的本期、本年和累积发生数据，与计划数据进行比较，预测项目将提前还是延期完成，是低于还是超过预算完成。

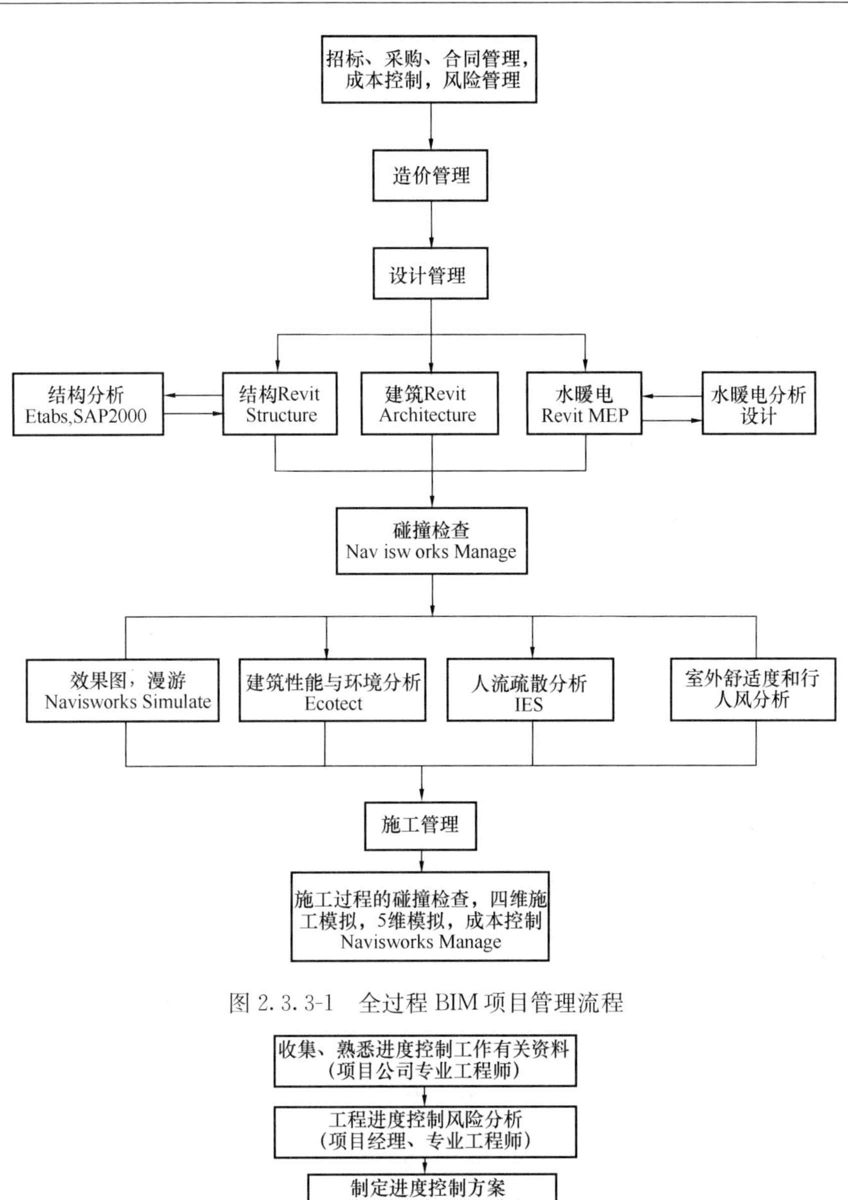

图 2.3.3-1 全过程 BIM 项目管理流程

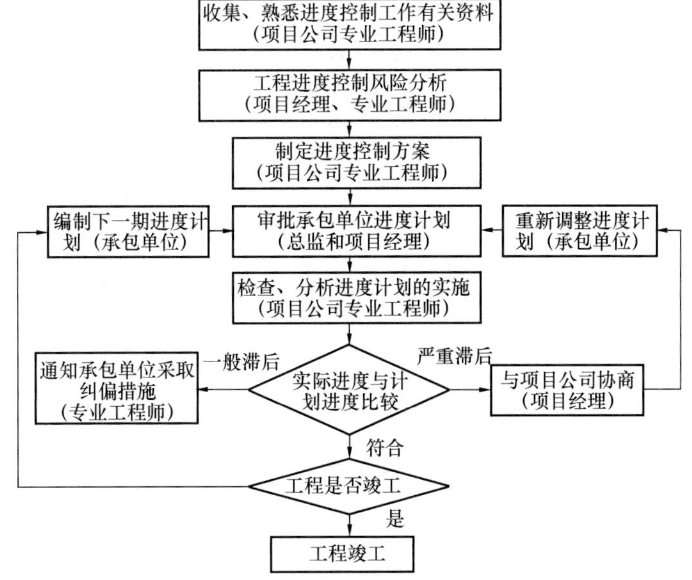

图 2.3.3-2 项目进度控制流程图

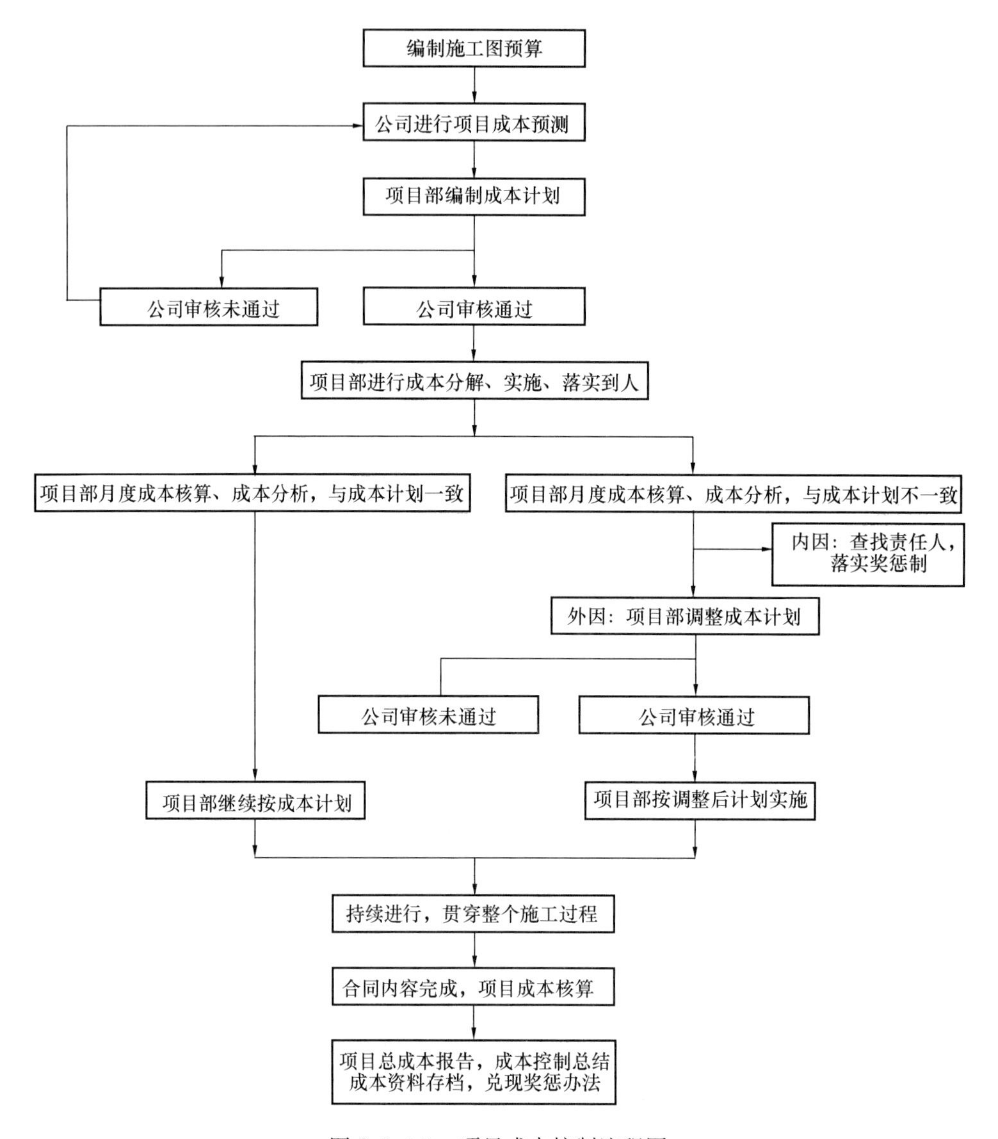

图2.3.3-3 项目成本控制流程图

如果项目进展良好，就不需要采取纠正措施，在下一个阶段对进展情况再做分析；如果认为需要采取纠正措施，必须由项目法人、总包、分包及监理等召开联席会议，做出如何修订进度计划或预算的决定，同时更新至BIM模型，以确保BIM模型中的数据是最新的，有效的。

2.3.4 项目完结与后评价

1. 概念

项目后评价是指对已经完成的项目或规划的目的、执行过程、效益、作用和影响所进行的系统的客观的分析。通过对投资活动实践的检查总结，确定投资预期的目标是否达到，项目或规划是否合理有效，项目的主要效益指标是否实现，通过分析评价找出成败的原因，总结经验教训，并通过及时有效的信息反馈，为未来项目的决策和提高完善投资决

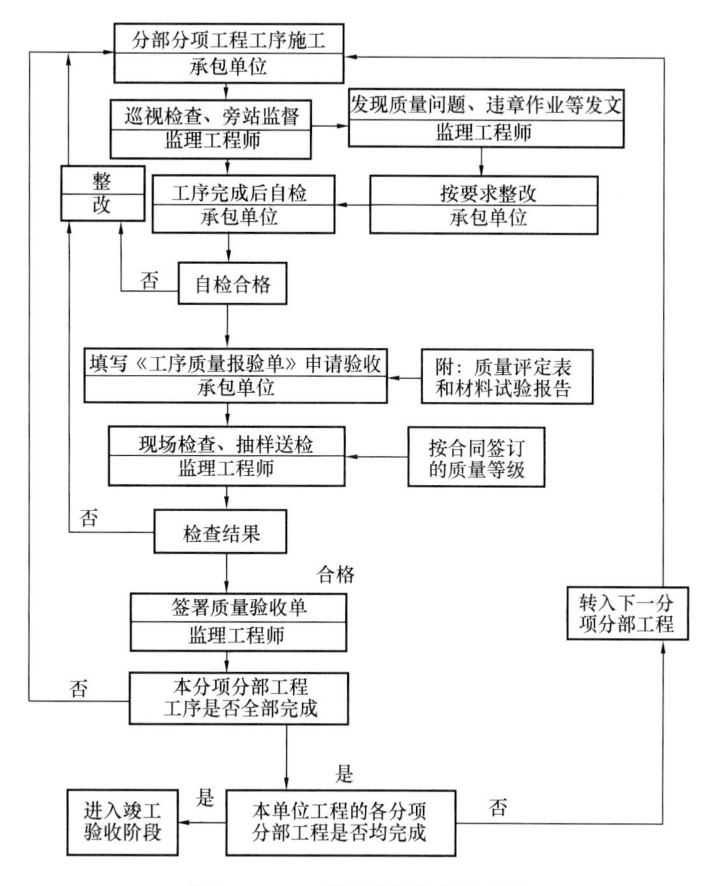

图 2.3.3-4　项目质量控制流程图

策管理水平提出建议，同时也为被评项目实施运营中出现的问题提出改进建议，从而达到提高投资效益的目的。

2. 类型

根据评价时间不同，后评价又可以分为跟踪评价、实施效果评价和影响评价。

（1）项目跟踪评价是指项目开工以后到项目竣工验收之前任何一个时点所进行的评价，它又称为项目中间评价；

（2）项目实施效果评价是指项目竣工一段时间之后所进行的评价，就是通常所称的项目后评价；

（3）项目影响评价是指项目后评价报告完成一定时间之后所进行的评价，又称为项目效益评价。

从决策的需求，后评价也可分为宏观决策型后评价和微观决策型后评价。

（1）宏观决策型后评价指涉及国家、地区、行业发展战略的评价；

（2）微观决策型后评价指仅为某个项目组织、管理机构积累经验而进行的评价。

3. 步骤

项目后评价的步骤见图 2.3.4。

4. 内容

每个项目的完成必然给企业带来三方面的成果：提升企业形象、增加企业收益、形成

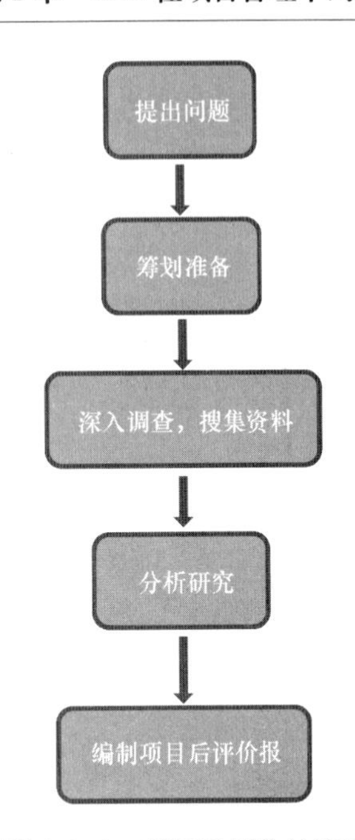

图 2.3.4　项目后评价的流程

企业知识。

评价的内容可以分为目标评价、效益评价、影响评价、持续性评价、过程评价等几个方面，一般来说，包括如下任务和内容：

（1）根据项目的进程，审核项目交付的成果是否到达项目准备和评估文件中所确定的目标，是否达到了规定要求；

（2）确定项目实施各阶段实际完成的情况，并找出其中的变化。通过实际与预期的对比，分析项目成败的原因；

（3）分析项目的经济效益；

（4）顾客是否对最终成果满意。如果不满意，原因是什么；

（5）项目是否识别了风险，是否针对风险采取了应对策略；

（6）项目管理方法是否起到了作用；

（7）本项目使用了哪些新技巧、新方法，有没有体验新软件或者新功能，价值如何；

（8）改善项目管理流程还要做哪些工作，吸取哪些教训和建议，供未来项目借鉴。

5. 意义

（1）确定项目预期目标是否达到，主要效益指标是否实现；查找项目成败的原因，总结经验教训，及时有效反馈信息，提高未来新项目的管理水平；

（2）为项目投入运营中出现的问题提出改进意见和建议，达到提高投资效益的目的；

（3）后评价具有透明性和公开性，能客观、公正地评价项目活动成绩和失误的主客观原因，比较公正地、客观地确定项目决策者、管理者和建设者的工作业绩和存在的问题，从而进一步提高他们的责任心和工作水平。

课　后　习　题

一、单项选择题

1. 下列哪个选项是建设工程生产过程的总集成者，也是建设工程生产过程的总组织者。（　　）

A. 建设单位　　　　B. 设计单位

C. 政府部门　　　　D. 业主

2. 下列哪个选项不属于业主单位对 BIM 项目管理的需求。（　　）

A. 可视化的投资方案　　　　B. 可视化的项目管理

C. 可视化的设计展示　　　　D. 可视化的物业管理

3. 下列哪个选项不属于设计单位对 BIM 项目管理的需求。（　　）

A. 施工模拟　　　　B. 提高设计效率

C. 提高设计质量　　　　D. 可视化的设计会审

4. 施工项目管理的核心任务是（　　）。

A. 进度控制　　B. 成本控制

C. 目标控制　　D. 质量控制

5. 项目管理的主要内容是“三控三管一协调”，下列哪个选项不属于“三管”的内容。(　　)

A. 职业健康安全与环境管理　　B. 合同管理

C. 信息管理　　D. 进度管理

6. 供货单位的项目管理工作主要在哪个阶段进行。(　　)

A. 造价咨询阶段　　B. 设计阶段

C. 施工阶段　　D. 运维阶段

7. 下列哪个选项不属于协同平台的功能。(　　)

A. 建筑模型信息存储功能　　B. 具有图形编辑平台

C. 兼容建筑专业应用软件　　D. 质量控制功能

8. 下列哪个选项不属于项目 BIM 实施的保证措施。(　　)

A. 建立系统运行实施标准　　B. 建立系统运行保障体系

C. 建立系统运行例会制度　　D. 建立系统运行检查机制

9. 下列哪个选项不属于项目全过程管理的内容（　　）。

A. 在工程项目决策阶段，为业主编制可行性研究报告

B. 在工程项目设计阶段，负责完成合同约定的工程设计等工作

C. 在工程项目实施阶段，为业主提供招标代理、采购管理等工作

D. 在工程项目运营阶段，为业主提供物业管理等工作

10. 根据评价时间不同，下列哪个选项不属于项目后评价的类型（　　）。

A. 跟踪评价　　B. 目标完成评价

C. 实施效果评价　　D. 影响评价

参考答案：

1. D　2. C　3. A　4. C　5. D　6. C　7. D　8. A　9. D　10. B

二、多项选择题

1. 下列属于施工方单位对 BIM 项目管理的需求。(　　)

A. 理解设计意图　　B. 降低施工风险

C. 把握施工细节　　D. 可视化的设计会审

2. 项目管理的主要内容是“三控三管一协调”，其中“三控”指的是（　　）。

A. 成本控制　　B. 进度控制

C. 风险控制　　D. 质量控制

3. 监理单位是受业主方委托的专业技术机构，按照理论的监理业务范围，监理的业务贯穿下列哪几个阶段（　　）。

A. 造价咨询　　B. 设计阶段

C. 施工阶段　　D. 运维阶段

4. 下列哪些选项属于供货单位的项目管理内容。(　　)

A. 供货的安全管理　　B. 供货的进度控制

C. 供货合同管理　　　　　　　　　　D. 供货信息管理

5. 下列在项目管理中的职责，表述正确的有（　　）。

A. 发改委的主要职责是项目核准、备案及验收

B. 环境保护局的主要职责是环境影响评价及验收

C. 地震局的主要职责是地震安全评价

D. 质量监督管理局的主要职责是特种设备检验

参考答案：

1. ABC　　2. ABD　　3. ABCD　　4. ABCD　　5. ABCD

第 3 章　BIM 技术在设计阶段的应用

导读：

本章主要介绍了 BIM 技术在项目管理中设计阶段的应用。首先介绍了 BIM 技术在方案阶段的应用，包括概念设计、场地规划和方案比选；然后介绍了 BIM 技术在初步设计阶段的应用，包括结构分析、性能分析和工程算量；接着介绍了 BIM 技术在施工图设计阶段的应用，包括碰撞检查、施工图生成和三维渲染图出具；最后详细介绍了绿色建筑设计 BIM 应用。

3.1　BIM 技术应用清单

设计阶段是工程项目建设过程中非常重要的一个阶段，在这个阶段中将决策整个项目实施方案，确定整个项目信息的组成，对工程招标、设备采购、施工管理、运维等后续阶段具有决定性影响，此阶段一般分为方案设计、初步设计和施工图设计三个阶段。

设计阶段的项目管理主要包含设计单位、业主单位等各参与方的组织、沟通和协调等管理工作。随着 BIM 技术在我国建筑领域的逐步发展和深入应用，设计阶段将率先普及 BIM 技术应用，基于 BIM 技术的设计阶段项目管理将是大势所趋。掌握 BIM 技术，更好地从设计阶段即进行精益化管理，降低项目成本，提高设计质量和整个工程项目的完成效能，将具有十分积极的意义。

在设计阶段项目管理工作中应用 BIM 技术的最终目的是提高项目设计自身的效率，提高设计质量，强化前期决策的及时性和准度，减少后续施工期间的沟通障碍和返工，保障建设周期，降低项目总投资。本阶段的参与方有设计单位、业主单位、供货方和施工单位等，其中以设计单位和业主单位为主要参与方。

设计单位在此阶段利用 BIM 的协同技术，可提高专业内和专业间的设计协同质量，减少错漏碰缺，提高设计质量；利用 BIM 技术的参数化设计和性能模拟分析等各种功能，可提高建筑性能和设计质量，有助于及时优化设计方案、量化设计成果，实现绿色建筑设计；利用 BIM 技术的 3D 可视化技术，可提高和业主、供货方、施工等单位的沟通效率，帮助准确理解业主需求和开发意图，提前分析施工工艺和技术难度，降低图纸修改率，逐步消除设计变更，有助于后期施工阶段的绿色施工；更便于设计安全管理、设计合同管理和设计信息管理，更好地进行设计成本控制、设计进度控制和设计质量控制，更有效地进行与设计有关的组织和协调。

业主单位在此阶段通过组织 BIM 技术应用，可以提前发现概念设计、方案设计中潜在的风险和问题，便于及时进行方案调整和决策；利用 BIM 技术与设计、施工单位进行快捷沟通，可提高沟通效率，减少沟通成本；利用BIM技术进行过程管理，监督设计过程，控制项目投资、控制设计进度、控制设计质量，更方便地对设计合同及工程信息进行管理，有效地组织和协调设计、施工以及政府等相关方。

BIM技术在设计阶段的主要任务有：

1. 进度控制

将BIM技术引入进度管理，总结形成一套独特的工程项目管理方法。以精益建造理论为基础，参建各方以一个项目为中心进行全过程管理，形成一个整体团队协同工作，使用同一进度管理方法，共同完成一份进度计划。遵循这样的管理方法，管理者通过网络协同工作方式对项目进度实施有效的动态管理。

基于BIM技术的进度控制需在相关软件的基础上开发进度管理系统，用于计划任务的编制、优化、下达、执行、检查、考评，有效协助项目进行进度管理。同时，将进度计划与BIM模型结合起来，以达到有效提升项目整体效能的目的。

2. 造价控制

设计阶段是整个工程项目建设造价控制的关键阶段，尤其在方案设计阶段，设计活动对工程造价影响较大。

按照相关管理规定，我国建设项目在设计阶段的造价控制主要是方案设计阶段的设计估算和初步设计阶段的设计概算。而在实际执行过程中，由于传统的二维设计成果缺乏快速、准确量化和直观检验的手段，设计阶段透明度很低，难以进行工程造价的有效控制，而将造价控制的重点放在了施工阶段，错失了有利时机。

而基于BIM技术进行设计阶段的造价控制具有较高的可实施性。这是因为BIM模型中不仅包括建筑空间和建筑构件的几何信息，还包括构件的材料属性，可以将这些信息传递到专业化的工程量统计软件中，由工程量统计软件自动产生符合相应规则的构件工程量。这一过程是基于对BIM模型的充分利用，避免了在工程量统计软件中为计算工程量而专门建模的工作，可以及时反映与设计深度、设计质量对应的工程造价水平，为限额设计和价值工程在优化设计上的应用提供了必要的技术基础，使适时的造价控制成为可能。

3. 安全管理

设计必须严格执行有关安全的法律、法规和工程建设强制性标准，防止因设计不当导致建设和生产过程安全事故的发生。随着技术的发展，BIM模型可以集成这些法律、法规、规范和标准等信息，对不满足相关条款的设计进行及时提醒。设计阶段的安全管理主要包含如下几个方面：

（1）应充分考虑不安全因素，安全措施（防火、防爆、防污染等）应严格按照有关法律、法规、标准、规范进行，并配合业主报请当地安全、消防等机构的专项审查，确保项目实施及运行使用过程中的安全。

（2）应考虑施工安全操作和防护的需要，对涉及施工安全的重点部位和环节在设计文件中注明，并对防范安全事故提出指导意见。

（3）采用新结构、新材料、新工艺的建设工程和特殊结构、特种设备的项目，应在设计中提出保障施工作业人员安全和预防安全事故的措施建议。

4. 质量控制

相比传统的二维设计和制图，BIM技术是基于三维设计的工具和方法，利用BIM技术可以很好地检验和提升设计质量：

（1）通过创建模型，可更好地表达设计意图，突出设计效果，满足业主需求；

（2）利用模型进行专业协同设计，可减少设计错误；通过碰撞检查，有效避免了空间障碍等类似问题；

（3）可视化的设计会审和专业协同，将使得基于三维模型的设计信息传递和交换将更加直观、有效，有利于各方沟通和理解。

5. 信息管理

传统的设计信息管理方式是设计文件和设计模型的存档，由于涉及的单位和部门众多，这种方式有着明显的缺陷：

（1）由于文本信息较多，保存工作量大，导致经常出现信息缺失或者保存不全的情况；

（2）这种定时保存文本和模型的方式，不能够体现项目设计上的实时更新，存在一定的滞后性。

（3）这种保存方式阻碍了不同专业之间的交流，容易造成信息孤岛现象。

基于BIM的设计阶段信息管理具备以下优势：

（1）满足集成管理要求。BIM能够保留从项目开始的所有信息，如对象名称、结构类型、建筑材料、工程性能等设计信息，保证了信息的完备性；

（2）BIM模型可以体现所有专业的即时更新，保证所有设计信息是最新的，最有效的。避免了因为信息不及时更新造成的返工等。比如，设计变更可以及时地体现在模型当中，所有专业都能够根据变更作出及时的调整；

（3）由于各个专业均是在同一个平台上操作，保证了信息的互通性，方便各个专业之间的沟通协调；

（4）满足全寿命周期管理要求，BIM模型可以保存设计开始到竣工，甚至运维的所有信息，以满足全寿命周期各方对项目信息的需求。

6. 合同管理

利用BIM平台管理设计合同，理解BIM设计合同要求，明确BIM设计合同中方案设计的内容。

7. 组织与协调

在设计时，往往由于各专业设计师之间的沟通不到位，而出现各种专业之间的碰撞问题，例如暖通等专业中的管道与结构设计的梁等构件冲突等。BIM的协调性服务就可以帮助处理这种问题，也就是说BIM可在建筑物建造前期对各专业的碰撞问题进行协调，生成协调数据，提供出来。而且，BIM的协调作用也并不是只能解决各专业间的碰撞问题，它还可以解决如电梯井布置与其他设计布置及净空要求之协调，防火分区与其他设计布置之协调，地下排水布置与其他设计布置之协调等。因此，利用BIM协同、协作技术可以在项目各阶段协调好各专业和各参与方有条不紊地开展工作。

BIM在设计管理中的应用任务和各阶段具体应用点见表3.1。

BIM 在设计管理中的任务和应用清单 表 3.1

<table>
<tr><th>设计阶段任务</th><th>应用点列表</th><th colspan="2">各阶段的应用点</th></tr>
<tr><td rowspan="3">1. 进度控制
2. 造价控制
3. 安全管理
4. 质量控制
5. 信息管理
6. 合同管理
7. 组织协调等</td><td rowspan="3">1. 概念设计
2. 场地规划
3. 方案比选
4. 结构分析
5. 性能分析
6. 工程算量
7. 协同设计与碰撞检查
8. 施工图纸生成
9. 三维渲染图出具</td><td>方案设计阶段</td><td>应用点 1
应用点 2
应用点 3</td></tr>
<tr><td>初步设计阶段</td><td>应用点 4
应用点 5
应用点 6</td></tr>
<tr><td>施工图设计阶段</td><td>应用点 4
应用点 6
应用点 7
应用点 8
应用点 9</td></tr>
</table>

3.2 BIM 技术在方案阶段的应用

方案设计主要是指从建筑项目的需求出发，根据建筑项目的设计条件，研究分析满足建筑功能和性能的总体方案，提出空间架构设想、创意表达形式及结构方式的初步解决方法等，为项目设计后续若干阶段的工作提供依据及指导性的文件，并对建筑的总体方案进行初步的评价、优化和确定。

方案设计阶段的 BIM 应用主要是利用 BIM 技术对项目的可行性进行验证，对下一步深化工作进行推导和方案细化。利用 BIM 软件对建筑项目所处的场地环境进行必要的分析，如坡度、方向、高程、纵横断面、填挖方、等高线、流域等，作为方案设计的依据。进一步利用 BIM 软件建立建筑模型，输入场地环境相应的信息，进而对建筑物的物理环境（如气候、风速、地表热辐射、采光、通风等）、出入口、人车流动、结构、节能排放等方面进行模拟分析，选择最优的工程设计方案。

方案设计阶段 BIM 应用主要包括利用 BIM 技术进行概念设计、场地规划和方案比选。

3.2.1 概念设计

概念设计即是利用设计概念并以其为主线贯穿全部设计过程的设计方法。它是完整而全面的设计过程，通过设计概念将设计者繁复的感性和瞬间思维上升到统一的理性思维从而完成整个设计。概念设计阶段是整个设计阶段的开始，设计成果是否合理、是否满足业主要求对整个项目的以下阶段实施具有关键性作用。

基于 BIM 技术的高度可视化、协同性和参数化的特性，建筑师在概念设计阶段可实现在设计思路上的快速精确表达的同时实现与各领域工程师无障碍信息交流与传递，从而实现了设计初期的质量、信息管理的可视化和协同化。在业主要求或设计思路改变时，基于参数化操作可快速实现设计成果的更改，从而大大提高了方案阶段的设计进度。

BIM技术在概念设计中应用主要体现在空间形式思考、饰面装饰及材料运用、室内装饰色彩选择等方面。

1. 空间设计

空间形式及研究的初步阶段在概念设计中称其为区段划分，是设计概念运用中首要考虑的部分。

(1) 空间造型

空间造型设计即对建筑进行空间流线的概念化设计，例如某设计是以创造海洋或海底世界的感觉为概念则其空间流线将应多采用曲线，弧线，波浪线的形式为主。当对形体结构复杂的建筑进行空间造型设计时，利用BIM技术的参数化设计可实现空间形体的基于变量的形体生成和调整。从而避免传统概念设计中的工作重复，设计表达不直观等问题。

下面以某体育馆概念设计为例，具体介绍BIM技术在概念设计阶段空间形体设计中的应用。

该体育场以“荷”为设计概念，追寻的是一种轻盈的律动感，通过编织的概念，将原本生硬的结构骨架转化为呼应场地曲线的柔美形态，再以一种秩序将这些体态轻盈的结构系统编织起来，最终形成了体育场的主体造型。在概念设计初期，使用Grasshopper编写的脚本来生成整个罩棚的形体和结构如图3.2.1-1所示，而后设计师通过参数调节单元形体及整个罩棚的单元数量快速、准确地生成一系列比选方案，使建筑师可以做出更准确的决定，如图3.2.1-2所示。从而实现柔美轻盈的设计概念的同时满足工业生产对标准化的要求。

参数化设计结合花瓣的外形

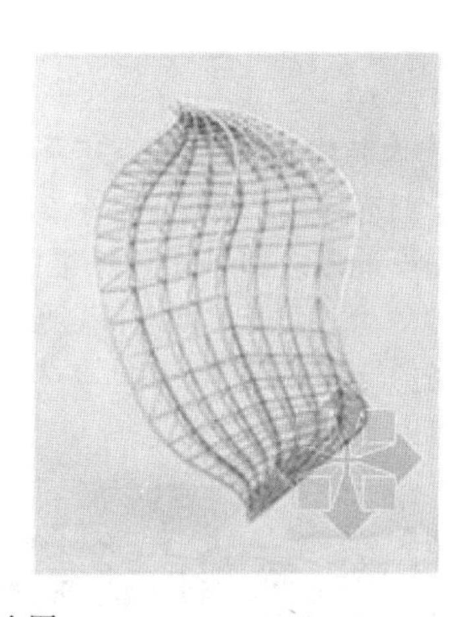

图3.2.1-1　形体结构概念图

(2) 空间功能

空间功能设计即对各个空间组成部分的功能合理性进行分析设计，传统方式中可采用列表分析，图例比较的方法对空间进行分析，思考各空间的相互关系，人流量的大小，空间地位的主次，私密性的比较，相对空间的动静研究等。基于BIM技术可对建筑空间外部和内部进行仿真模拟，在符合建筑设计功能性规范要求的基础上，高度可视化模型可帮助建筑设计师更好的分析其空间功能是否合理，从而实现进一步的改进、完善。这样便有

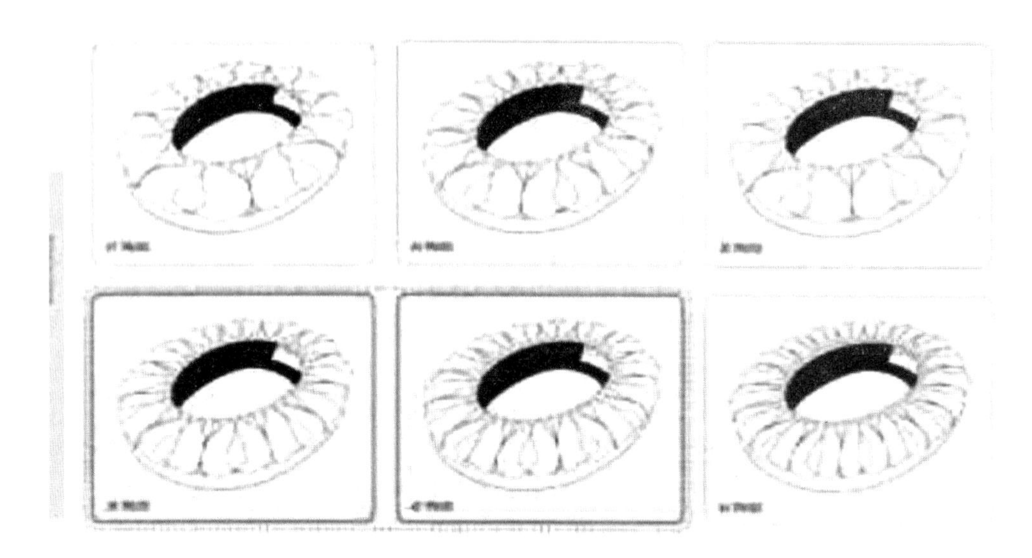

图 3.2.1-2　基于参数化设计造型方案比选图

利于在平面布置上更有效、合理的运用现有空间使空间的实用性充分发挥。

2. 饰面装饰初步设计

饰面装饰设计来源于对设计概念以及概念发散所产生的形的分解，对材料的选择是影响是否能准确有利的表达设计概念的重要因素。选择具有人性化的带有民族风格的天然材料还是选择高科技的、现代感强烈的饰材都是由不同的设计概念而决定的。基于 BIM 技术，可对模型进行外部材质选择和渲染，甚至还可对建筑周边环境景观进行模拟（如图 3.2.1-3 所示），从而能够帮助建筑师高度仿真的置身整体模型中对饰面装修设计方案进行体验和修改。

3. 室内装饰初步设计

色彩的选择往往决定了整个室内气氛，同时也是表达设计概念的重要组成部分。在室内设计中设计概念即是设计思维的演变过程也是设计得出所能表达概念的结果。基于 BIM 技术，可对建筑模型进行高度仿真性内部渲染，包括室内材质、颜色、质感甚至家具、设备的选择和布置（如图 3.2.1-4 所示）。从而有利于建筑设计师更好的选择和优化室内装饰初步方案。

图 3.2.1-3　饰面及环境模型仿真图

图 3.2.1-4　室内渲染图

3.2.2 场地规划

场地规划是指为了达到某种需求，人们对土地进行长时间的刻意的人工改造与利用。这其实是对所有和谐的适应关系的一种图示即分区与建筑，分区与分区。所有这些土地利用都与场地地形适应。

基于BIM技术的场地规划实施管理流程和内容见表3.2.2。

场地规划实施管理流程表　　表3.2.2

步骤	流程	实施管理内容
1	数据准备	1. 地勘报告、工程水文资料、现有规划文件、建设地块信息； 2. 电子地图（周边地形、建筑属性、道路用地性质等信息）、GIS数据
2	操作实施	1. 建立相应的场地模型，借助软件模拟分析场地数据，如坡度、方向、高程、纵横断面、填挖方、等高线等； 2. 根据场地分析结果，评估场地设计方案或工程设计方案的可行性，判断是否需要调整设计方案；模拟分析、设计方案调整是一个需多次推敲的过程，直到最终确定最佳场地设计方案或工程设计方案
3	成果	1. 场地模型。模型应体现场地边界（如用地红线、高程、正北向）、地形表面、建筑地坪、场地道路等； 2. 场地分析报告。报告应体现三维场地模型图像、场地分析结果，以及对场地设计方案或工程设计方案的场地分析数据对比

BIM技术在场地规划中的应用主要包括场地分析和整体规划。

1. 场地分析

场地分析是对建筑物的定位、建筑物的空间方位及外观、建筑物和周边环境的关系、建筑物将来的车流、物流、人流等各方面的因素进行集成数据分析的综合。场地设计需要解决的问题主要有：建筑及周边的竖向设计确定、主出入口和次出入口的位置选择、考虑景观和市政需要配合的各种条件。在方案策划阶段，景观规划、环境现状、施工配套及建成后交通流量等方面，与场地的地貌、植被、气候条件等因素关系较大。传统的场地分析存在诸如定量分析不足、主观因素过重、无法处理大量数据信息等弊端。通过BIM结合GIS进行场地分析模拟，得出较好的分析数据，能够为设计单位后期设计提供最理想的场地规划、交通流线组织关系、建筑布局等关键决策。如图3.2.2-1所示，利用相关软件对场地地形条件和日照阴影情况进行模拟分析，帮助管理者更好把握项目的决策。

2. 总体规划

通过BIM建立模型能够更好对项目做出总体规划，并得出大量的直观数据作为方案决策的支撑。例如在可行性研究阶段，管理者需要确定出建设项目方案在满足类型、质量、功能等要求下是否具有技术与经济可行性，而BIM能够帮助提高技术经济可行性论证结果的准确性和可靠性。通过对项目与周边环境的关系、朝向可视度、形体、色彩、经济指标等进行分析对比，化解功能与投资之间的矛盾，使策划方案更加合理，为下一步的方案与设计提供直观、带有数据支撑的依据，如图3.2.2-2所示。

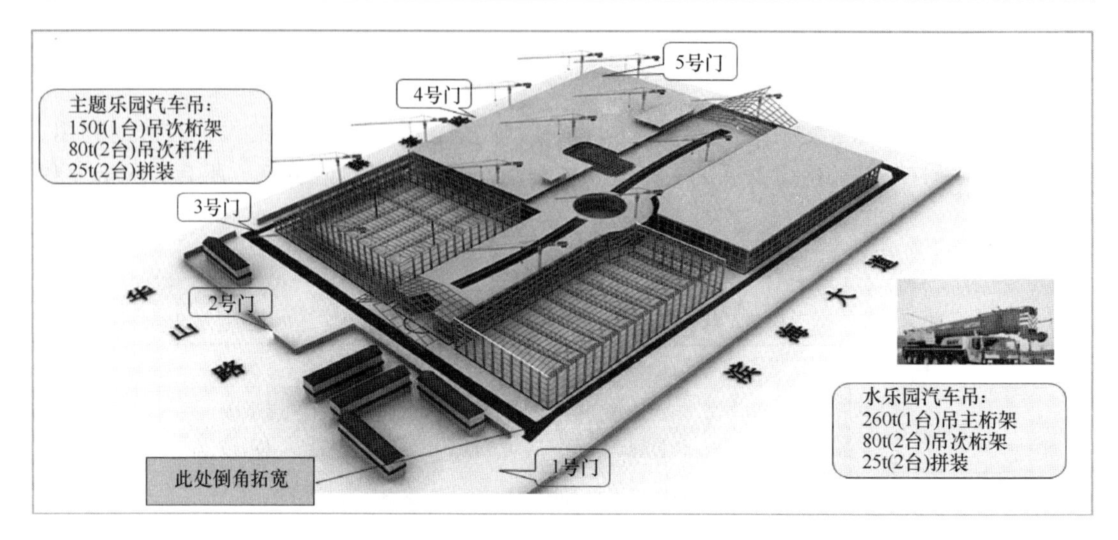

图 3.2.2-1 场地分析图

图 3.2.2-2 场地规划图

3.2.3 方案比选

方案设计阶段应用BIM技术进行设计方案比选的主要目的是选出最佳的设计方案，为初步设计阶段提供对应的设计方案模型。基于BIM技术的方案设计是利用BIM软件，通过制作或局部调整方式，形成多个备选的建筑设计方案模型，进行比选，使建筑项目方案的沟通、讨论、决策在可视化的三维场景下进行，实现项目设计方案决策的直观和高效。

BIM系列软件具有强大的建模、渲染和动画技术，通过BIM可以将专业、抽象的二维建筑描述通俗化、三维直观化，使得业主等非专业人员对项目功能性的判断更为明确、高效，决策更为准确。同时基于BIM技术和虚拟现实技术对真实建筑及环境进行模拟，同时可出具高度仿真的效果图，设计者可以完全按照自己的构思去构建装饰“虚拟”的房间，并可以任意变换自己在房间中的位置，去观察设计的效果，直到满意为止。这样就使设计者各设计意图能够更加直观、真实、详尽地展现出来，既能为建筑的投资方提供直观的感受也能为后面的施工提供很好的依据。

下面以某高铁站基于BIM技术的设计方案比选为例对中各主题方案对比情况做具体介绍。

在该项目设计方案比选过程中主要基于 BIM 技术对建筑整体造型进行仿真模拟和渲染，主要以效果图和三维动画的形式对方案进行展示。下面是该项目的三个不同主题方案。

方案一：金顶神韵

造型结构以武当山传统建筑为基础，通过现代建筑对古典建筑进行新的演绎，建筑整体由若干体量集聚而成。设计力图展现武当山古典建筑群规划严密、主次有序、建筑单体精巧玲珑的神韵，如图 3.2.3-1 所示。

图 3.2.3-1 方案一效果图

方案二：秀水

以山水为原形，建筑立面形成以候车大厅、售票厅、出站厅为辅佐的“三座山峰”。候车雨篷和玻璃连廊犹如灵动的江水围绕在山峦之间。整体建筑与周边山体环境交相呼应，如图 3.2.3-2 所示。

图 3.2.3-2 方案二效果图

方案三：汽车之魂

以该市著名工业产品——汽车为原型，以简洁抽象的手法再现工业汽车的流畅感和速度感。曲面屋顶酷似曲率自然流畅的车前盖。整体造型简洁、大气、现代、快速。彰显着“国际商用车之都”的恢弘大气，如图 3.2.3-3 所示。

图 3.2.3-3　方案三效果图

3.3　BIM 技术在初步设计阶段的应用

初步设计阶段是介于方案设计阶段和施工图设计阶段之间的过程，是对方案设计进行细化的阶段。在本阶段，推敲完善建筑模型，并配合结构建模进行核查设计。应用 BIM 软件构建建筑模型，对平面、立面、剖面进行一致性检查，将修正后的模型进行剖切，生成平面、立面、剖面及节点大样图，形成初步设计阶段的建筑、结构模型和初步设计二维图。

初步设计阶段 BIM 应用主要包括结构分析、性能分析和工程算量。

3.3.1　结构分析

最早使用计算机进行的结构分析包括三个步骤，分别是前处理、内力分析、后处理，其中前处理是通过人机交互式输入结构简图、荷载、材料参数以及其他结构分析参数的过程，也是整个结构分析中的关键步骤，所以该过程也是比较耗费设计时间的过程；内力分析过程是结构分析软件的自动执行过程，其性能取决于软件和硬件，内力分析过程的结果是结构构件在不同工况下的位移和内力值；后处理过程是将内力值与材料的抗力值进行对比产生安全提示，或者按照相应的设计规范计算出满足内力承载能力要求的钢筋配置数据，这个过程人工干预程度也较低，主要由软件自动执行。在 BIM 模型支持下，结构分析的前处理过程也实现了自动化：BIM 软件可以自动将真实的构件关联关系简化成结构分析所需的简化关联关系，能依据构件的属性自动区分结构构件和非结构构件，并将非结构构件转化成加载于结构构件上的荷载，从而实现了结构分析前处理的自动化。

基于 BIM 技术的结构分析主要体现在：

(1) 通过 IFC 或 StructureModelCenter 数据计算模型；

（2）开展抗震、抗风、抗火等结构性能设计（如图 3.3.1 所示）；

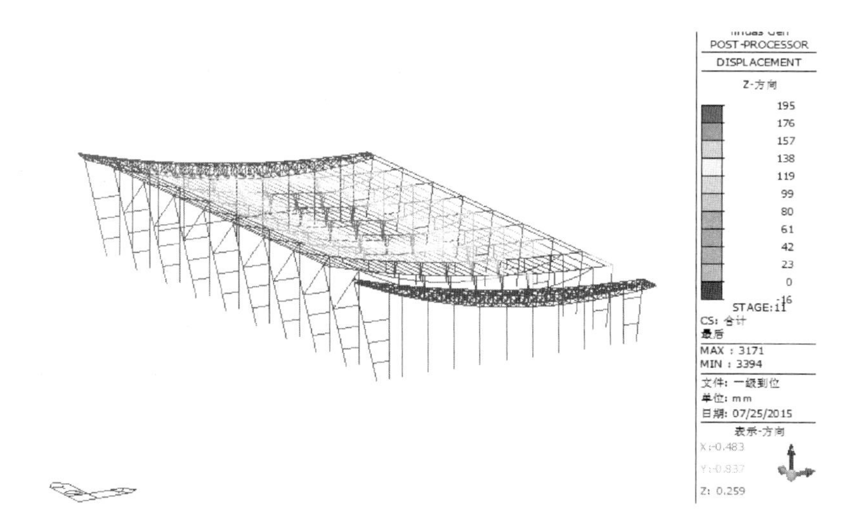

图 3.3.1　结构分析图

（3）结构计算结果存储在 BIM 模型或信息管理平台中，便于后续应用。

3.3.2　性能分析

利用 BIM 技术，建筑师在设计过程中赋予所创建的虚拟建筑模型大量建筑信息（几何信息、材料性能、构件属性等）。只要将 BIM 模型导入相关性能分析软件，就可得到相应分析结果，使得原本 CAD 时代需要专业人士花费大量时间输入大量专业数据的过程，如今可自动轻松完成，从而大大降低了工作周期，提高了设计质量，优化了为业主的服务。

性能分析主要包括以下几个方面：

（1）能耗分析：对建筑能耗进行计算、评估，进而开展能耗性能优化；

（2）光照分析：建筑、小区日照性能分析，室内光源、采光、景观可视度分析；

（3）设备分析：管道、通风、负荷等机电设计中的计算分析模型输出，冷、热负荷计算分析，舒适度模拟，气流组织模拟；

（4）绿色评估：规划设计方案分析与优化，节能设计与数据分析，建筑遮阳与太阳能利用，建筑采光与照明分析，建筑室内自然通风分析，建筑室外绿化环境分析，建筑声环境分析，建筑小区雨水采集和利用。

下面以某工程为例对基于 BIM 技术的性能分析做具体介绍。

在该楼的设计中，引入 BIM 技术，建立三维信息化模型。模型中包含的大量建筑信息为建筑性能分析提供了便利的条件。比如 BIM 模型中所包含的围护结构传热信息可以直接用来模拟分析建筑的能耗，玻璃透过率等信息可以用来分析室内的自然采光，这样就大大提高了绿色分析的效率。同时，建筑性能分析的结果可以快速地反馈到模型的改进中，保证了性能分析结果在项目设计过程中的落实。

1. 建筑风环境分析

在综合服务大楼的规划设计上，首先根据室外风环境的模拟结果（如图 3.3.2-1 所示）来合理选择建筑的朝向，避免建筑的主立面朝向冬季的主导风向，这样就有利于冬季的防风保温。且在大楼中央设置了一个通风采光中庭，以此来强化整个建筑的自然通风和自然采光。通过这个中庭，不仅各个房间自然采光大大改善，而且在室内热压和室外风压的共同作用下，整个建筑的自然通风能力大大提高，这样就有效地降低了整个建筑的采光能耗和空调能耗。

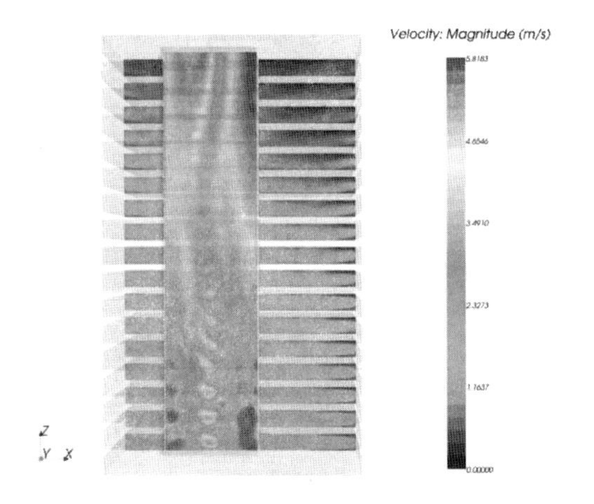

图 3.3.2-1　建筑中庭内的自然通风图

2. 建筑自然采光分析

在建筑能耗的各个组成部分中，照明能耗所占的比重较大，为了降低照明能耗，自然采光的设计特别重要。在综合服务大楼的设计中，除了引入中庭强化自然采光外，还采用了多项其他技术。

为了验证设计效果，利用 BIM 模型分析大楼建成后室内的自然采光状况（如图 3.3.2-2 所示）。BIM 模型包含了建筑围护结构的种种信息，特别是玻璃透过率和内表面反射率等参数，对采光分析尤为重要。图 3.3.2-2 表示了首层室内自然采光的模拟结果，从图上看，约有 90%左右的面积其采光系数超过 2%，远远超过绿色建筑三星标准中 75%的要求。首层以上各层由于建筑自遮挡减少，自然采光效果更优。

图 3.3.2-2　大楼首层室内自然采光模拟分析结果

3. 建筑综合节能分析

由于节能设计涉及多个专业，各个节能措施之间相互影响，仅靠定性化分析很难综合优化节能方案，因此引入定量化分析工具，根据模拟结果来改进建筑及设备系统设计，达到方案的综合最优。将 BIM 模型直接输入到节能分析软件中，根据 BIM 模型中的信息来预测建筑全年的能耗，再根据能耗的大小调整建筑的各个参数，以实现最终的节能目标。建筑能耗分析用建筑模型如图 3.3.2-3 所示。

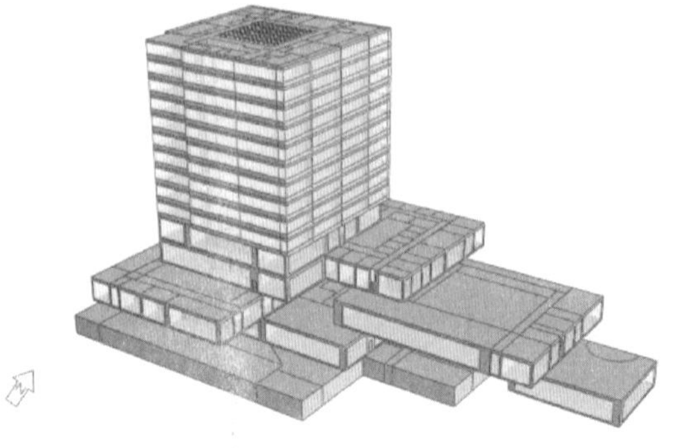

图 3.3.2-3　建筑能耗分析用建筑模型

3.3.3 工程算量

工程量的计算是工程造价中最繁琐、最复杂的部分。利用BIM技术辅助工程计算，能大大加快工程量计算的速度。利用BIM技术建立起的三维模型可以极尽全面的加入工程建设的所有信息。根据模型能够自动生成符合国家工程量清单计价规范标准的工程量清单及报表，快速统计和查询各专业工程量，对材料计划、使用做精细化控制，避免材料浪费，如利用BIM信息化特征可以准确提取整个项目中防火门数量的准确数字、防火门的不同样式、材料的安装日期、出厂型号、尺寸大小等，甚至可以统计防火门的把手等细节。

工程算量主要包括土石方工程、基础、混凝土构件、钢筋、墙体、门窗工程、装饰工程等内容的算量。

1. 土石方工程算量

利用BIM模型可以直接进行土石方工程算量。对于平整场地的工程量，可以根据模型中建筑物首层面积计算。挖土方量和回填土量按结构基础的体积、所占面积以及所处的层高进行工程算量。造价人员在表单属性中设定计算公式可提取所需工程量信息。例如，利用BIM模型计算某一建筑物中条形基础的挖基槽土方量，已知挖土深度为1.15m。按照国内工程计量规范中的计算方法，在BIM模型的表单属性中设置项目参数和计算公式，使用表单直接统计出建筑物挖基槽土方总量。

2. 基础算量

BIM自带表单功能可以自动统计出基础的工程量，也可以通过属性窗口获取任意位置的基础工程量。大多类型的基础都可按特定的基础族模板建模，若某些特殊基础没有特定的建模方式，可利用软件的基本工具（如梁、板、柱等）变通建模，但需改变这些构件的类别属性，以便与其源建筑类型的元素相区分，利于工程量的数据统计。

3. 混凝土构件算量

BIM软件能够精确计算混凝土梁、板、柱和墙的工程量且与国内工程计量规范基本一致。对单个混凝土构件，BIM能直接根据表单得出相应工程量。但对混凝土板和墙进行算量时，其预留孔洞所占体积均被扣除。使用BIM软件内修改工具中的连接（Join）命令，根据构件类型修正构件位置并通过连接优先序扣减实体交接处重复工程量，优先保留主构件的工程量，将次构件的统计参数修正为扣减后的精确数据，避免了构件工程量统计的虚增或减少。图3.3.3-1为一梁、板、柱交接处的节点图。

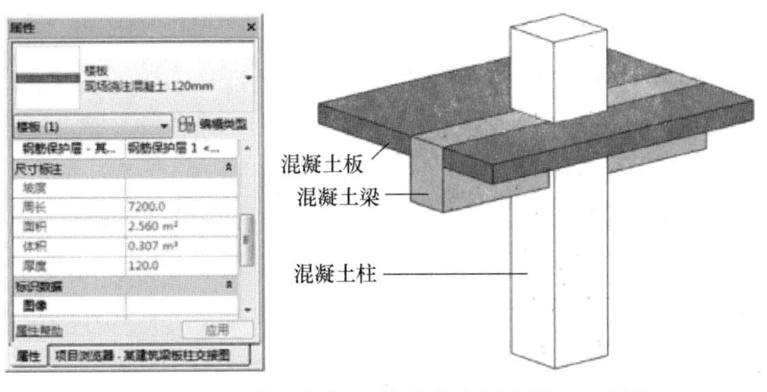

图3.3.3-1　某梁板柱交接处节点图及楼板工程量

4. 钢筋算量

BIM结构设计软件提供了用于为混凝土柱、梁、墙、基础和结构楼板中的钢筋建模的工具，可以调入钢筋系统族或创建新的族来选择钢筋类型。计算钢筋质量所需要的长度都是按照考虑钢筋量度差值的精确长度。图3.3.3-2为部分构件内部钢筋布置图，这一部分的钢筋算量，不仅能计算出不同类型的钢筋总长度，还能通过设置分区（Partition）得出不同区域的钢筋工程量。

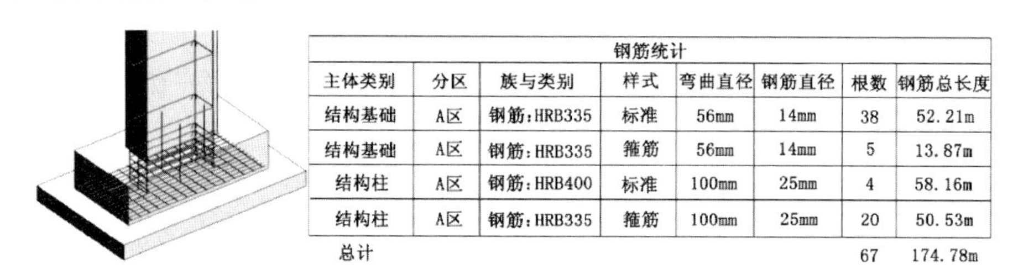

钢筋统计

主体类别	分区	族与类别	样式	弯曲直径	钢筋直径	根数	钢筋总长度
结构基础	A区	钢筋：HRB335	标准	56mm	14mm	38	52.21m
结构基础	A区	钢筋：HRB335	箍筋	56mm	14mm	5	13.87m
结构柱	A区	钢筋：HRB400	标准	100mm	25mm	4	58.16m
结构柱	A区	钢筋：HRB335	箍筋	100mm	25mm	20	50.53m
总计						67	174.78m

图3.3.3-2 部分结构基础内部钢筋布置图及钢筋工程量统计表单

5. 墙体算量

通过设置，BIM可以精确计算墙体面积和体积。墙体有多种建模方式。一种是在已知结构构件位置和尺寸的情况下，以墙体实际设计尺寸进行建模，将墙体与结构构件边界线对齐，但这种方式有悖常规建筑设计顺序，并且建模效率很低，出现误差的几率较大。另一种方式是直接将墙体设置到楼层建筑或结构标高处，如同结构构件“嵌入”到墙体内，这样可大幅度提升建模速度。

6. 门窗工程

从BIM模型中可以提取门窗工程量和其他门窗构件的附带信息，包括各种型号的门窗数量、尺寸规格、板框材面积、门窗所在墙体的厚度、楼层位置以及其他造价管理和估价所需信息（如供应商等）。此外还可以自动统计出门窗五金配件的数量等详细信息。

7. 装饰工程

BIM模型也能自动计算出装饰部分的工程量。BIM有多种饰面构造和材料设置方法，可通过涂刷方式（Paint），或在楼板和墙体等系统族的核心层（Core boundary）上直接添加饰面构造层，还可以单独建立饰面构造层。

3.4 BIM技术在施工图设计阶段的应用

施工图设计是建筑项目设计的重要阶段，是项目设计和施工的桥梁。本阶段主要通过施工图纸，表达建筑项目的设计意图和设计结果，并作为项目现场施工制作的依据。

施工图设计阶段的BIM应用是各专业模型构建并进行优化设计的复杂过程。各专业信息模型包括建筑、结构、给水排水、暖通、电气等专业。在此基础上，根据专业设计、施工等知识框架体系，进行冲突检测、三维管线综合等基本应用，完成对施工图设计的多次优化。针对某些会影响净高要求的重点部位，进行具体分析，优化机电系统空间走向排布和净空高度。

施工图设计阶段BIM应用主要包括各协同设计与碰撞检查、结构分析、工程量计算、施工图出具、三维渲染图出具。其中结构分析和工程量计算是在初步设计的基础上进行进一步的深化，故在此节不再重复。

3.4.1　协同设计与碰撞检查

在传统的设计项目中，各专业设计人员分别负责其专业内的设计工作，设计项目一般通过专业协调会议，以及相互提交设计资料实现专业设计之间的协调。在许多工程项目中，专业之间因协调不足出现冲突是非常突出的问题。这种协调不足造成了在施工过程中冲突不断、变更不断的常见现象。

BIM为工程设计的专业协调提供了两种途径，一种是在设计过程中通过有效的、适时的专业间协同工作避免产生大量的专业冲突问题，即协同设计；另一种是通过对3D模型的冲突进行检查，查找并修改，即冲突检查。至今，冲突检查已成为人们认识BIM价值的代名词，实践证明，BIM的冲突检查已取得良好的效果。

1. 协同设计

传统意义上的协同设计很大程度上是指基于网络的一种设计沟通交流手段，以及设计流程的组织管理形式。包括：通过CAD文件、视频会议、通过建立网络资源库、借助网络管理软件等等。

基于BIM技术的协同设计是指建立统一的设计标准，包括图层、颜色、线型、打印样式等，在此基础上，所有设计专业及人员在一个统一的平台上进行设计，从而减少现行各专业之间（以及专业内部）由于沟通不畅或沟通不及时导致的错、漏、碰、缺，真正实现所有图纸信息元的单一性，实现一处修改其他自动修改，提升设计效率和设计质量。协同设计工作是以一种协作的方式，使成本可以降低，可以在更快地完成设计同时，也对设计项目的规范化管理起到重要作用。

协同设计由流程、协作和管理三类模块构成。设计、校审和管理等不同角色人员利用该平台中的相关功能实现各自工作。

2. 碰撞检测

二维图纸不能用于空间表达，使得图纸中存在许多意想不到的碰撞盲区。并且，目前的设计方式多为“隔断式”设计，各专业分工作业，依赖人工协调项目内容和分段，这也导致设计往往存在专业间碰撞。同时，在机电设备和管道线路的安装方面还存在软碰撞的问题（即实际设备、管线间不存在实际的碰撞，但在安装方面会造成安装人员、机具不能到达安装位置的问题）。

基于BIM技术可将两个不同专业的模型集成为两个模型，通过软件提供的空间冲突检查功能查找两个专业构件之间的空间冲突可疑点，软件可以在发现可疑点时向操作者报警，经人工确认该冲突。冲突检查一般从初步设计后期开始进行，随着设计的进展，反复进行“冲突检查—确认修改—更新模型”的BIM设计过程，直到所有冲突都被检查出来并修正，最后一次检查所发现的冲突数为零，则标志着设计已达到100%的协调。一般情况下，由于不同专业是分别设计、分别建模的，所以，任何两个专业之间都可能产生冲突，因此，冲突检查的工作将覆盖任何两个专业之间的冲突关系，如：①建筑与结构专业，标高、剪力墙、柱等位置不一致，或梁与门冲突；②结构与设备专业，设备管道与梁柱冲突；③设备内部各专业，各专业与管线冲突；④设备与室内装修，管线末端与室内吊顶冲突。冲突检查过程是需要计划与组织管理的过程，冲突检查人员也被称作“BIM 协调工程师”，他们将负责对检查结果进行记录、提交、跟踪提醒与覆盖确认。某工程碰撞检查如图 3.4.1 所示。

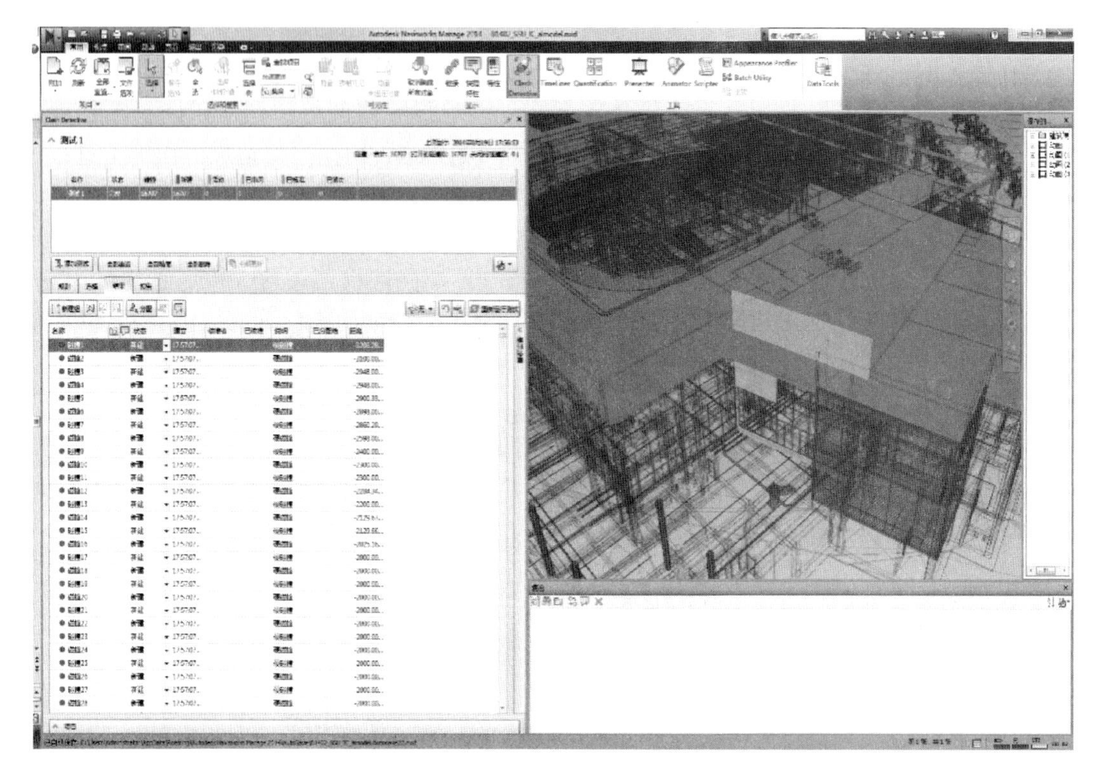

图 3.4.1　碰撞检查图

3.4.2　施工图纸生成

设计成果中最重要的表现形式就是施工图，施工图是含有大量技术标注的图纸，在建筑工程的施工方法仍然以人工操作为主的技术条件下，施工图有其不可替代的作用。CAD 的应用大幅度提升了设计人员绘制施工图的效率，但是，传统的方式存在的不足也是非常明显的：在产生了施工图之后，如果工程的某个局部发生设计更新，则会同时影响与该局部相关的多张图纸，如一个柱子的断面尺寸发生变化，则含有该柱的结构平面布置图、柱配筋图、建筑平面图、建筑详图等都需要再次修改，这种问题在一定程度上影响了设计质量的提高。模型是完整描述建筑空间与构件的模型，图纸可以看作模型在某一视角上的平行投影视图。基于模型自动生成图纸是一种理想的图纸产出方法，理论上，基于唯一的模型数据源，任何对工程设计的实质性修改都将反映在模型中，软件可以依据模型的修改信息自动更新所有与该修改相关的图纸，由模型到图纸的自动更新将为设计人员节省大量的图纸修改时间。施工图生成也是优秀建模软件多年来努力发展的主要功能之一，目前，软件的自动出图功能还在发展中，实际应用时还需人工干预，包括修正标注信息、整理图面等工作，其效率还不十分令人满意，相信随软件的发展，该功能会逐步增强，工作效率会逐步提高。

3.4.3 三维渲染图出具

三维渲染图同施工图纸一样，都是建筑方案设计阶段重要的展示成果，既可以向业主展示建筑设计的仿真效果，也可以供团队交流、讨论使用，同时三维渲染图也是现阶段建筑方案设计阶段需要交付的重要成果之一。Revit Architecture 软件自带的渲染引擎，可以生成建筑模型各角度的渲染图，同时 Revit Architecture 软件具有 3ds max 软件的软件接口，支持三维模型导出。Revit Architecture 软件的渲染步骤与目前建筑师常用的渲染软件大致相同，分别为：创建三维视图、配景设置、设置材质的渲染外观、设置照明条件、渲染参数设置、渲染并保存图像。

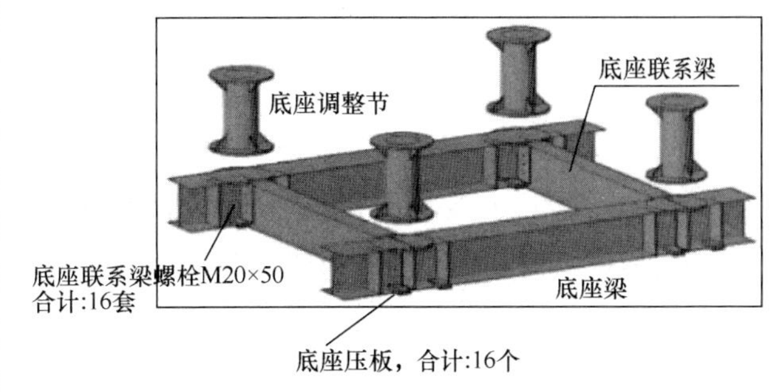

图 3.4.3 复杂节点三维图

某复杂节点的三维可视化图片如图 3.4.3 所示。

3.5 绿色建筑设计 BIM 应用

绿色建筑是指在建筑的全寿命周期内，最大限度节约资源，节能、节地、节水、节材、保护环境和减少污染，提供健康适用、高效使用，与自然和谐共生的建筑。各国也竞相推出“绿色建筑”来保护地球。绿色建筑应该涵盖：宜居、节能、环保和可持续发展这四大功能体系。宜居应该考虑满足人，人心、人性、人欲的各种需求，只有满足了这些需求才算是适合人居住的环境。节能应该考虑能耗和能效，用最低的能耗产生最高的能效，满足提高能源的使用效率条件要求。也就是说我们的一度电能在采取节能措施后充分发挥的效率最大化。追求能效，就是这个意思。环保应该考虑充分利用清洁能源来降低化石能源的消耗，化石能源消耗越低，对环境破坏就越小，对环境的保护就会越好。可持续应该考虑我们选用的所有材料是否可以二次、三次再回收利用，充分发挥其能源本身的作用和价值，这也要满足集约节约的要求。满足子孙后代有充分的能源储备和良好生存环境的需求。以人、建筑和自然环境的协调发展为目标，在利用天然条件和人工手段创造良好、健康的居住环境的同时，尽可能地控制和减少对自然环境的使用和破坏，充分体现向大自然的索取和回报之间的平衡。

在绿色建筑不断发展的过程中，我们越来越多地要运用到信息技术。建筑信息模型(BIM) 技术，就是绿色建筑在技术上的变革与创新。在 21 世纪第一个 10 年的发展以后，BIM 对于工程建设行业的从业者们来说早已不再是一个陌生的名词了。如何把 BIM 技术在建设项目的设计、施工、运营整个生命周期中较好地使用起来，提升项目质量、缩短项目实施周期和控制项目造价的课题，摆到了越来越多的从业者面前。

绿色建筑需要借助 BIM 技术来有效实现，采用 BIM 技术可以更好地实现绿色设计，BIM 技术为绿色建筑快速发展提供有效保障。在未来，如果利用 BIM 理念，使用 BIM 云技术、互联网等先进技术和方法，建筑从开始设计时就可以更加绿色。在设计阶段，进行土地规划设计时应用BIM技术，可以从设计源头就开始有效地进行“节地”，应用BIM协同管理、BIM云技术等可以实现办公场所的“节地”；进行给水排水设计时，应用BIM技术合理排布给水排水管道、采用节水设备等，可以从设计源头就开始有效地进行“节水”；进行暖通空调和电气设计时，应用BIM技术合理排布暖通空调、电气管道、采用节能设备等，可以从设计源头就开始有效地进行“节能”，应用BIM进行合理的建筑平面布置对比和窗墙比分析有利于“节能”，通过BIM技术提高设计效率，减少计算机、电气设备等运行率，一定程度可以为办公环境“节能”；通过应用BIM技术，可以有效减少设计中的错、漏、碰、缺等，避免施工阶段的发生不必要的变更，从而节省材料，保护环境。

3.5.1　绿色建筑评价与BIM应用

本节主要讲述BIM技术在绿色建筑评价体系中的应用方法。在新版《绿色建筑评价标准》（GB/T 50378—2014）将标准适用范围由住宅建筑和公共建筑中的办公建筑、商场建筑和旅馆建筑，扩展至各类民用建筑。

BIM在绿色建筑设计中的应用大致有两种途径：第一种，BIM核心模型增加相应信息，在BIM模型创建完成后，通过统计功能判定是否达到绿色建筑评价相应条文要求；第二种，需要建筑第三方相关模拟分析软件，进行相应计算分析，根据模拟分析的结果判定是否满足绿色建筑相关条文要求。简单来说，第一种途径为绿色建筑对BIM核心模型的信息要求，第二种为第三方模拟分析软件共享BIM核心模型，通过在核心模型中提取所需信息，进行专项计算分析。

1. 节地与室外环境

节地与室外环境部分达标分析　　表3.5.1-1

名称	类别	编号	标准条文	BIM应用要求
节地与室外环境	控制项	4.1.4	建筑规划布局应满足日照标准，且不得降低周边建筑的日照标准	BIM应用
	评分项	4.2.1	节约集约利用土地	BIM应用
		4.2.3	合理开发利用地下空间	
		4.2.4	建筑及照明设计避免产生光污染	
		4.2.6	场地内风环境有利于室外行走、活动舒适和建筑的自然通风	
		4.2.8	场地与公共交通设施具有便捷的联系	
		4.2.10	合理设置停车场所	
		4.2.11	提供便利的公共服务	
		4.2.12	结合现状地形地貌进行场地设计与建筑布局	
		4.2.13	充分利用场地空间合理设置绿色雨水基础设施	
		4.2.14	合理规划地表与屋面雨水径流，对场地雨水实施外排总量控制	

2. 节能与能源利用

节能与能源利用部分达标分析　　表 3.5.1-2

名称	类别	编号	标准条文	BIM 应用要求
节能与能源利用	评分项	5.2.1	结合场地自然条件，对建筑的体形、朝向、楼距、窗墙比等进行优化设计	BIM 应用
		5.2.2	外窗、玻璃幕墙的可开启部分能使建筑获得良好的通风	

3. 节水与水资源利用

节水与水资源利用部分达标分析　　表 3.5.1-3

名称	类别	编号	标准条文	BIM 应用要求
节水与水资源利用	控制项	6.1.2	给排水系统设置应合理、完善、安全	BIM 应用
	评分项	6.2.12	结合雨水利用设施进行景观水体设计	

4. 节材与材料资源利用

节材与材料资源部分达标分析　　表 3.5.1-4

名称	类别	编号	标准条文	BIM 应用要求
节材与材料资源利用	评分项	7.2.2	对地基基础、结构体系、结构构件进行优化设计	BIM 应用
		7.2.3	土建工程与装修工程一体化设计	
		7.2.5	采用工业化生产的预制构件	

5. 室内质量环境

室内质量环境部分达标分析　　表 3.5.1-5

名称	类别	编号	标准条文	BIM 应用要求
室内质量环境	评分项	8.2.5	建筑主要功能房间具有良好的户外视野	BIM 应用
		8.2.6	主要功能房间的采光系数满足现行国家标准	
		8.2.10	优化建筑空间、平面布局和构造设计，改善自然通风效果	

6. 提高与创新

提高与创新部分达标分析　　表 3.5.1-6

名称	类别	编号	标准条文	BIM 应用要求
节地与室外环境	评分项	8.2.5	应用建筑信息模型（BIM）技术	BIM 应用

3.5.2 《绿色建筑评价标准》条文与BIM实现途径

本节主要分析哪些内容是可以通过增加BIM核心模型中各构件的信息属性值，通过统计功能，分析是否满足《绿色建筑评价标准》相应条文要求。通过增加各构件的相应属性，实时显示调整结果，辅助绿色建筑设计。通过梳理，在绿色建筑评价中，有22条可以采用BIM方式实现。详见表3.5.2所示。

《绿色建筑评价标准》条文与BIM实现途径一览表 **表3.5.2**

序号	条文编号	条文内容	实现途径
1	4.1.4	建筑规划布局应满足日照标准，且不得降低周边建筑的日照标准	基于BIM的日照模拟分析
2	4.2.1	节约集约利用土地	基于BIM模拟分析土地利用率
3	4.2.3	合理开发利用地下空间	基于BIM计算分析地下空间利用率
4	4.2.4	建筑及照明设计避免产生光污染	基于BIM的幕墙设计
5	4.2.6	场地内风环境有利于室外行走、活动舒适和建筑的自然通风	基于BIM的CFD分析
6	4.2.8	场地与公共交通设施具有便捷的联系	基于BIM的场地分析
7	4.2.10	合理设置停车场所	基于BIM的车位布置分析
8	4.2.11	提供便利的公共服务	基于BIM公共空间的分析
9	4.2.12	结合现状地形地貌进行场地设计与建筑布局	基于BIM的场地分析
10	4.2.13	充分利用场地空间合理设置绿色雨水基础设施	基于BIM的空间分析
11	4.2.14	合理规划地表与屋面雨水径流，对场地雨水实施外排总量控制	基于BIM的雨水模拟分析
12	5.2.1	结合场地自然条件，对建筑的体形、朝向、楼距、窗墙比等进行优化设计	基于BIM的模拟分析
13	5.2.2	外窗、玻璃幕墙的可开启部分能使建筑获得良好的通风	基于BIM的通风模拟
14	6.1.2	给排水系统设置应合理、完善、安全	基于BIM的水系统模拟
15	6.2.12	结合雨水利用设施进行景观水体设计	基于BIM的景观模拟
16	7.2.2	对地基基础、结构体系、结构构件进行优化设计	基于BIM的结构分析
17	7.2.3	土建工程与装修工程一体化设计	基于BIM的一体化设计
18	7.2.5	采用工业化生产的预制构件	基于BIM的预制装配式设计
19	8.2.5	建筑主要功能房间具有良好的户外视野	基于BIM的建筑功能视野分析
20	8.2.6	主要功能房间的采光系数满足现行国家标准	基于BIM的采光分析
21	8.2.10	优化建筑空间、平面布局和构造设计，改善自然通风效果	基于BIM的CFD分析
22	8.2.5	应用建筑信息模型（BIM）技术	基于BIM的应用

3.5.3　基于 BIM 的 CFD 模拟分析

1. CFD 软件

（1）绿色建筑设计对 CFD 软件的要求

节能减排是我国一项基本国策，建筑用能在能耗中占有重要地位，绿色建筑涉及的技术范围更广，要求更高，所以，从中央政府到地方各级政府都在积极推广绿色建筑。全面推进建筑节能与推广绿色建筑已成为国家发展战略，一系列国家层面的重大决策和行动正在快速展开。住房和城乡建设部为贯彻执行节约资源和保护环境的国家技术经济政策，推进可持续发展，规范绿色建筑的评价，制定了《绿色建筑评价标准》。绿色建筑设计对 CFD 软件计算分析提出了一定要求，如图 3.5.3-1 所示。

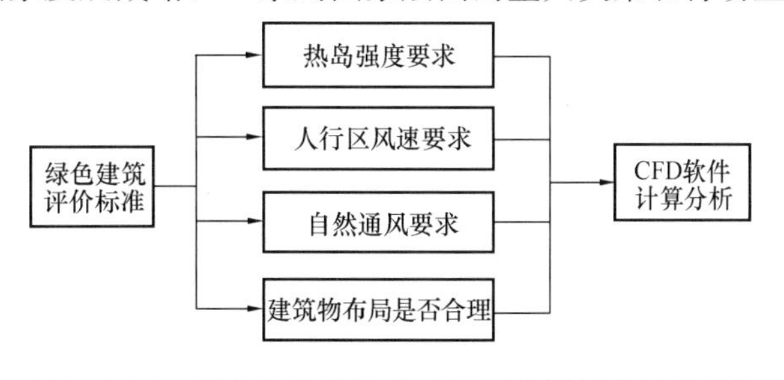

图 3.5.3-1　绿色建筑设计对 CFD 软件计算分析的要求

CFD 软件应用与 BIM 前期，可以有效地优化建筑布局，对建筑运行能耗的降低，室内通风状况的改善均有较大帮助。

（2）常用 CFD 软件的评估

Fluent 软件是目前市场上最流行的 CFD 软件，它在美国的市场占有率达到 60%。在进行网上调查中发现，Fluent 在中国也是得到最广泛使用的 CFD 软件。其前处理软件主要有 Gambit 与 ICEM，ICEM 直接几何接口包括 Catia、CADDS5、ICEM Surf/DDN、I-DEAS、Solid Works、Solid Edge、Pro-Engineer and Unigraphics。较为简单的建筑模型可以直接导入，当建筑模型较为复杂时，则需遵循从点—线—面的顺序建立建筑模型。

使用商用 CFD 软件的工作中，大约有 80%的时间是花费在网格划分上的，可以说网格划分能力的高低是决定工作效率的主要因素之一。Fluent 软件采用非结构网格与适应性网格相结合的方式进行网格划分。与结构化网格和分块结构网格相比，非结构网格划分便于处理复杂外形的网格划分，而适应性网格则便于计算流场参数变化剧烈、梯度很大的流动，同时这种划分方式也便于网格的细化或粗化，使得网格划分更加灵活、简便。Fluent 划分网格的途径有两种：一种是用 Fluent 提供的专用网格软件 Gambit 进行网格划分，另一种则是由其他的 CAD 软件完成造型工作，在导入 Gambit 中生成网格。还可以用其他网格生成软件生成与 Fluent 兼容的网格用于 Fluent 计算。可以用于造型工作的 CAD 软件包括 I-DEAS、Solid Works、Solid Edge、Pro/E 等。除了 Gambit 外，可以生成 Fluent 网格的网格软件还有 ICEMCFD、Gridgen 等。Fluent 可以划分二维的三角形和四边形网格，三维的四面体网格、六面体网格、金字塔形网格、楔形网格，以及由上述网格类型构成的混合型网格。

（3）BIM 模型与 CFD 软件的对接

从绿色建筑设计要求来看，热岛计算要求建立出整个建筑小区的道路、建筑外轮廓、水体、绿地等模型；室内自然通风计算及室外风场计算需建立出建筑的外轮廓及室内布局，从 BIM 应用系统中直接导出软件可接受格式的模型文件是比较好的选择。

综合各类软件，选用 Phoenics 作为与 BIM 应用配合完成绿色建筑设计的 CFD 软件，可以直接导入建筑模型，大大减少建筑模型建立的工作量，故本书建议选用Phoenics与BIM进行配合设计。

BIM设计与Phoenics的配合流程如图3.5.3-2所示。

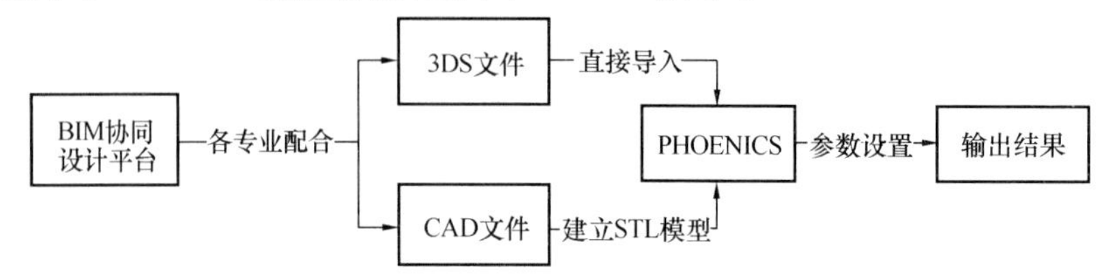

图3.5.3-2 BIM设计与Phoenics的配合流程

2. BIM模型与CFD计算分析的配合

（1）BIM模型配合CFD计算热岛强度

由协同设计平台导出建筑、河流、道理、绿地的模型文件，模型文件的导出可采取两种路径：直接导出3DS格式的模型文件；导出CAD格式的文件，再在CAD文件中建立三维模型，导出STL格式的模型文件。

（2）BIM模型配合CFD计算室外风速

由协同设计平台导出建筑外表面的模型文件，模型文件的导出可采取两种路径：直接导出3DS格式的模型文件；导出CAD格式的文件，再在CAD文件中建立三维模型，导出STL格式的模型文件。

由BIM应用系统导出模型时，可只包含建筑外表面及周围地形信息，且导出的建筑模型应封闭好，以免CFD软件导入模型时发生错误。

（3）BIM模型配合CFD计算室内通风

可分为两种方法计算：一是导出整栋建筑外墙及内墙信息，整栋建筑同时参与室内及室外的风场计算；二是按照室外风速场计算的例子，计算出建筑物表面风压，单独进行某层楼的室内通风计算。

由协同设计平台导出建筑外表面的模型文件，模型文件的导出可采取两种路径：直接导出3DS格式的模型文件；导出CAD格式的文件，再在CAD文件中建立三维模型，导出STL格式的模型文件。

3.5.4 基于BIM的建筑热工和能耗模拟分析

1. 建筑热工和能耗模拟分析

建筑节能必须从建筑方案规划、建筑设备系统的设计开始。不同的建筑造型、不同的建筑材料、不同的建筑设备系统可以组合成很多方案，要从众多方案中选出最节能的方案，必须对每个方案的能耗进行估计。大型建筑非常复杂，建筑与环境、系统以及机房存在动态作用，这些都需要建立模型，进行动态模拟和分析。

建筑模拟已经在建筑环境和能源领域取得了越来越广泛的应用，贯穿于建筑的整个寿命期，具体应用有如下方面：

（1）建筑冷/热负荷的计算，用于空调设备的选型；

（2）在设计建筑或者改造既有建筑时，对建筑进行能耗分析，以优化设计或者节能改造方案；

（3）建筑能耗管理和控制模式的设定与制定，保证室内环境的舒适度，并挖掘节能潜力；

（4）与各种标准规范相结合，帮助设计人员设计出符合国家标准或当地标准的建筑；

（5）对建筑进行经济性分析，使设计人员对各种设计方案从能耗与费用两方面进行比较。

由此可见，建筑能耗模拟分析与 BIM 有非常大的关联性，建筑能耗模拟需要 BIM 的信息，但又有别于 BIM 的信息。建筑能耗模拟模型与 BIM 模型的差异如下：

（1）建筑能耗模拟需要对 BIM 模型简化

在能耗模拟中，按照空气系统进行分区，每个分区的内部温度一致，而所有的墙体和窗口等围护结构的构件都被处理为没有厚度的表面，而在建筑设计当中的墙体是有厚度的，为了解决这个问题，避免重复建模，建筑能耗模拟软件希望从 BIM 信息中获得的构件是没有厚度的一组坐标。

除了对围护结构的简化外，由于实际的建筑和空调系统往往非常复杂，完全真实的表述不仅太过繁杂，而且也没有必要，必须做一些简化处理。比如热区的个数，往往受程序的限制，即使在程序的限制以内，也不能过多，以免速度过慢。

（2）补充建筑构件的热工特性参数

BIM 模型中含有建筑构件的很多信息，例如尺寸、材料等，但能耗模拟软件的热工性能参数往往没有，这就需要我们进行补充和完善。

（3）负荷时间表

要想得到建筑的冷/热负荷，必须知道建筑的使用情况，即对负荷的时间表进行设置，这在 BIM 模型中往往是没有的，必须在能耗模拟软件中单独进行设置。由于还要其他模拟要基于 BIM 信息进行计算（比如采光和 CFD 模拟），所以可以在 BIM 信息中增加负荷时间表，降低模拟软件的工作量。

2. 常用的建筑能耗模拟分析软件

用于建筑能耗模拟分析的软件有很多，美国能源部统计了全世界范围内用于建筑能效、可再生能源、建筑可持续等方面评价的软件工具，到目前为止共有 393 款。其中比较流行的主要有：Energy-10、HAP、TRACE、DOE-2、BLAST、Energyplus、TRANSYS、ESP-r、Dest 等。

目前国内外有许多软件工具也是以 Energyplus 为计算内核开发了一些商用的计算软件，如 DesignBuilder、OpenStudio、Simergy 等。本书仅以 Simergy 为例，说明基于 BIM 的热工能耗模拟计算。

3. Simergy 基于 BIM 的能耗模拟

Simergy 热工能耗模拟计算应用流程如图 3.5.4 所示。

（1）导入模型

BIM 模型中包含了很多的建筑信息，数据量非常大。对于能耗模拟计算，仅仅需要建筑的几何尺寸、窗洞口位置等基本信息，目前的 gbXML 文件格式就是包含这类信息的一种文件，所以直接从 BIM 建模软件中导出 gbXML 文件就可以了。

（2）房间功能及围护结构设置

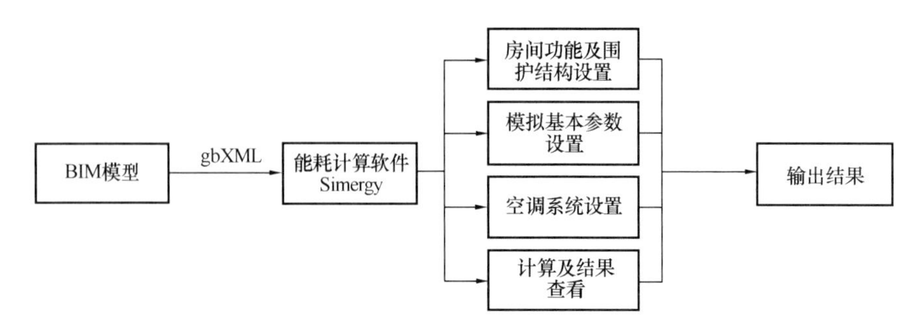

图 3.5.4 Simergy 热工能耗模拟计算应用流程

由于模型传输的过程中有可能会出现数据的丢失，所以需要对模型进行校对以保证信息的完整。

一栋建筑中有很多不同功能要求的房间，必须分别设置采暖空调房间和非采暖空调房间，对于室内温度要求不一样的房间，也应该进行单独设置；同时，对于大型建筑，某些功能空间要求和室内环境有一样的使用时间，为了减少计算资源的占用，需要合并房间时也在该操作中进行。

（3）模拟基本参数设置

在设置空调系统之前，必须对模拟类型和模拟周期等进行设置。所有参数设置完成后，需要将以上设置内容保存为模板以供模拟运行时进行调用。

（4）空调系统设置

要保证计算能耗与实际结果的一致性，必须按照实际空调系统的设置情况对空调系统进行配置。具体的容量设置包括：空调类型、冷气环路、冷凝水环路、冷却水环路等。

3.5.5 基于 BIM 的声学模拟分析

1. 基于 BIM 的室内声学分析

人员密集的空间尤其是声学品质要求较高的厅堂，如音乐厅、剧场、体育馆、教室以及多功能厅等，在进行绿色建筑设计时，需要关注建筑的室内声学状况，因而有必要对这些厅堂进行室内声学模拟分析。基于 BIM 的室内声学分析流程如图 3.5.5-1 所示。

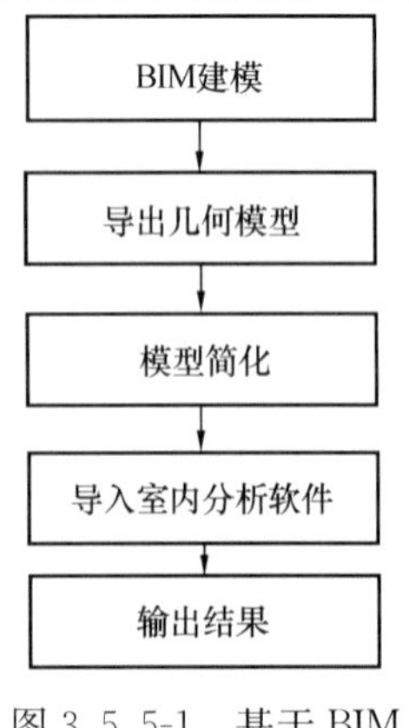

图 3.5.5-1 基于 BIM 的室内声学分析流程

室内声学设计主要包括建筑声学设计和电声设计两部分。其中建筑声学是室内声学设计的基础，而电声设计只是补充部分。因此，在进行声学设计时，应着重进行建筑声学设计。常用的建筑声学设计软件有：Odeon、Raynoise 和 EASE。其中，Odeon 只用于室内音质分析，而 Raynoise 兼做室外噪声模拟分析，EASE 可做电声设计。

三种室内声学分析软件都是基于 CAD 输出平台，包括 Rhino、SketchUp 等建模软件都可以通过 CAD 输出 DXF、DWG 文件导入软件，或者是通过软件自带建模功能建模，但软件自带建模功能过于复杂，一般不予考虑。

从软件的操作便捷性来看，Odeon 软件操作更为简便；Raynoise 软件虽然对模型要求较为简单，不必是闭合模型，但导入模型后难以合并，不便操作；EASE 软件操作较为繁琐，且对模型要求较高，较为不便。

从软件的使用功能来看，Odeon 软件对室内声学分析更具权威性，而且覆盖功能更加全面，包括厅堂音乐声、语音声的客观评价指标以及关于舞台声环境各项指标，涵盖室内音质分析，并可作室外噪声模拟；EASE 在室内音质模拟方面不具权威性，虽然开发的 Aura 插件包括一些基础的客观声环境指标，但覆盖范围有限，其优势在于进行电声系统模拟。

在实现 BIM 应用与室内声学模拟分析软件的对接过程中，应注意以下几点：

（1）在使用 Revit 软件建立信息化模型时，可忽略对室内表面材料参数的定义，导出模型只存储几何模型；

（2）Revit 建立的模型应以 DXF 形式导出，并在 AutoCAD 中读取；

（3）Revit 导出的三维模型中的门窗等构件都是以组件的形式在 CAD 中显示的，可先删去，再用 3Dface 命令重新定义门窗面；

（4）Revit 导出的三维模型中的墙体、屋顶以及楼板等都是有一定厚度的，导入 Odeon 等声学分析软件后进行材料参数设置时，只对表面定义吸声扩散系数。

2. 基于 BIM 的室外声学分析

在进行绿色建筑设计时，尤其关注室外环境中的环境噪声，一般进行环境噪声的模拟分析是使用 Cadna/A 软件。Cadna/A 软件可以进行以下模拟：工业噪声计算与评估、道路和铁路噪声计算与预测、机场噪声计算与预测、噪声图。基于 BIM 的室外噪声分析流程如图 3.5.5-2 所示。

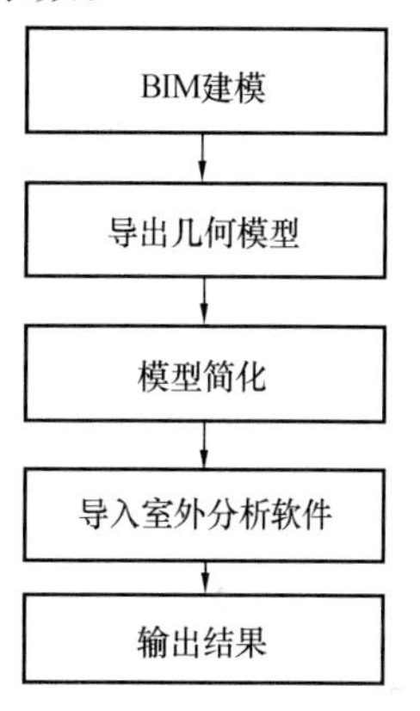

图 3.5.5-2　基于 BIM 的室外声学分析流程

在进行道路交通噪声的预测分析时，输入信息包含各等级公路及高速公路等，用户可输入车速、车流量等值获得道路源强，也可直接输入类比的源强。普通铁路、高速铁路等铁路噪声，可输入列车类型、等级、车流量、车速等参数。经过预测计算后可输出结果表、计算的受声点的噪声级、声级的关系曲线图、水平噪声图、建筑物噪声图等。输出文件为噪声等值线图和彩色噪声分布图。

在实现 BIM 应用与室外环境噪声模拟分析软件对接过程中，应注意以下几点：

（1）使用 Revit 软件建模时，需将整个总平面信息以及相邻的建筑信息体现出来；

（2）导出模型时应选择导出 DXF 格式，并在 CAD 中读取；

（3）在 CAD 中简化模型时，应保存用地红线、道路、绿化与景观的位置，同时用 PL 线勾勒三维模型平面（包括相邻建筑），并记录各单栋建筑的高度，最后保存成新的 DXF 文件导入模拟软件中；

（4）模拟时先根据导入的建筑模型的平面线和记录的高度在模拟软件中建模，赋予建筑定义。

3.5.6　基于 BIM 的光学模拟分析

1. 建筑采光模拟软件选择

按照模拟对象及状态的不同，建筑采光模拟软件大致可分为静态和动态两大类。

静态采光模拟软件可以模拟某一时间点建筑采光的静态图像和光学数据。静态采光分析软件主要有Radiance、Ecotect等。

动态采光模拟软件可以依据项目所属区域的全年气象数据逐时计算工作面的天然光照度，以此为基础，可以得出全年人工照明产生的能耗，为照明节能控制策略的制定提供数据支持。动态采光模拟软件主要有Adeline、Lightswitch Wizard、Sport和Daysim，前三款软件存在计算精度不足的缺陷，相比较Daysim的计算精度较高。

2. BIM模型与Ecotect Analysis软件的对接

BIM模型与Ecotect Analysis软件之间的信息交换是不完全双向的，即BIM模型信息可以进入Ecotect Analysis软件中模拟分析，反之则只能誊抄数据或者通过DXF格式文件到BIM模型文件里作为参考，如图3.5.6所示。从BIM到EcotectAnalysis的数据交换主要通过gbXML或DXF两种文件格式进行。

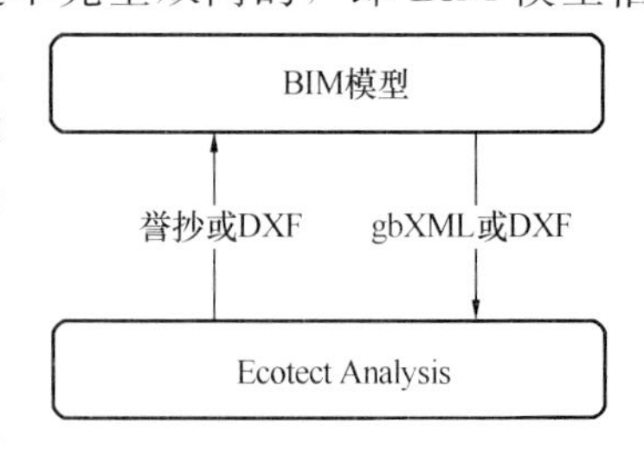

图3.5.6　BIM模型与Ecotect Analysis之间的信息交换

（1）通过gbXML格式的信息交换

gbXML格式的文件主要可以用来分析建筑的热环境、光环境、声环境、资源消耗量与环境影响、太阳辐射分析，也可以进行阴影遮挡、可视度等方面分析。gbXML格式的文件是以空间为基础的模型。房间的围护结构，包含“屋顶”、“内墙和外墙”、“楼板和板”、“窗”、“门”以及“窗口”，都是以面的形式简化表达的，并没有厚度。BIM模型通过gbXML格式与Ecotect Analysis间的数据交换时，必须对BIM模型进行一定的处理，主要是在BIM模型中创建“房间”构件。

（2）通过DXF格式的信息交换

DXF格式的文件适用于光环境分析、阴影遮挡分析、可视度分析。DXF文件是详细的3D模型，因为其建筑构件有厚度，同gbXML文件相比，分析的结果显示效果更好一些。但是对于较为复杂的模型来说，DXF文件从BIM模型文件导出或者导入Ecotect Analysis的速度都会很慢，建议先对BIM模型进行简化。

课　后　习　题

一、单项选择题

1. 下列选项不属于设计阶段的是（　　）。

A. 方案设计阶段　　　　B. 初步设计阶段

C. 深化设计阶段　　　　D. 施工图设计阶段

2. 下列选项不属于BIM技术在设计阶段质量控制的体现的是（　　）。

A. 通过创建模型，更好地表达设计意图，突出设计效果，满足业主需求

B. 利用模型进行专业协同设计，可减少设计错误，通过碰撞检查，有效避免了类似空间障碍等问题

C. 可视化的设计会审和专业协同，基于三维模型的设计信息传递和交换将更加直观、有效，有利于各方沟通和理解

D. 满足全寿命周期管理要求，BIM模型可以保存设计开始到竣工，甚至运维的所有

信息，以满足全寿命周期各方对项目信息的需求

3. 根据建筑项目的设计条件，研究分析满足建筑功能和性能的总体方案，提出空间架构设想、创意表达形式及结构方式的初步解决方法。下列选项中主要体现了上述内容任务的是（　　）。

A. 方案设计阶段　　B. 初步设计阶段

C. 深化设计阶段　　D. 施工图设计阶段

4. 下列选项关于概念设计的说法不正确的是（　　）。

A. 概念设计即是利用设计概念并以其为主线贯穿全部设计过程的设计方法。

B. 概念设计阶段是整个设计阶段的开始，设计成果是否合理、是否满足业主要求对整个项目的以下阶段实施具有关键性作用

C. 基于 BIM 技术的高度可视化、协同性和参数化的特性，建筑师在概念设计阶段可实现在设计思路上的快速精确表达的同时实现与各领域工程师无障碍信息交流与传递

D. 概念设计是指在业主或设计顾问提供的条件图或原理图的基础上，结合施工现场实际情况，对图纸进行细化、补充和完善

5. 下列选项关于场地分析的说法不正确的是（　　）。

A. 场地分析是对建筑物的定位、建筑物的空间方位及外观、建筑物和周边环境的关系、建筑物将来的车流、物流、人流等各方面的因素进行集成数据分析的综合

B. 场地设计需要解决的问题主要有：建筑及周边的竖向设计确定、主出入口和次出入口的位置选择、考虑景观和市政需要配合的各种条件

C. 传统的场地分析存在诸如定量分析不足、主观因素过重、无法处理大量数据信息等弊端

D. 基于 BIM 技术可将两个不同专业的模型集成为两个模型，通过软件提供的空间冲突检查功能查找两个专业构件之间的空间冲突可疑点

6. 下列选项不属于 BIM 技术在结构分析的应用的是（　　）。

A. 基于 BIM 技术对建筑能耗进行计算、评估，进而开展能耗性能优化

B. 通过 IFC 或 StructureModelCenter 数据计算模型

C. 开展抗震、抗风、抗火等结构性能设计

D. 结构计算结果存储在 BIM 模型或信息管理平台中，便于后续应用

7. 下列选项不属于设备分析内容流程的是（　　）。

A. 管道、通风、负荷等机电设计中的计算分析模型输出

B. 冷、热负荷计算分析

C. 舒适度和气流组织模拟

D. 建筑、小区日照性能分析

8. BIM 模型与 CFD 计算分析的配合不包括（　　）。

A. BIM 模型配合 CFD 计算热岛强度

B. BIM 模型配合 CFD 计算结构安全分析

C. BIM 模型配合 CFD 计算室外风速

D. BIM 模型配合 CFD 计算室内通风

9. 下列关于基于 BIM 的室外声学分析流程说法正确的是（　　）。
A. 首先建立 BIM 模型，然后导出几何模型，接着进行模型简化件，而后将模型导入声学分析软，最后输出结果
B. 首先导出几何模型，然后建立 BIM 模型，接着进行模型简化件，而后将模型导入声学分析软，最后输出结果
C. 首先建立 BIM 模型，然后进行模型简化，接着导出几何模型件，而后将模型导入声学分析软，最后输出结果
D. 首先建立 BIM 模型，然后导出几何模型，接着将模型导入声学分析软件，而后进行模型简化，最后输出结果
10. 下列关于基于 BIM 的采光模拟分析说法不正确的是（　　）。
A. 按照模拟对象及状态的不同，建筑采光模拟软件大致可分为静态和动态两大类
B. 静态采光模拟软件可以模拟某一时间点建筑采光的静态图像和光学数据
C. 动态采光模拟软件可以依据项目所属区域的全年气象数据逐时计算工作面的天然光照度，以此为基础，可以得出全年人工照明产生的能耗，为照明节能控制策略的制定提供数据支持
D. BIM 模型与 Ecotect Analysis 软件之间的信息交换是完全双向的

参考答案：

1. C　2. D　3. A　4. D　5. D　6. A　7. D　8. B　9. A　10. D

二、多项选择题

1. BIM 在设计管理中的任务主要包括（　　）。
A. 进度控制　B. 造价控制
C. 安全管理　D. 质量控制
E. 信息管理　F. 合同管理
G. 组织协调
2. BIM 在方案设计阶段的应用内容主要包括（　　）。
A. 概念设计　B. 结构分析
C. 安全管理　D. 方案比选
3. BIM 技术在概念设计中应用主要体现在（　　）。
A. 空间设计　B. 饰面装饰初步设计
C. 结构设计　D. 室内装饰初步设计
4. BIM 技术在场地规划中的应用主要包括（　　）。
A. 场地分析　B. 整体规划
C. 结构设计　D. 碰撞检查
5. 初步设计阶段 BIM 应用主要包括（　　）。
A. 结构分析　B. 整体规划
C. 性能分析　D. 工程算量
6. 性能分析主要包括（　　）。
A. 能耗分析　B. 光照分析

C. 设备分析　　　　D. 绿色评估

7. 工程算量主要包括（　　）。

A. 土石方工程　　　　B. 基础

C. 混凝土构件　　　　D. 钢筋

E. 人员工作量　　　　F. 墙体

G. 门窗工程　　　　H. 装饰工程

8. BIM 在绿色建筑设计中的应用途径主要有（　　）。

A. BIM 核心模型增加相应信息，在 BIM 模型创建完成后，通过统计功能判定是否达到绿色建筑评价相应条文要求

B. 第三方模拟分析软件共享 BIM 核心模型，通过在核心模型中提取所需信息，进行专项计算分析

C. 基于 BIM 技术对建筑进行仿真性环境模拟

D. 基于 BIM 技术结合有限元分析软件对建筑结构进行计算分析

9. 绿色建筑评价的内容主要有（　　）。

A. 节地与室外环境　　　　B. 节能与能源利用

C. 节水与水资源利用　　　　D. 节材与材料资源利用

E. 室内质量环境　　　　F. 提高与创新

10. 基于 BIM 的声学模拟分析主要可分为（　　）。

A. 室外声学分析　　　　B. 个别设备声学分析

C. 噪声分析　　　　D. 室内声学分析

参考答案：

1. ABCDEFG　2. ACD　3. ABD　4. AB　5. ACD　6. ABCD
7. ABCDFGH　8. AB　9. ABCDEF　10. AD

第4章　BIM技术在施工阶段的应用

导读：

本章主要从招投标、深化设计、建造准备、建造和竣工支付等五个阶段分别介绍了BIM技术在施工阶段的应用。①从技术方案展示和工程量计算及报价两方面介绍了招投标阶段的BIM技术应用；②介绍了BIM技术在深化设计阶段的应用，包括管线综合深化设计、土建结构深化设计、钢结构深化设计和幕墙深化设计；③介绍了BIM技术在建造准备阶段中虚拟施工管理的应用，如施工方案管理、关键工艺展示和施工过程模拟；④介绍了BIM技术在建造阶段中的管理应用，包括预制加工管理、进度管理、质量管理、安全管理、成本管理、物料管理、绿色施工管理和工程变更管理；⑤简单介绍了BIM技术在竣工交付阶段中的应用。

4.1　BIM技术应用清单

BIM在施工项目管理中的应用主要分为五个阶段的应用，分别为招投标阶段、深化设计阶段、建造准备阶段、建造阶段和竣工支付阶段。每个阶段的具体应用点见表4.1。

BIM应用清单　　**表4.1**

阶　段	序号	应　用　点
招投标阶段	1	技术方案展示
	2	工程量计算及报价
深化设计阶段	1	管线综合深化设计
	2	土建结构深化设计
	3	钢结构深化设计
	4	幕墙深化设计
建造准备阶段	1	施工方案管理
	2	关键工艺展示
	3	施工过程模拟
建造阶段	1	预制加工管理
	2	进度管理
	3	安全管理
	4	质量管理
	5	成本管理
	6	物料管理
	7	绿色施工管理
	8	工程变更管理
竣工支付阶段	1	基于三维可视化的成果验收

4.2 BIM技术在招投标阶段的应用

基于BIM技术的自动算量、可视化、参数化和仿真性等特点，可对工程进行快速算量工作，且还可以对技术方案进行可视化三维动态展示。

BIM技术在施工企业投标阶段的应用优势主要体现三方面：①更好地展示技术方案；②获得更好的结算利润；③提升竞标能力，提升中标率。

4.2.1 技术方案展示

传统的施工单位在投标过程中技术方案的展示更多的是通过文字和二维图纸，或者少量三维模型等形式，可视化程度较低，不利于业主很好地了解施工单位的技术形式。尤其是在结构复杂、体量大、高度高和技术难度大的工程中，业主对技术标要求更加苛刻。

基于BIM技术的3D功能可对技术标表现带来很大的提升，更好地展现技术方案。BIM技术的应用，提升了企业解决技术问题的能力。

BIM在技术方案展示中的应用主要体现在碰撞检查、虚拟施工、施工隐患排除和材料分区域统计等方面。

1. 碰撞检查

BIM最直观的特点在于三维可视化，利用BIM的三维技术在施工前期、中期可以进行碰撞检查，这样既可以优化项目设计，减少建筑施工阶段可能存在的错误损失和返工的可能性，又加快了施工进度，为业主减低建造成本。某投标项目实例基于BIM技术的碰撞检查如图4.2.1-1所示。

楼梯碰头

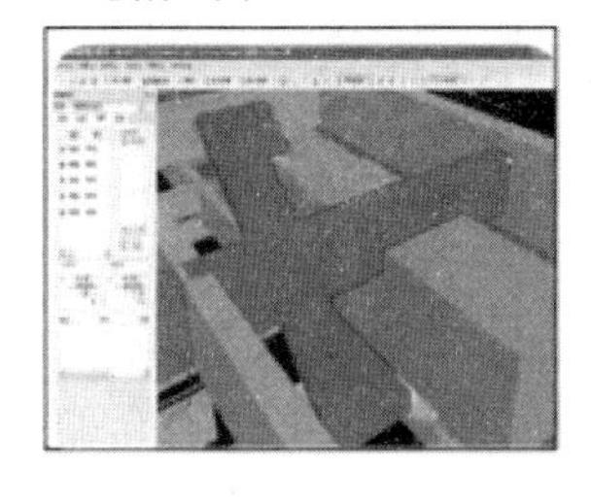

风管穿梁

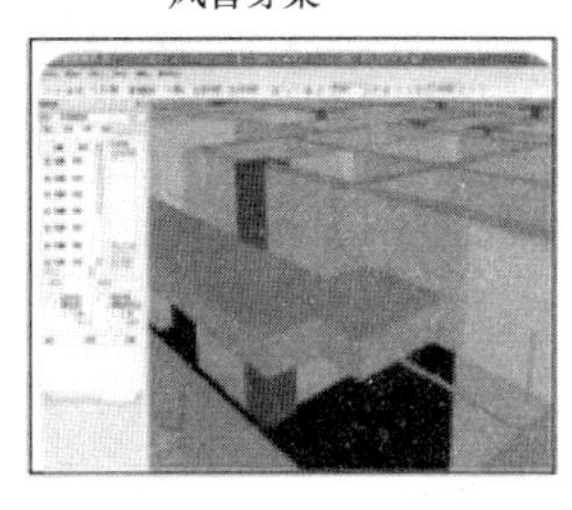

预留洞检查

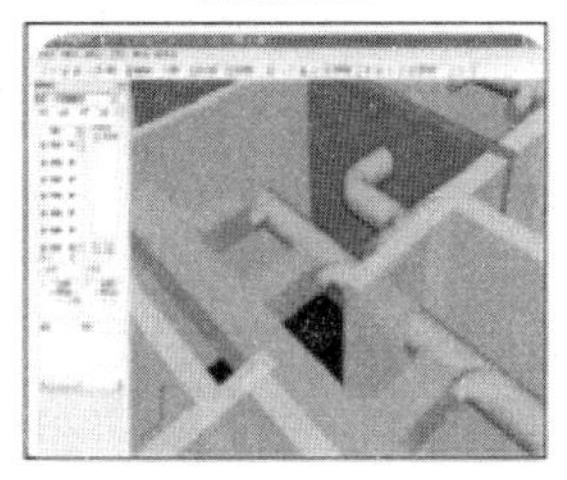

门窗开启

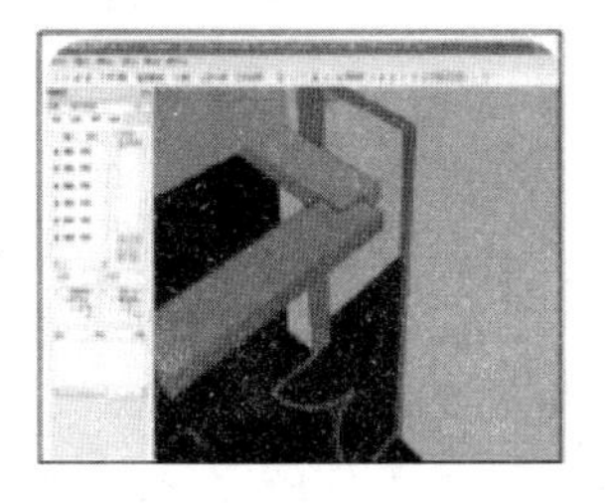

保温碰撞

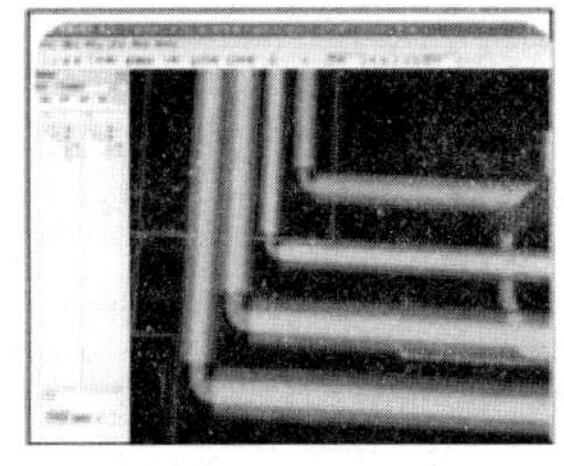

管线打架

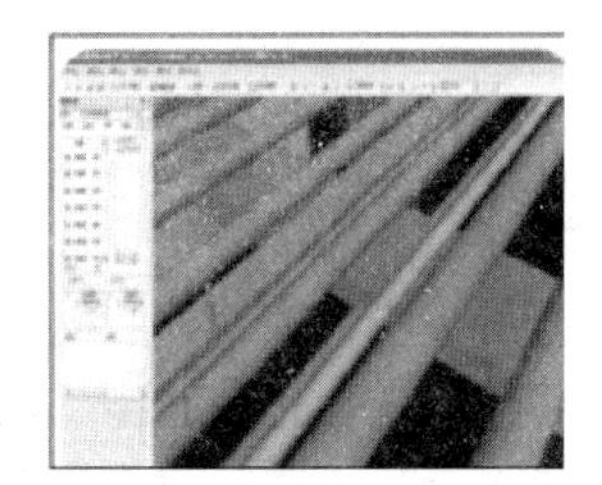

图4.2.1-1 碰撞检查图

2. 虚拟施工

运用BIM三维可视化功能再加上时间维度，利用碰撞优化后的方案，可以进行施工交底、施工模拟，发现本工程的重难点施工部位，按照场地特点、国家规范制定详细的施工方案，将施工方案模型化、动漫化，让评标专家、甚至非工程行业出身的业主领导都对施工方案的各种问题和情况了如指掌，如图4.2.1-2所示。

图4.2.1-2 虚拟施工图

3. 排除施工隐患

BIM模型中，对洞口、临边、电梯井等存在安全隐患的位置（图4.2.1-3），布置上安全围栏。施工前，对施工人员进行安全交底，形象、直观，让施工人员对安全隐患位置有较深的影响，确保施工过程不出安全事故。

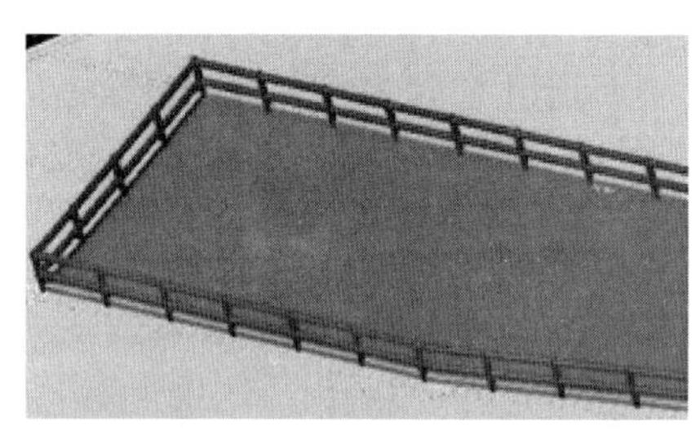

图4.2.1-3 施工安全隐患图

4. 材料分区域统计

BIM不仅可实现三维可视化，它还是一个6D关联数据库。利用已经建立的模型，可以准确快速地统计到每个区域、每个构件的材料用量，点对点的材料运输，使得材料一次性到位，减少材料的二次搬运，进而有效提高各工序的配合程度，加快施工进度。

4.2.2 工程量计算及报价

传统的招投标中由于投标时间比较紧张，要求投标方高效、灵巧、精确地完成工程量计算，把更多时间运用在投标报价技巧上。这些单靠手工是很难按时、保质、保量完成的。而且随着现代建筑造型趋向于复杂化，人工计算工程量的难度越来越大，快速、准确地形成工程量清单成为招投标阶段工作的难点和瓶颈。这些关键工作的完成也迫切需要信息化手段来支撑，进一步提高效率，提升准确度。

投标方根据BIM模型快速获取正确的工程量信息，与招标文件的工程量清单比较，可以制定更好的投标策略。按清单工程量对比表如表4.2.2所示。

工程量对比表 表4.2.2

序号	项目编码	项目名称	计量单位	工程量				单价		合价				备注
				实算值	参考值	差值	偏差值	实算值	参考值	实算值	参考值	差值	偏差率	
A.2 桩与地基基础工程														
1	010201003001	混凝土灌注桩 1. 土壤级别： 2. 单桩长度、根数： 3. 桩截面： 4. 成孔方法： 5. 混凝土强度等级：C35	m	909.86	904.86	5.00	0.55%	140.54	140.54	127871.72	127169.02	702.70	0.55%	
A.3 砌筑工程														
2	010304001001	空心砖墙、砌块墙 1. 墙体类型： 2. 墙体厚度：640 3. 空心砖、砌块品种、规格、强度等级：MU10 4. 勾缝要求： 5. 砂浆强度等级、配合比：MS	m^3	2267.85	2287.85	−20.00	−0.87%	417.14	417.14	946010.80	954353.60	−8342.80	−0.87%	
A.4 混凝土及钢筋混凝土工程														
3	010401003001	满堂基础 1. 混凝土强度等级： 2. 混凝土拌和料要求：C30P6 3. 砂浆强度等级：	m^3	985.30	988.30	−3.00	−0.30%	334.23	334.23	329318.16	330320.85	−1002.69	−0.30%	

续表

序号	项目编码	项目名称	计量单位	工程量				单价		合价				备注
				实算值	参考值	差值	偏差值	实算值	参考值	实算值	参考值	差值	偏差率	
A.4 混凝土及钢筋混凝土工程														
4	010401004001	设备基础 1. 混凝土强度等级： 2. 混凝土拌和料要求：C30P6 3. 砂浆强度等级：	m^3	307.05	307.43	−0.38	−0.12%	334.23	334.23	102625.84	102751.51	−125.67	−0.12%	
5	010402001001	矩形柱 1. 柱高度：600 2. 柱截面尺寸： 3. 混凝土强度等级：C30 4. 混凝土拌和料要求：	m^3	1401.09	1391.09	10.00	0.72%	334.23	334.23	468287.14	464944.84	3342.30	0.72%	
6	010403002001	矩形梁 1. 梁底标高：3000 2. 梁截面： 3. 混凝土强度等级：C30 4. 混凝土拌和料要求：	m^3	485.19	470.52	14.67	3.12%	334.23	334.23	162165.22	157263.18	4902.04	3.12%	
7	010403004001	圈梁 1. 梁底标高：2900 2. 梁截面： 3. 混凝土强度等级：0 4. 混凝土拌和料要求：	m^3	70.59	71.59	−1.00	−1.40%	328.63	328.63	23197.76	23526.39	−328.63	−1.40%	

4.3 BIM技术在深化设计阶段的应用

"深化设计"是指在业主或设计顾问提供的条件图或原理图的基础上，结合施工现场实际情况，对图纸进行细化、补充和完善。深化设计是为了将设计师的设计理念、设计意图在施工过程中得到充分体现；是为了在满足甲方需求的前提下，使施工图更加符合现场实际情况，是施工单位的施工理念在设计阶段的延伸；是为了更好地为甲方服务，满足现场不断变化的需求，优化设计方案在现场实施的过程，是为了达到满足功能的前提下降低成本，为企业创造更多利润。

基于BIM的深化设计可以笼统地分为以下两类：

1. 专业性深化设计

专业性深化设计的内容一般包括：土建结构深化设计、钢结构深化设计、幕墙深化设计、电梯深化设计、机电各专业深化设计（暖通空调、给水排水、消防、强电、弱电等）、冰蓄冷系统深化设计、机械停车库深化设计、精装修深化设计、景观绿化深化设计等。这种类型的深化设计应该在建设单位提供的专业BIM模型上进行。

2. 综合性深化设计

综合性深化设计指的是对各专业深化设计初步成果进行集成、协调、修订与校核，并形成综合平面图、综合管线图。这种类型的深化设计着重与各专业图纸的协调一致，应该在建设单位提供的总体BIM模型上进行。

深化设计涉及建设单位、设计单位、顾问单位及承包单位等诸多项目参与方，应结合BIM技术对深化设计的组织与协调进行研究。基于BIM的深化设计流程不能够完全脱离现有的管理流程，但是必须符合BIM技术的特征，特别是对于流程中的每一个环节涉及BIM的数据都要尽可能地详尽规定。深化设计管理流程如图4.3-1所示，BIM深化设计

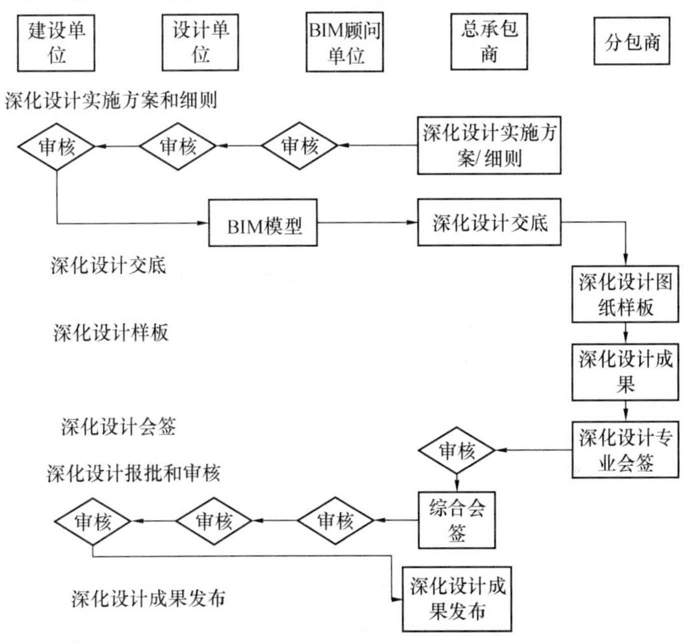

图4.3-1 深化设计管理流程

工作流程如图 4.3-2 所示。

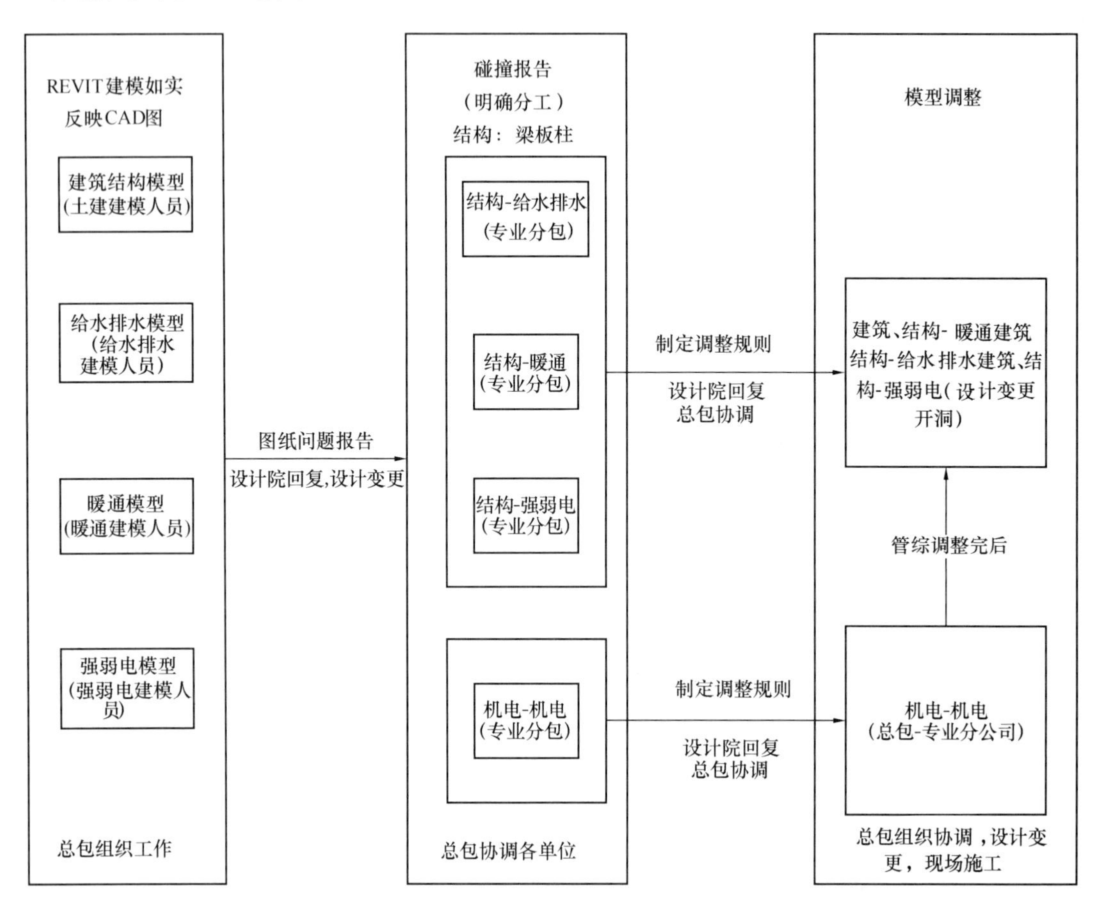

图 4.3-2　BIM 深化设计工作流程示意图

4.3.1　管线综合深化设计

管线综合深化设计是指将施工图设计阶段完成的机电管线进一步综合排布，根据不同管线的不同性质、不同功能和不同施工要求、结合建筑装修的要求，进行统筹的管线位置排布。如何使各系统的使用功能效果达到最佳，整体排布更美观是工程管线综合深化设计的重点，也是难点。基于 BIM 的深化设计通过各专业工程师与设计公司的分工合作优化能够针对设计存在问题，迅速对接、核对、相互补位、提醒、反馈信息和整合到位，其深化设计流程为：制作专业精准模型—综合链接模型—碰撞检测—分析和修改碰撞点—数据集成—最终完成内装的 BIM 模型（图 4.3.1-1）。

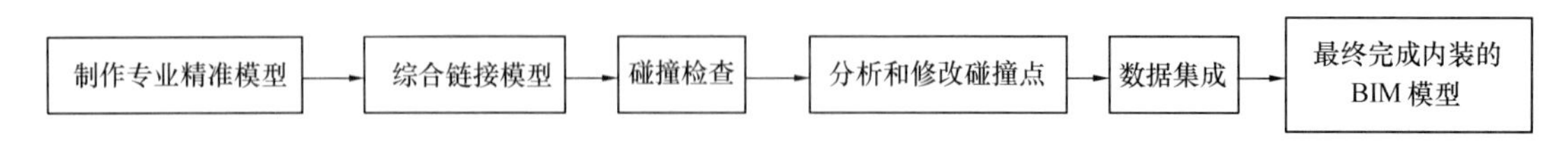

图 4.3.1-1　综合管线深化设计流程示意图

BIM 模型可以协助完成机电安装部分的深化设计，包括综合布管图、综合布线图的深化。使用BIM模型技术改变传统的CAD叠图方式进行机电专业深化设计，应用软件功能解决水、暖、电、通风与空调系统等各专业间管线、设备的碰撞，优化设计方案，为设备及管线预留合理的安装及操作空间，减少占用使用空间。在对深化效果进行确认后，出具相应的模型图片和二维图纸，指导现场的材料采购、加工和安装，能够大大提高工作效率。另外，一些结合工程应用需求自主开发的支吊架布置计算等软件，也能够大大提高深化设计工作的效率和质量。

下面以某工程为例具体介绍管线综合深化设计的关键流程和内容。

1. 利用BIM技术进行管线碰撞，分析设计图纸存在的问题

以走廊区域为例，首先使用CAD画出走廊剖面图（图4.3.1-2），再运用BIM技术对管廊管线进行三维建模，形成剖面图及三维模型（图4.3.1-3）。

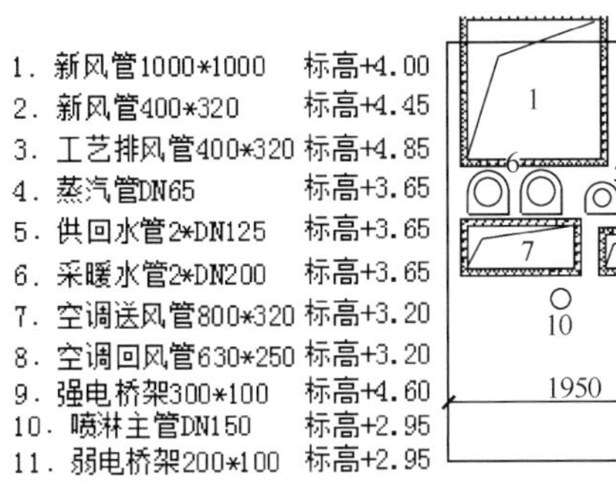

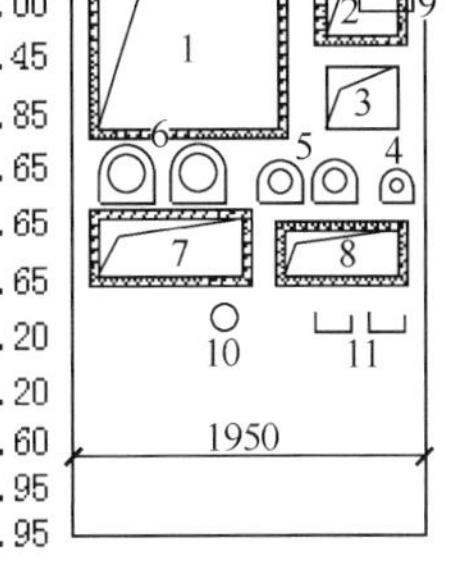

图4.3.1-2 cad走廊剖面图

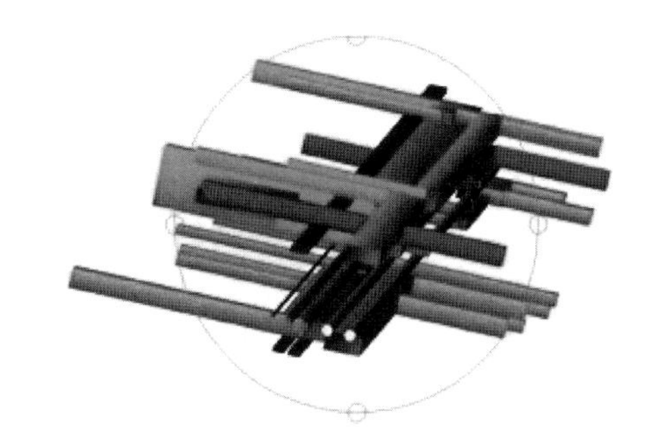

图4.3.1-3 BIM三维模型剖面图

分析上述剖面图，存在以下几点问题：强电桥架与400mm * 200mm新风管发生碰撞；1000mm * 1000mm新风管与土建梁发生碰撞；1000mm * 1000mm新风管与工艺排风风管发生碰撞；强电桥架施工后无法放电缆，无检修空间；水管支管与新风管、工艺排风管发生碰撞。

2. 管线综合平衡深化设计

通过分析暖通、给水排水、电气、消防及建筑自动化各专业的图纸，对机电各专业管线进行二次布局，剖面图见图4.3.1-4。

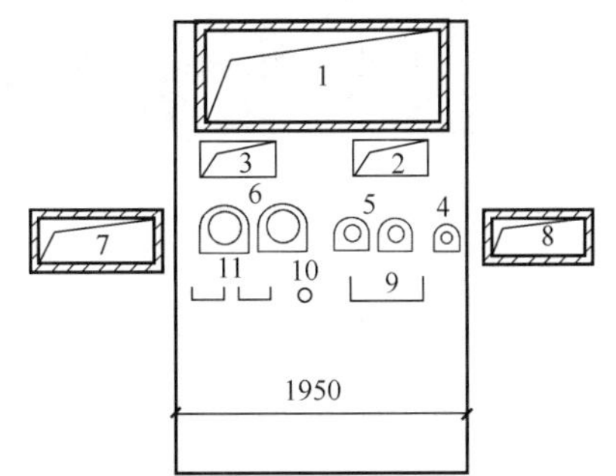

图4.3.1-4 二次布局剖面图

管线平衡二次深化设计变更部分如下：将新风管1000mm * 1000mm变更为1600mm * 630mm，可以节省370mm吊顶空间；将送风管800mm * 320mm及回风管630mm *

250mm调整至房间内布局，不占用吊顶空间；重新调整各管线的标高次序，将强电桥架摆放在最低层，方便电缆施工及日后检修。

对二次深化设计综合平衡后的管线进行三维建模，模型见图4.3.1-5。从三维模型很容易得出，原设计图纸存在的问题已经全部解决。

3. 综合支吊架设计

根据实验区一层西走廊综合管线布置图，设计管道联合支吊架，如图4.3.1-6所示。

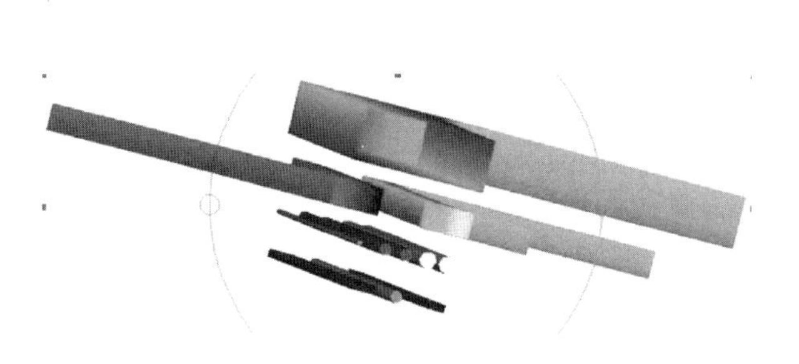

图4.3.1-5 调整三维模型图

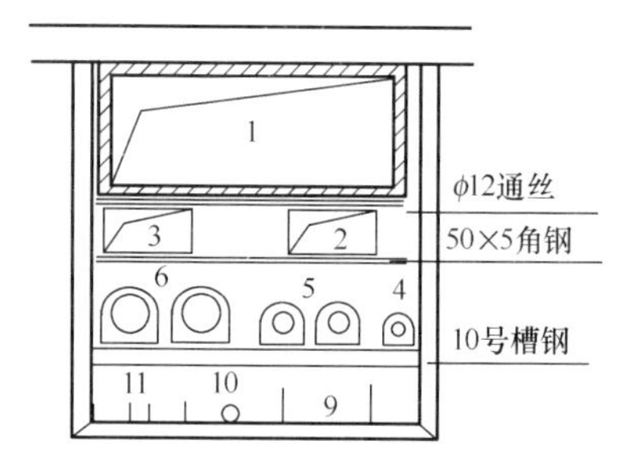

图4.3.1-6 综合支架设计图

管道一般分为竖向布置和水平布置。无论支架的形式是怎样的，支架都是用来承担管路系统的力，包括由支架所承担的管道及管内介质质量的地球引力引起的力、由支架所承担的管道热胀冷缩变形和受压后膨胀引起的力、由管道中介质压力产生的推力等。

4. 管线综合平衡效果图

通过BIM技术的管线综合平衡设计，最终得到联合支架效果图，见图4.3.1-7。

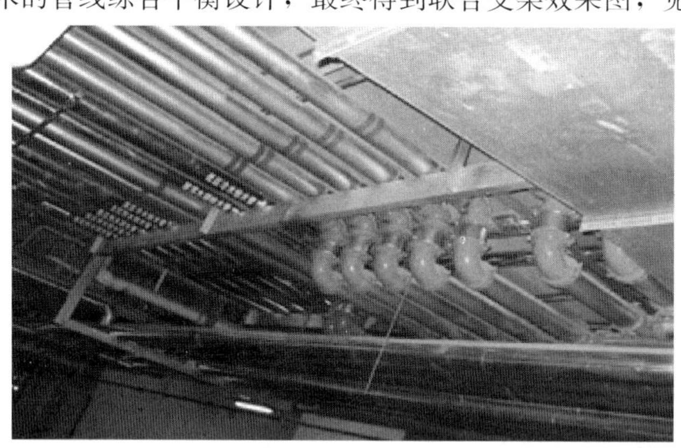

图4.3.1-7 管线综合平衡效果图

4.3.2 土建结构深化设计

基于BIM模型对土建结构部分，包括土建结构与门窗等构件、预留洞口、预埋件位置及各复杂部位等施工图纸进行深化，对关键复杂的墙板进行拆分，解决钢筋绑扎、顺序问题，能够指导现场钢筋绑扎施工，减少在工程施工阶段可能存在的错误损失和返工的可能性。

某工程复杂墙板拆分如图4.3.2-1所示，某工程复杂节点深化设计如图4.3.2-2所示。

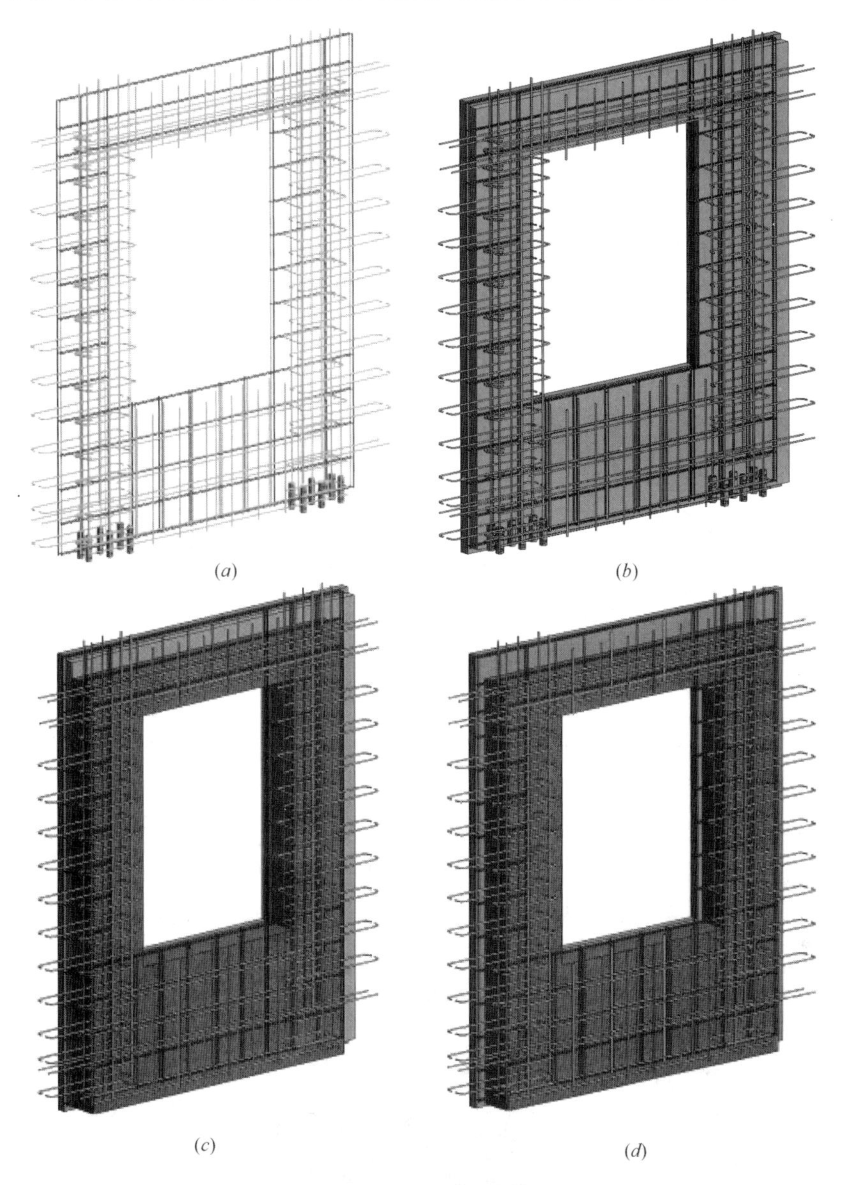

图 4.3.2-1 某工程基于BIM的复杂墙板拆分

(*a*) 第一步；(*b*) 第二步；(*c*) 第三步；(*d*) 第四步

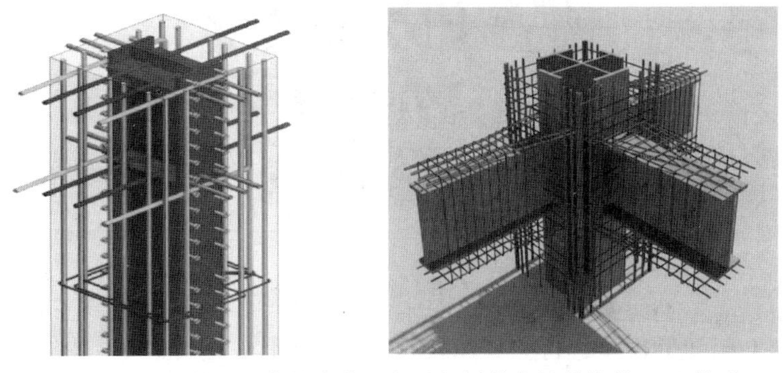

图 4.3.2-2 某工程角柱十字型钢及钢梁节点钢筋绑扎BIM模型

4.3.3　钢结构深化设计

钢结构BIM三维实体建模出图深化设计的过程，其本质就是进行电脑预拼装、实现"所见即所得"的过程。首先，所有的杆件、节点连接、螺栓焊缝、混凝土梁柱等信息都通过三维实体建模进入整体模型，该三维实体模型与以后实际建造的建筑完全一致；其次，所有加工详图（包括布置图、构件图、零件图等）均是利用三视图原理投影生成，图纸中所有尺寸，包括杆件长度、断面尺寸、杆件相交角度等均是从三维实体模型上直接投影产生的。

三维实体建模出图深化设计的过程，基本可分为四个阶段，具体流程如图4.3.3-1所示，每一个深化设计阶段都将有校对人员参与，实施过程控制，由校对人员审核通过后才能出图，并进行下一阶段的工作。

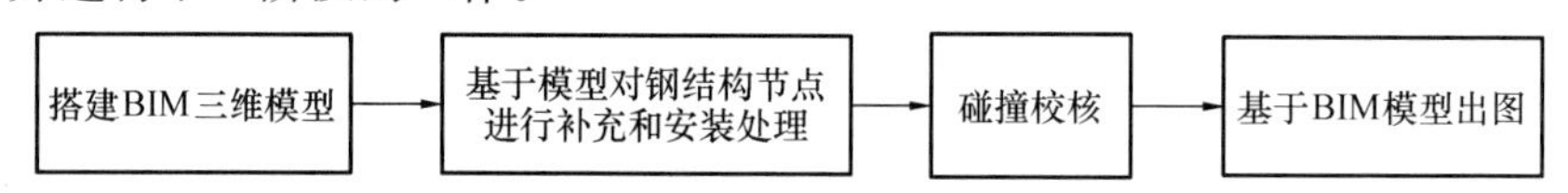

图4.3.3-1　钢筋深化设计流程示意图

第一阶段，根据结构施工图建立轴线布置和搭建杆件实体模型。导入AutoCAD中的单线布置，并进行相应的校核和检查，保证两套软件设计出来的构件数据理论上完全吻合，从而确保了构件定位和拼装的精度。创建轴线系统及创建、选定工程中所要用到的截面类型、几何参数。

第二阶段，根据设计院图纸对模型中的杆件连接节点、构造、加工和安装工艺细节进行安装和处理。在整体模型建立后，需要对每个节点进行装配，结合工厂制作条件、运输条件，考虑现场拼装、安装方案及土建条件。某工程整体拼接模型如图4.3.3-2所示，局部拼接如图4.3.3-3所示。

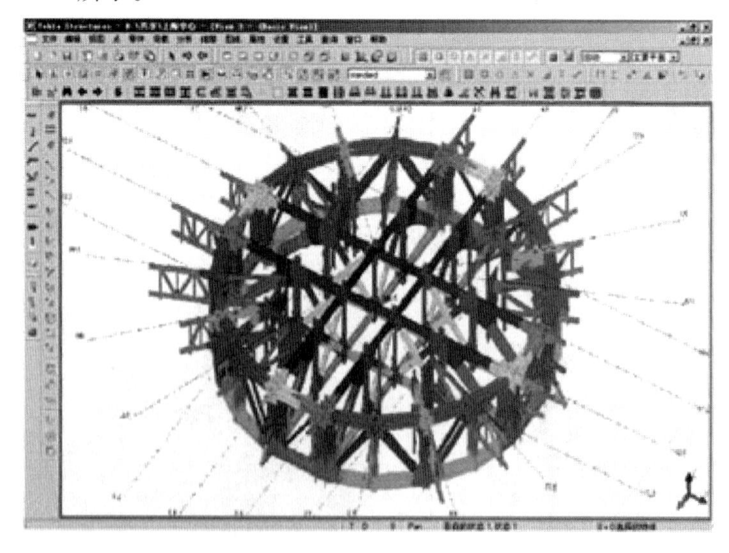

图4.3.3-2　整体拼接模型

第三阶段，对搭建的模型进行"碰撞校核"，并由审核人员进行整体校核、审查。所有连接节点装配完成之后，运用"碰撞校核"功能进行所有细微的碰撞校核，以检查出设

图 4.3.3-3 局部拼接图

计人员在建模过程中的误差，这一功能执行后能自动列出所有结构上存在碰撞的情况，以便设计人员去核实更正，通过多次执行，最终消除一切详图设计误差。

第四阶段，基于3D实体模型的设计出图。运用建模软件的图纸功能自动产生图纸，并对图纸进行必要的调整，同时产生供加工和安装的辅助数据（如材料清单、构件清单、油漆面积等）。节点装配完成之后，根据设计准则中编号原则对构件及节点进行编号。编号后就可以产生布置图、构件图、零件图等，并根据设计准则修改图纸类别、图幅大小、出图比例等。

某工程钢网架支座节点深化设计BIM模型如图4.3.3-4所示，基于BIM模型自动生成的施工图纸如图4.3.3-5所示。

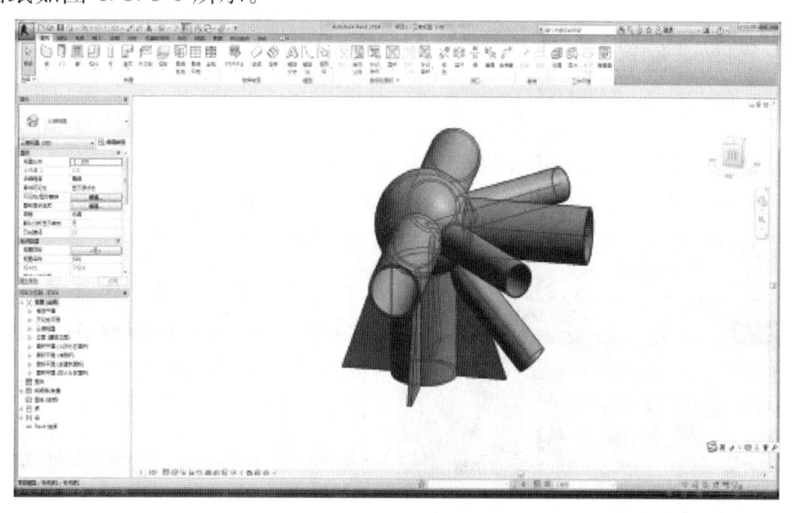

图 4.3.3-4 网架支座深化设计模型

完成的钢结构深化图在理论上是没有误差的，可以保证钢构件精度达到理想状态。统计选定构件的用钢量，并按照构件类别、材质、构件长度进行归并和排序，同时还输出构件数量、单重、总重及表面积等统计信息。

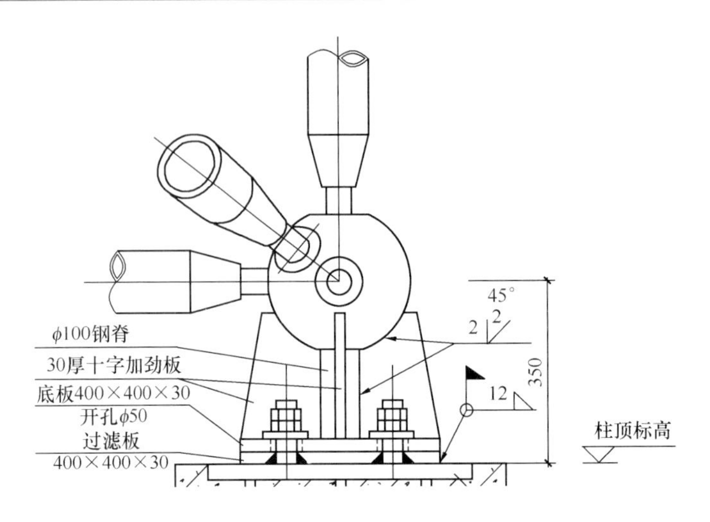

图 4.3.3-5　BIM 模型生成网架支座深化设计施工图

通过 3D 建模的前三个阶段，我们可以清楚地看到钢结构深化设计的过程就是参数化建模的过程，输入的参数作为函数自变量（包括杆件的尺寸、材质、坐标点、螺栓、焊缝形式、成本等）及通过一系列函数计算而成的信息和模型一起被存储起来，形成了模型数据库集，而第四个阶段正是通过数据库集输出形成的结果。可视化的模型和可结构化的参数数据库，构成了钢结构 BIM，我们可以通过变更参数的方式方便地修改杆件的属性，也可以通过输出一系列标准格式（如 IFC、XML、IGS、DSTV 等），与其他专业的 BIM 进行协同，更为重要的是成为钢结构制作企业的生产和管理数据源。

采用 BIM 技术对钢网架复杂节点进行深化设计，提前对重要部位的安装进行动态展示、施工方案预演和比选，实现三维指导施工，从而更加直观化地传递施工意图，避免二次返工。

4.3.4　玻璃幕墙深化设计

玻璃幕墙深化设计主要是对于整幢建筑幕墙中的收口部位进行细化补充设计，优化设计和对局部不安全不合理的地方进行改正。

基于 BIM 技术、根据建筑设计的幕墙二维节点图，在结构模型以及幕墙表皮模型中创建不同节点的模型。然后根据碰撞检查、设计规范以及外观要求对节点进行优化调整，形成完善的节点模型。最后，根据节点进行大面积建模。通过最终深化完成的幕墙模型，生成加工图、施工图以及物料清单。加工厂将模型生成的加工图直接导入数控机床进行加工，构件尺寸与设计尺寸基本吻合，加工后根据物料清单对构件进行编号，构件运至现场后可直接对应编号进行安装。

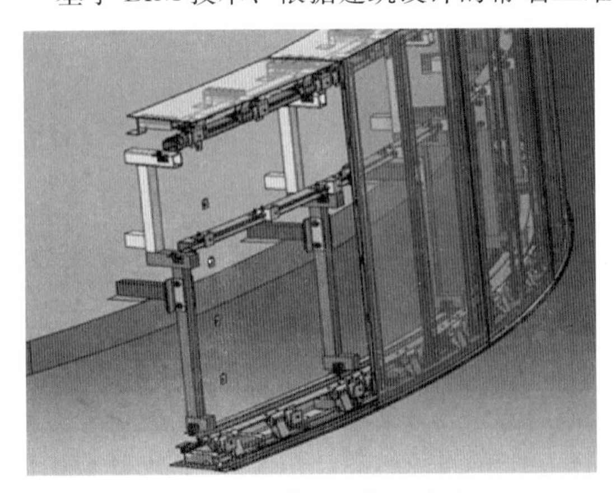

图 4.3.4　幕墙深化设计图

某工程幕墙深化设计如图 4.3.4 所示。

4.4 BIM技术在建造准备阶段的应用

BIM技术在项目建造阶段的应用主要体现在虚拟施工的管理。虚拟施工的管理是指通过BIM技术结合施工方案、施工模拟和现场视频监测，进行基于BIM技术的虚拟施工，其施工本身不消耗施工资源，却可以根据可视化效果看到并了解施工的过程和结果，可以较大程度地降低返工成本和管理成本，降低风险，增强管理者对施工过程的控制能力。

虚拟施工管理在项目实施过程中带来的好处可以总结为以下三点。

1. 施工方法可视化

虚拟施工使施工变得可视化，随时随地直观快速地将施工计划与实际进展进行对比，同时进行有效的协同，施工方、监理方、甚至非工程行业出身的业主领导都对工程项目的各种问题和情况了如指掌。施工过程的可视化，使BIM成为一个便于施工方参与各方交流的沟通平台。通过这种可视化的模拟缩短了现场工作人员熟悉项目施工内容、方法的时间，减少了现场人员在工程施工初期因为错误施工而导致的时间和成本的浪费。还可以加快、加深对工程参与人员培训的速度及深度，真正做到质量、安全、进度、成本管理和控制的人人参与。

5D全真模型平台虚拟原型工程施工，对施工过程进行可视化的模拟，包括工程设计、现场环境和资源使用状况，具有更大的可预见性，将改变传统的施工计划、组织模式。施工方法的可视化使所有项目参与者在施工前就能清楚地知道所有施工内容以及自己的工作职责，能促进施工过程中的有效交流，它是目前评估施工方法、发现问题、评估施工风险简单、经济、安全的方法。

2. 施工方法验证过程化

BIM技术能全真模拟运行整个施工过程，项目管理人员、工程技术人员和施工人员可以了解每一步施工活动。如果发现问题，工程技术人员和施工人员可以提出新的施工方法，并对新的施工方法进行模拟来验证其是否可行，即判断施工过程，它能在工程施工前识别绝大多数的施工风险和问题，并有效地解决。

3. 施工组织控制化

施工组织是对施工活动实行科学管理的重要手段，它决定了各阶段的施工准备工作内容，协调施工过程中各施工单位、各施工工种以及各项资源之间的相互关系。BIM可以对施工的重点或难点部分进行可见性模拟，按网络时标进行施工方案的分析和优化。对一些重要的施工环节或采用施工工艺的关键部位、施工现场平面布置等施工指导措施进行模拟和分析，以提高计划的可执行性。利用BIM技术结合施工组织设计进行电脑预演，以提高复杂建筑体系的可施工性。借助BIM对施工组织的模拟，项目管理者能非常直观地理解间隔施工过程的时间节点和关键工序情况，并清晰地把握在施工过程中的难点和要点，也可以进一步对施工方案进行优化完善，以提高施工效率和施工方案的安全性。可视化模型输出的施工图片，可作为可视化的工作操作说明或技术交底分发给施工人员，用于指导现场的施工，方便现场的施工管理人员拿图纸进行施工指导。

BIM在虚拟施工管理中根据设计和现场施工环境的五维模型、根据构件选择施工机械及机械的运行方式、确定施工的方式和顺序、确定所需临时设施及安装位置等施工信息进行场地布置方案、专项施工方案、关键工艺展示、施工模拟（土建主体及钢结构部分）、装修效果模拟等内容模拟。

4.4.1 施工方案管理

建模的过程就是虚拟施工的过程，是先试后建的过程。施工过程的顺利实施是在有效的施工方案指导下进行的，施工方案的制定主要是根据项目经理、项目总工程师及项目部的经验，施工方案的可行性一直受到业界的关注。由于建筑产品的单一性和不可重复性，施工方案具有不可重复性。一般情况，当某个工程即将结束时，一套完整的施工方案才得以展现。虚拟施工技术不仅可以检测和比较施工方案，还可以优化施工方案。

1. 场地布置方案

为使现场使用合理，施工平面布置应有条理，尽量减少占用施工用地，使平面布置紧凑合理，同时做到场容整齐清洁、道路畅通，符合防火安全及文明施工的要求。施工过程中应避免多个工种在同一场地、同一区域进行施工而相互牵制、相互干扰。施工现场应设专人负责管理，使各项材料、机具等按已审定的现场施工平面布置图的位置推放。

基于建立的 BIM 三维模型及搭建的各种临时设施，可以对施工场地进行布置，合理安排塔吊、库房、加工厂地和生活区等位置，解决现场施工场地平面布置问题，解决现场场地划分问题；通过与业主的可视化沟通协调，对施工场地进行优化，选择最优施工路线。

利用 BIM 进行三维动态展现施工现场布置，划分功能区域，便于场地分析。某工程基于 BIM 的施工场地布置方案规划示例如图 4.4.1-1 所示。

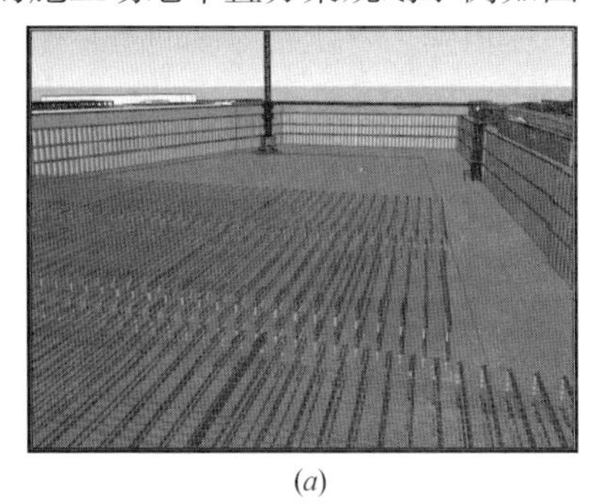

(a)

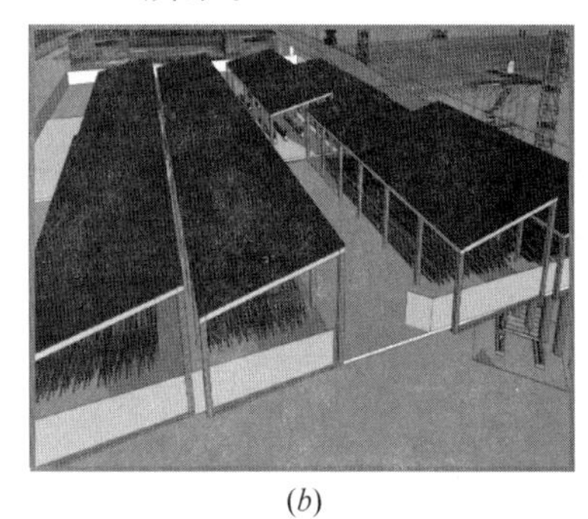

(b)

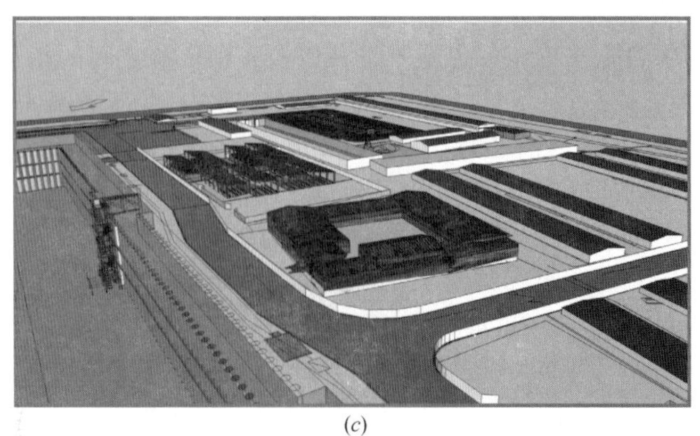

(c)

图 4.4.1-1 基于 BIM 的场地布置示例图

(a) 钢筋笼堆放区；(b) 原材堆放区；(c) 厂区设备区

2. 专项施工方案

通过BIM技术指导编制专项施工方案，可以直观地分析复杂工序，将复杂部位简单化、透明化，提前模拟方案编制后的现场施工状态，对现场可能存在的危险源、安全隐患、消防隐患等提前排查，对专项方案的施工工序进行合理排布，有利于方案的专项性、合理性。

以某工程为例，根据其具体工程内容可将施工方案进一步细分，具体情况见表4.4.1及图4.4.1-2～图4.4.1-6。

专项施工方案表　　表4.4.1

序号	各专项方案	说　明
1	土方开挖方案（图4.4.1-2）	（1）利用三维模型进行土方开挖方案的验证； （2）对支护方案进行优化，节约了近14m的支护成本
2	基础浇筑方案（图4.4.1-3）	基础变标高连接做法、集水坑以及电梯井模型——进入方案库
3	测量方案模拟（图4.4.1-4）	（1）平台共享测量数据； （2）吊装顺序对测量影响； （3）结合两台塔吊的运输配合
4	幕墙方案（图4.4.1-5）	对幕墙专业设计图纸进行模型建立后，同厂家一同进行幕墙三维深化设计，同时加入幕墙安装方式模拟、施工工序交叉、运输作业
5	精装修方案（图4.4.1-6）	由总包负责精装修模型建立，根据模型验证装修效果，提出对各分包深化的意见

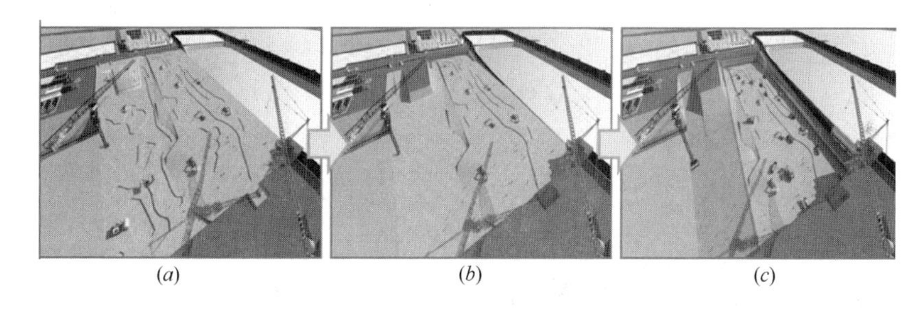

(a)　(b)　(c)

图4.4.1-2　土方开挖方案

（a）开挖阶段；（b）下挖阶段；（c）挖槽完毕

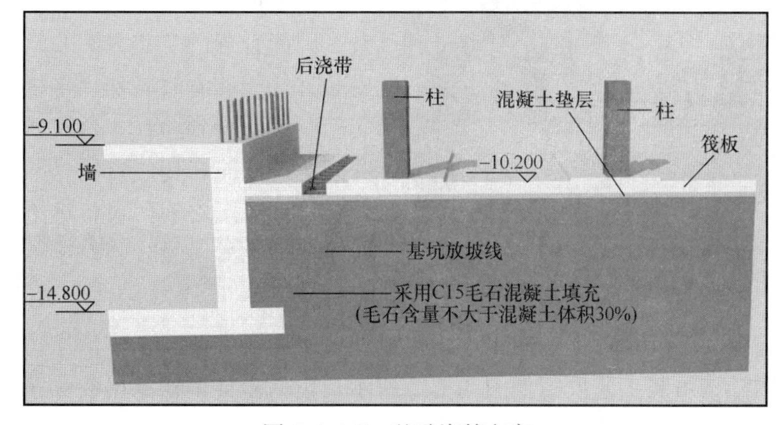

图4.4.1-3　基础浇筑方案

图 4.4.1-4 桁架层定位测量

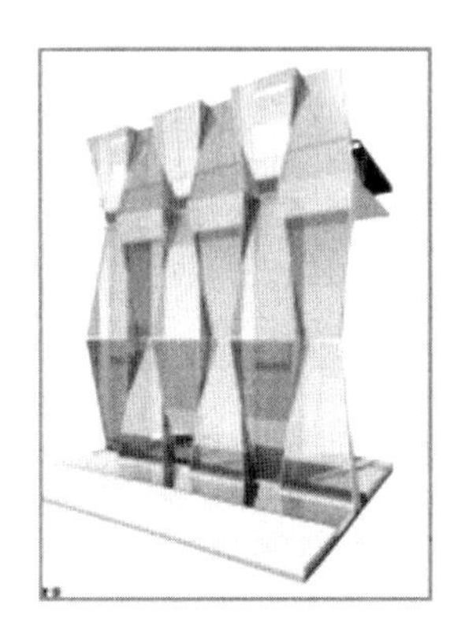

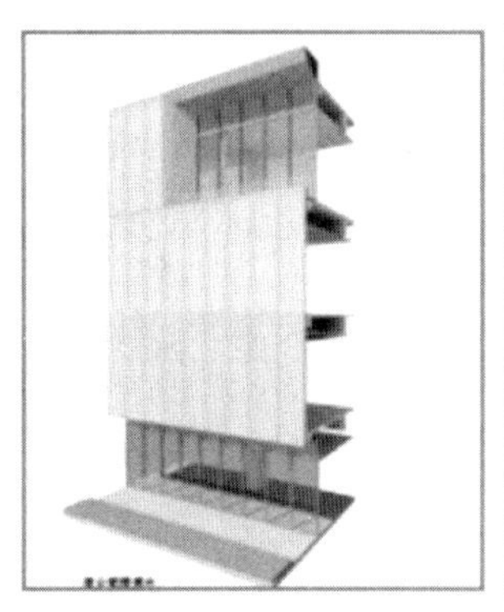

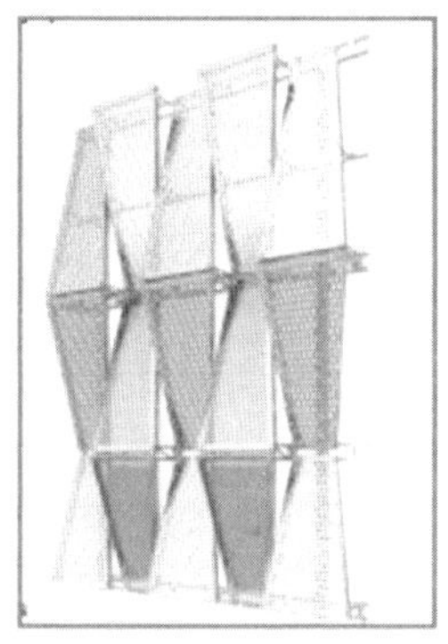

图 4.4.1-5 幕墙方案

图 4.4.1-6 精装修方案

4.4.2 关键工艺展示

对于工程施工的关键部位，如预应力钢结构的关键构件及部位，其安装相对比较复杂，因此合理的安装方案非常重要，正确的安装方法能够省时省费，传统方法只有工程实施时才能得到验证，这就造成了二次返工等问题。同时，传统方法是施工人员在完全领会设计意图之后，再传达给建筑工人，相对专业性的术语及步骤对于工人来说难以完全领会。基于 BIM 技术，能够提前对重要部位的安装进行动态展示，提供施工方案讨论和技术交流的虚拟现实信息。

某工程钢结构吊装工艺模拟如图 4.4.2 所示，包括验证钢构的吊装顺序、防止吊装过程中的碰撞问题以及将吊装顺序进行合理优化、计算塔吊荷载与吊装路径等。

4.4.3 施工过程模拟

图 4.4.2 某关键节点吊装方案演示动画截图

1. 土建主体结构施工模拟

根据拟定的最优施工现场布置和最优施工方案，将由项目管理软件，如 project 编制而成的施工进度计划与施工现场 3D 模型集成一体，引入时间维度，能够完成对工程主体结构施工过程的 4D 施工模拟。通过 4D 施工模拟，可以使设备材料进场、劳动力配置、机械排班等各项工作安排得更加经济合理，从而加强了对施工进度、施工质量的控制。针对主体结构施工过程，利用已完成的 BIM 模型进行动态施工方案模拟，展示重要施工环节动画，对比分析不同施工方案的可行性，能够对施工方案进行分析，并听从甲方指令对施工方案进行动态调整。

某工程土建主体施工模拟如图 4.4.3-1 所示。

2. 钢结构部分施工模拟

针对钢结构部分，因其关键构件及部位安装相对复杂，采用 BIM 技术对其安装过程进行模拟，能够有效帮助指导施工，同土建主体结构施工模拟过程一致。

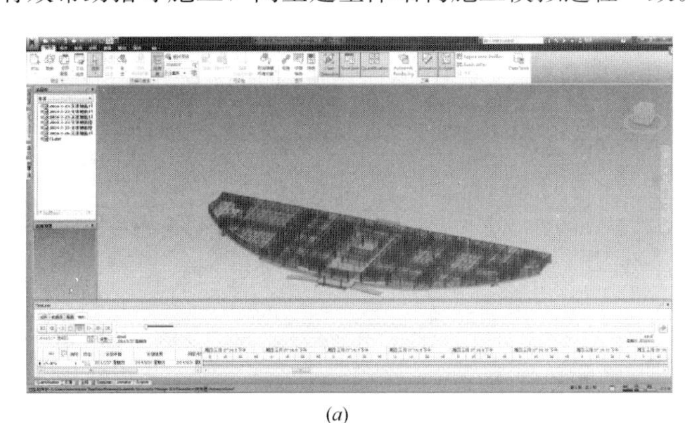

(*a*)

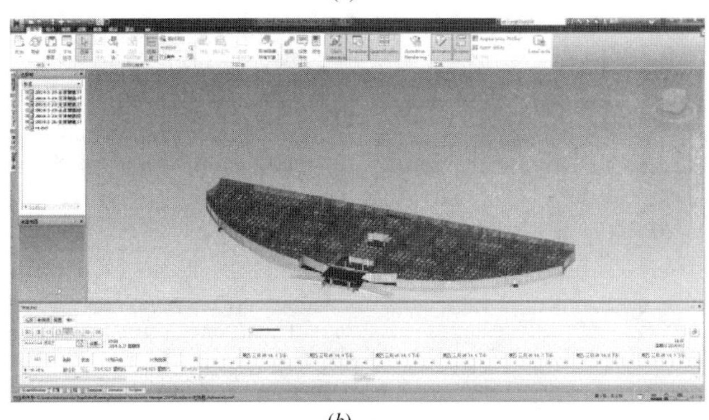

(*b*)

图 4.4.3-1 某工程土建部分施工模拟过程（一）

（*a*）一层施工前；（*b*）一层施工后

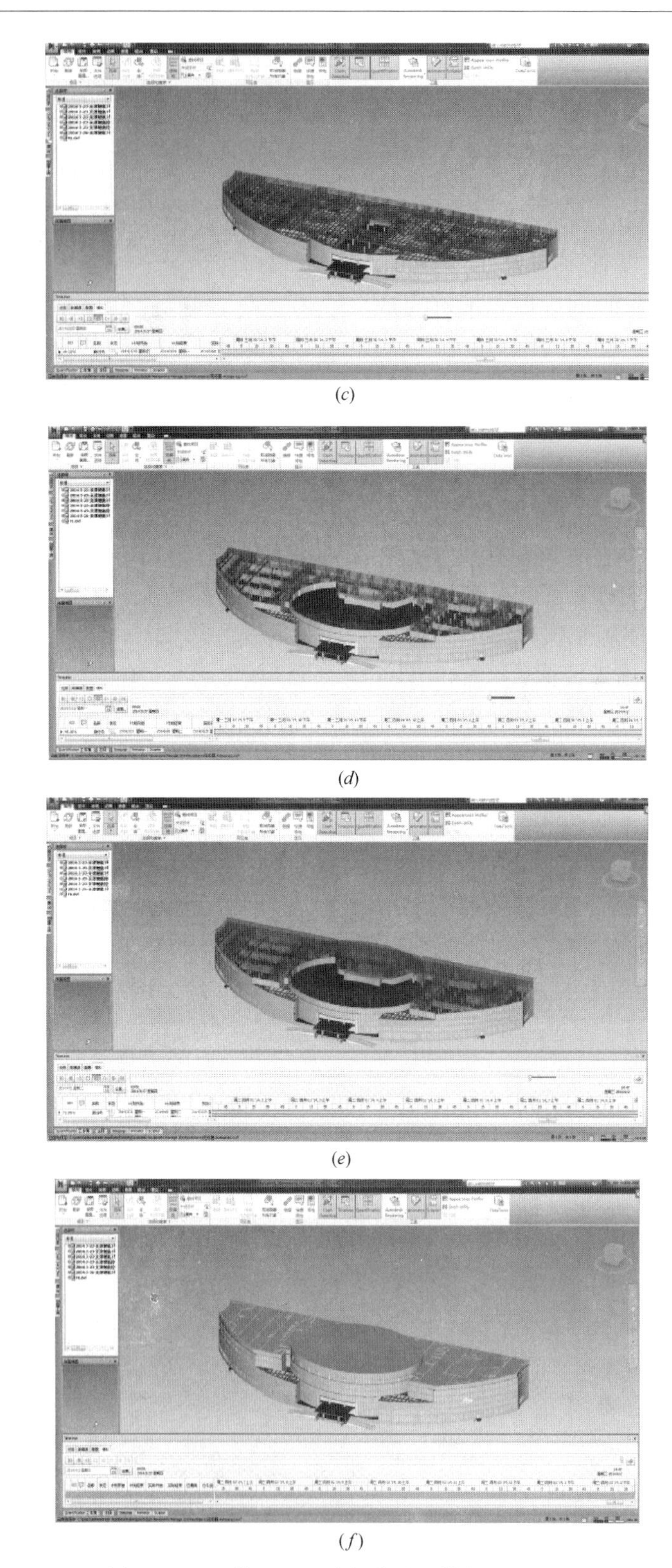

(c)

(d)

(e)

(f)

图4.4.3-1　某工程土建部分施工模拟过程（二）

(c) 二层施工前；(d) 二层施工后；(e) 顶层施工前；(f) 顶层施工完成

某工程采用BIM技术对网架安装过程进行模拟，过程如图4.4.3-2所示，图中左侧为二维CAD图纸示意施工过程，右侧为BIM三维动画模拟施工过程，显然基于BIM的施工模拟更加形象、易于理解。

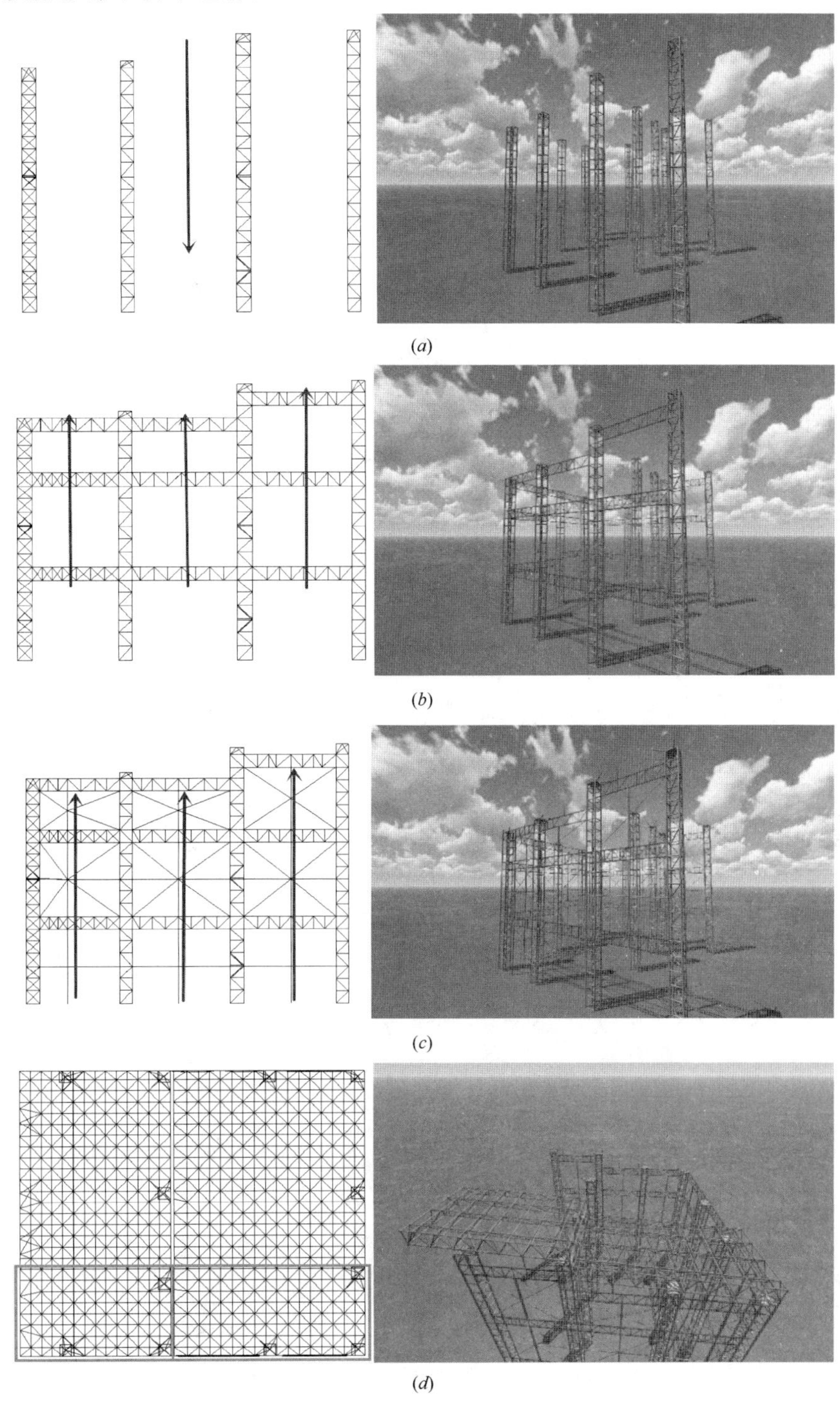

图4.4.3-2 整体BIM模型（一）

(*a*) 图格构柱安装；(*b*)、(*c*) 图格构柱附属构件安装；(*d*) 图屋顶网架局部吊装

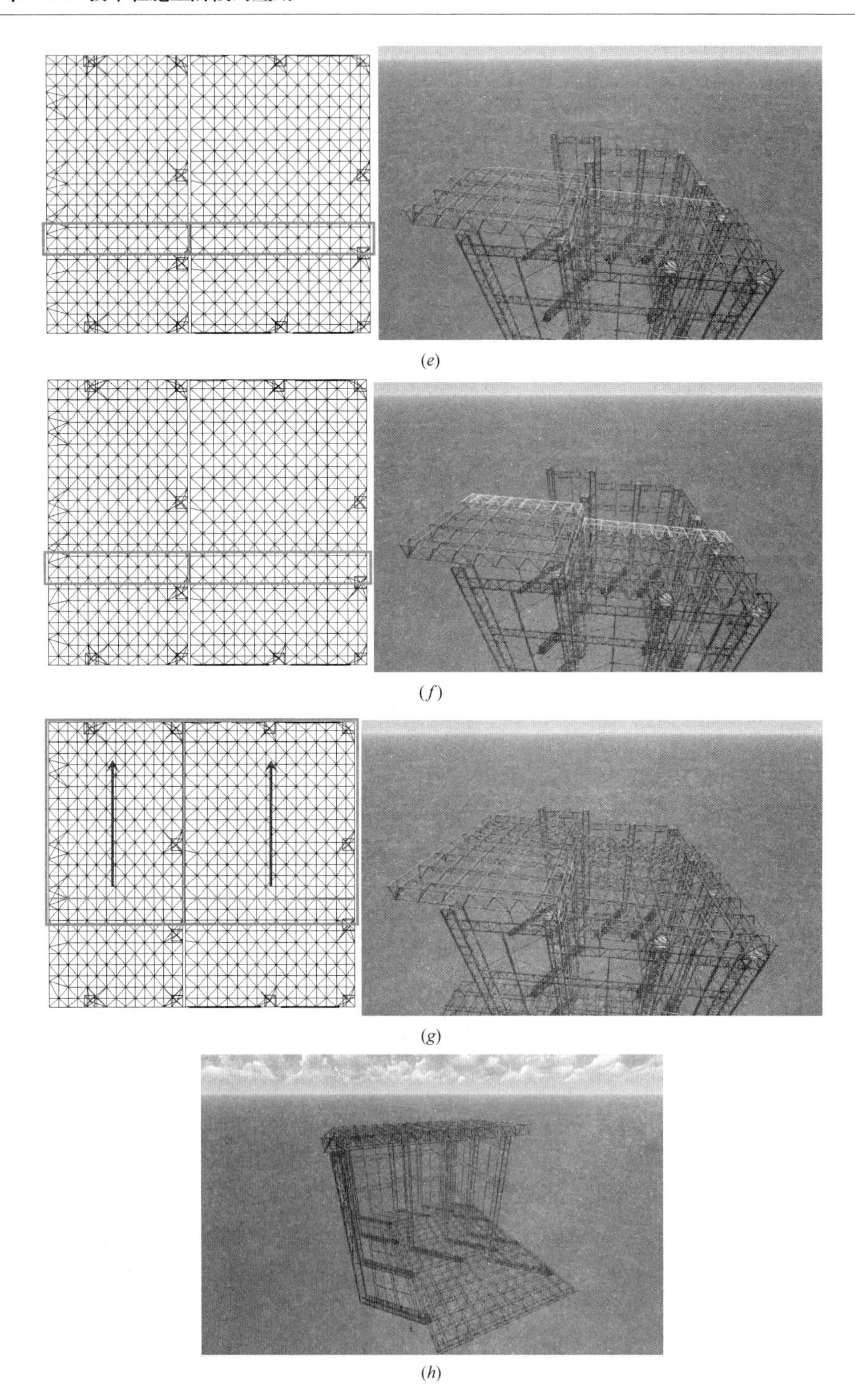

(*e*)

(*f*)

(*g*)

(*h*)

图 4.4.3-2　整体 BIM 模型（二）

(*e*)、(*f*)、(*g*) 图屋顶网架高空拼装；(*h*) 整体安装完成

4.5 BIM 技术在建造阶段的应用

4.5.1 预制加工管理

1. 构件加工详图

通过 BIM 模型对建筑构件的信息化表达，可在 BIM 模型上直接生成构件加工图，不仅能清楚地传达传统图纸的二维关系，而且对于复杂的空间剖面关系也可以清楚表达，同时还能够将离散的二维图纸信息集中到一个模型当中，这样的模型能够更加紧密地实现与预制工厂的协同和对接。

BIM 模型可以完成构件加工、制作图纸的深化设计。如利用 Tekla Structures 等深化设计软件真实模拟结构深化设计，通过软件自带功能将所有加工详图（包括布置图、构件图、零件图等）利用三视图原理进行投影、剖面生成深化图纸，图纸上的所有尺寸，包括杆件长度、断面尺寸、杆件相交角度均是在杆件模型上直接投影产生的。

某工程钢结构深化设计 Tekla 模型如图 4.5.1-1 所示，构件加工如图 4.5.1-2 所示。

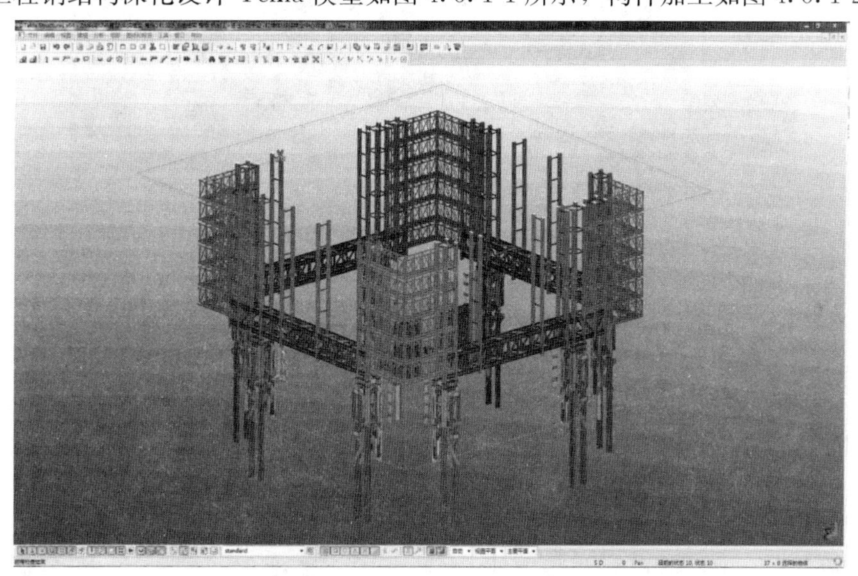

图 4.5.1-1　Tekla 钢结构模型

2. 构件生产指导

BIM 建模是对建筑的真实反映，在生产加工过程中，BIM 信息化技术可以直观地表达出配筋的空间关系和各种参数情况（图 4.5.1-3），能自动生成构件下料单、派工单、模具规格参数等生产表单，并且能通过可视化的直观表达帮助工人更好地理解设计意图，可以形成 BIM 生产模拟动画、流程图、说明图等辅助培训的材料，有助于提高工人生产的准确性和质量效率。

3. 通过 BIM 实现预制构件的数字化制造

借助工厂化、机械化的生产方式，采用集中、大型的生产设备，将 BIM 信息数据输入设备，就可以实现机械的自动化生产（图 4.5.1-4），这种数字化建造的方式可以

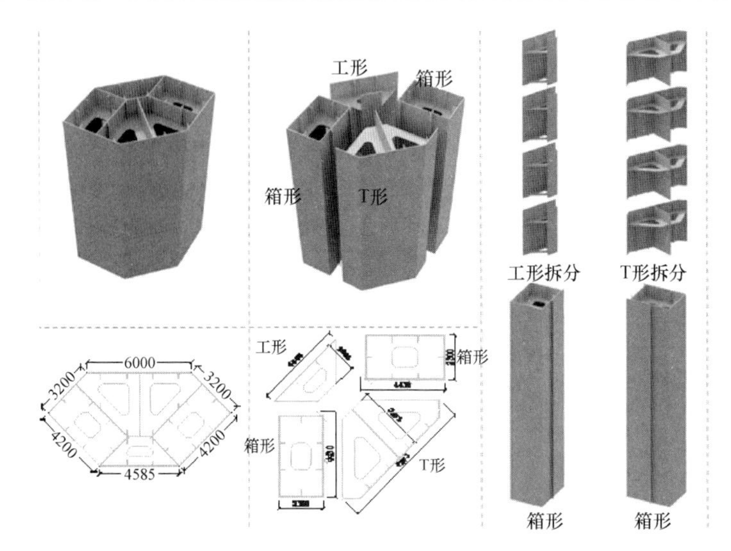

图 4.5.1-2 构件加工图

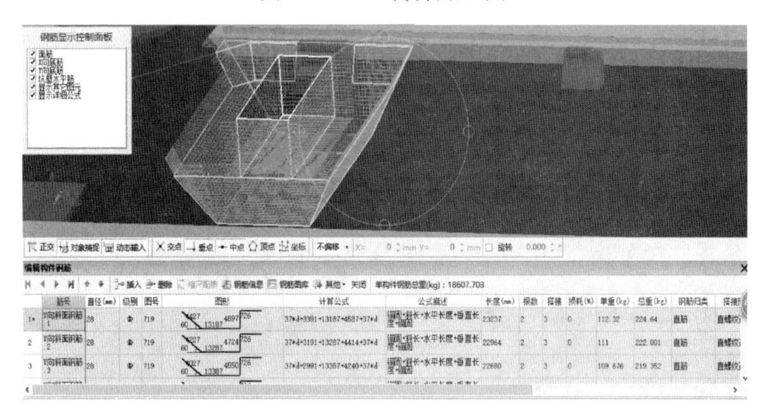

图 4.5.1-3 钢筋图

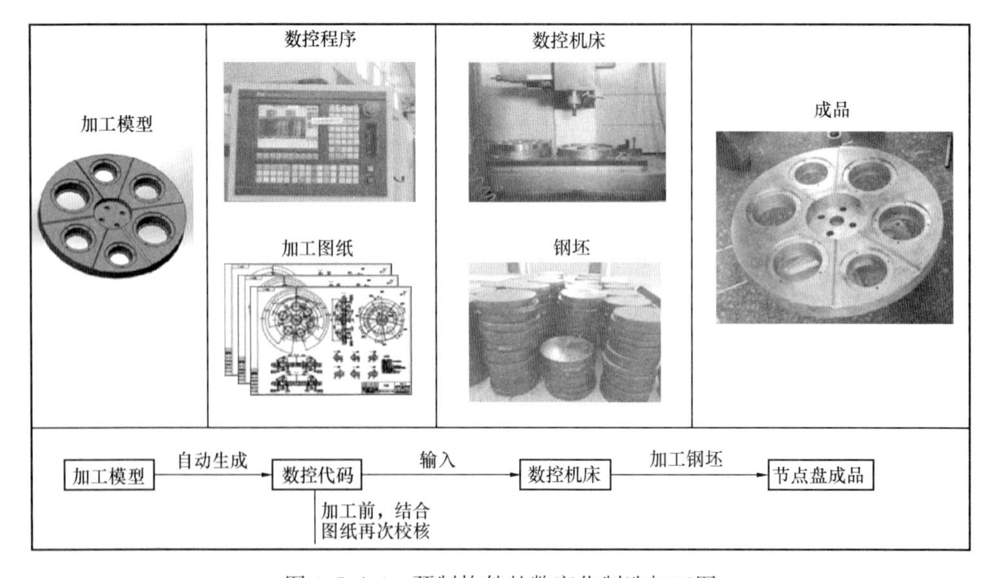

图 4.5.1-4 预制构件的数字化制造加工图

大大提高工作效率和生产质量。比如现在已经实现了钢筋网片的商品化生产，符合设计要求的钢筋在工厂自动下料、自动成形、自动焊接（绑扎），形成标准化的钢筋网片。

4. 构件详细信息全过程查询

作为施工过程中的重要信息，检查和验收信息将被完整地保存在BIM模型中，相关单位可快捷地对任意构件进行信息查询和统计分析，在保证施工质量的同时，能使质量信息在运维期有据可循。某工程利用BIM模型查询构件详细信息如图4.5.1-5所示。

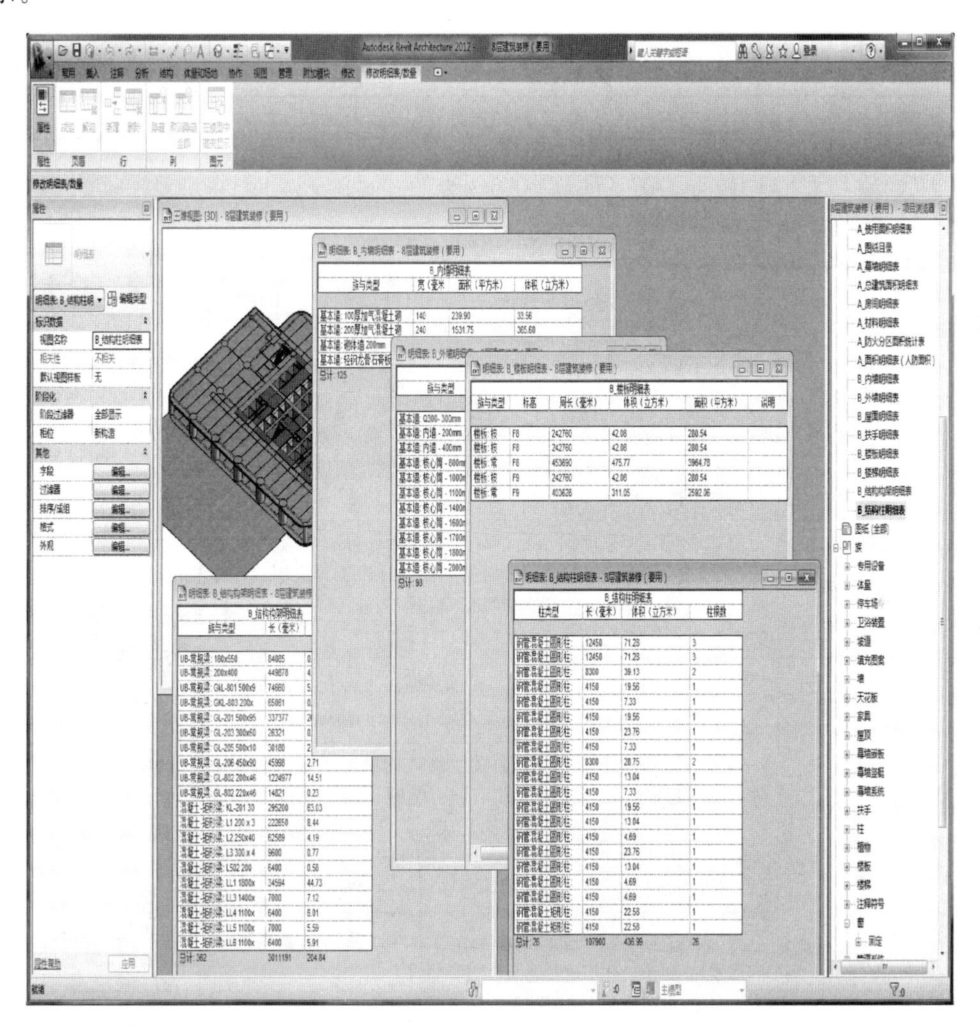

图4.5.1-5　利用BIM模型查询构件详细信息

4.5.2　进度管理

工程建设项目的进度管理是指对工程项目各建设阶段的工作内容、工作程序、持续时间和逻辑关系制定计划，将该计划付诸实施。在实施过程中经常检查实际进度是否按计划要求进行，对出现的偏差分析原因，采取补救措施或调整、修改原计划，直至工程竣工，交付使用。进度控制的最终目标是确保进度目标的实现。工程建设监理所进行的进度控制是指为使项目按计划要求的时间使用而开展的有关监督管理活动。

在实际工程项目进度管理过程中，虽然有详细的进度计划及网络图、横道图等技术做支撑，但是“破网”事故仍时有发生，对整个项目的经济效益产生直接的影响。通过对事故进行调查，主要的原因有：建筑设计缺陷带来的进度管理问题、施工进度计划编制不合理造成的进度管理问题、现场人员的素质造成的进度管理问题、参与方沟通和衔接不畅导致进度管理问题和施工环境影响进度管理问题等。

BIM 技术的引入，可以突破二维的限制，给项目进度控制带来不同的体验，主要体现见表 4.5.2。

BIM 技术在进度管理中的优势表　　　　**表 4.5.2**

序号	管理效果	具体内容	主要应用措施
1	加快招投标组织工作	利用基于 BIM 技术的算量软件系统，大大加快了计算速度和计算准确性，加快招投标阶段的准备工作，同时提升了招标工程量清单的质量	(1) BIM 施工进度模拟； (2) BIM 施工安全与冲突分析系统； (3) BIM 建筑施工优化系统； (4) 三维技术交底及安装指导； (5) 移动终端现场管理
2	碰撞检测，减少变更和返工进度损失	BIM 技术强大的碰撞检查功能，十分有利于减少进度浪费	
3	加快生产计划、采购计划编制	工程中经常因生产计划、采购计划编制缓慢损失了进度。急需的材料、设备不能按时进场，影响了工期，造成窝工损失很常见。BIM 改变了这一切，随时随地获取准确数据变得非常容易，生产计划、采购计划大大缩小了用时，加快了进度，同时提高了计划的准确性	
4	提升项目决策效率	传统管理中决策依据不足、数据不充分，导致领导难以决策，有时甚至导致多方谈判长时间僵持，延误工程进展。BIM 形成工程项目的多维度结构化数据库，整理分析数据几乎可以实时实现，有效地解决了以上问题	
5	提升全过程协同效率	基于 3D 的 BIM 沟通语言，简单易懂、可视化好、理解一致，大大加快了沟通效率，减少理解不一致的情况	
		基于互联网的 BIM 技术能够建立高效的协同平台，从而保障所有参建单位在授权的情况下，可随时、随地获得项目最新、最准确、最完整的工程数据，从过去点对点传递信息转变为一对多传递信息，效率提升，图纸信息版本完全一致，从而减少传递时间的损失和版本不一致导致的施工失误	
		现场结合 BIM、移动智能终端拍照，大大提升了现场问题沟通效率。	
6	加快竣工交付资料准备	基于 BIM 的工程实施方法，过程中所有资料可方便地随时挂接到工程 BIM 数字模型中，竣工资料在竣工时即已形成。竣工 BIM 模型在运维阶段还将为业主方发挥巨大的作用	
7	加快支付审核	业主方缓慢的支付审核往往引起承包商合作关系的恶化，甚至影响到承包商的积极性。业主方利用 BIM 技术的数据能力，快速校核反馈承包商的付款申请单，则可以大大加快期中付款反馈机制，提升双方战略合作成果。	

利用 BIM 技术对项目进行进度控制流程如图 4.5.2-1，基于 BIM 的项目进行进度控

制流程如图 4.5.2-1 所示。

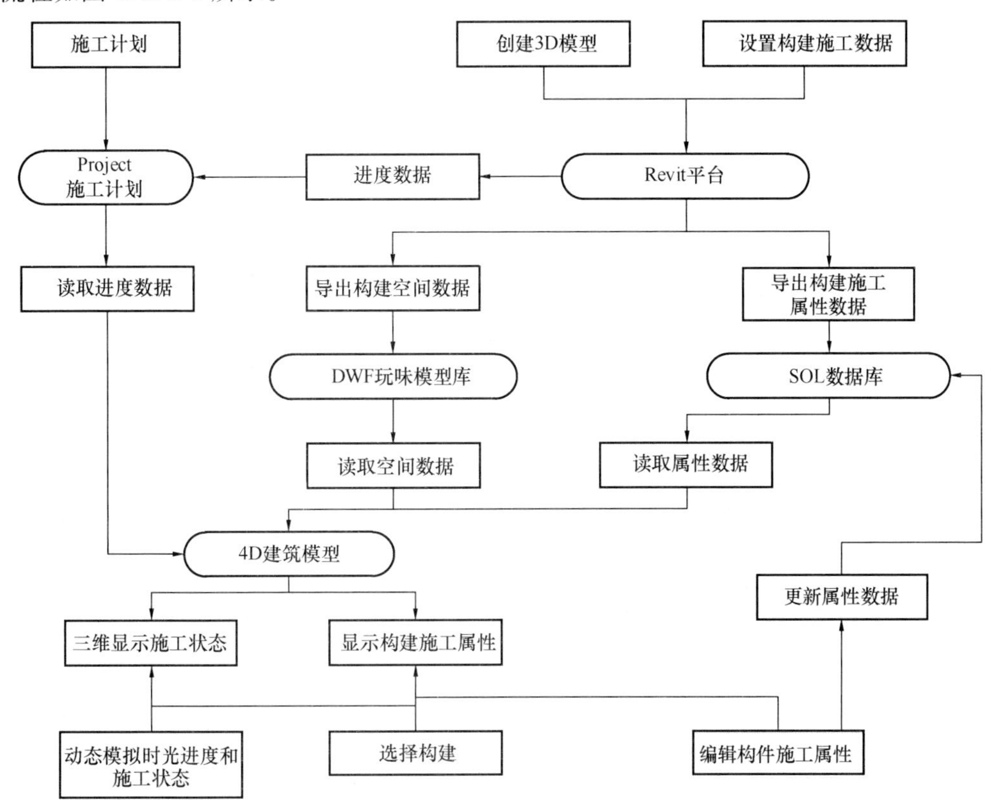

图 4.5.2-1　基于 BIM 的项目进行进度控制流程

BIM 在工程项目进度管理中的应用体现在项目进行过程中的方方面面，下面仅对其关键应用点进行具体介绍。

1. 施工进度计划编制

施工项目中进度计划和资源供应计划繁多，除了土建外，还有幕墙、机电、装饰、消防、暖通等分项进度、资源供应计划，为正确的安排各项进度和资源的配置，尽最大可能减少各分项工程间的相互影响，该工程采用 BIM 技术建立 4D 模型，并结合其模型进度计划成初步进度计划，最后将初步进度计划与三维模型结合形成 4D 模型的进度、资源配置计划。施工进度计划编制的内容主要包括：

（1）依据模型，确定方案，排定计划，划分流水段；

（2）BIM 施工进度编制用季度卡来编制计划；

（3）将周和月结合在一起，假设后期需要任何时间段的计划，只需在这个计划中过滤一下就可自动生成。

2. BIM 施工进度 4D 模拟

当前建筑工程项目管理中经常用甘特图表示进度计划，由于专业性强、可视化程度低，无法清晰描述施工进度以及各种复杂关系，难以准确表达工程施工的动态变化过程。通过将 BIM 与施工进度计划相链接，将空间信息与时间信息整合在一个可视的 4D（3D+Time）模型中，不仅可以直观、精确地反映整个建筑的施工过程，还能够实时追踪当前的进度状态，分析影响进度的因素，协调各专业，制定应对措施，以缩短工期、降低成本、提高质量。

目前常用的4D-BIM施工管理系统或施工进度模拟软件很多。利用此类管理系统或软件进行施工进度模拟大致分为以下五步：①将BIM模型进行材质赋予；②制定Project计划；③将Project文件与BIM模型链接；④制定构件运动路径，并与时间链接；⑤设置动画视点并输出施工模拟动画。其中运用Navisworks进行施工模拟技术路线如图4.5.2-2所示。

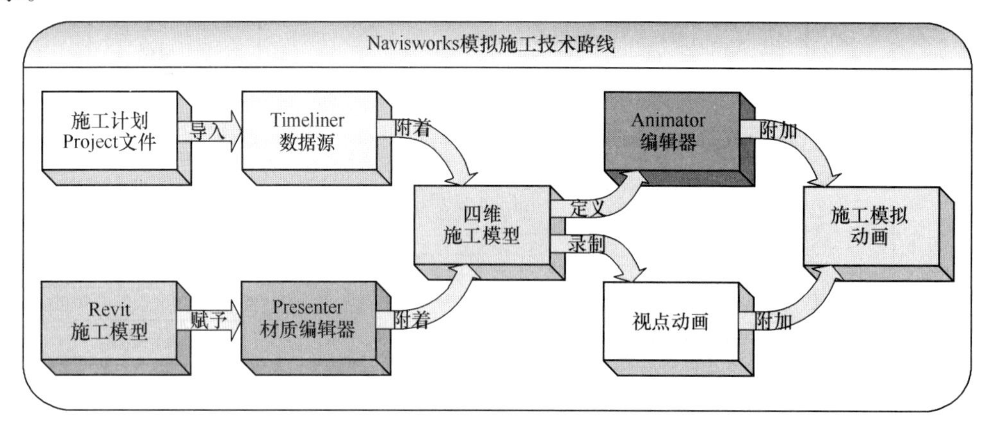

图4.5.2-2　Navisworks施工路线

通过4D施工进度模拟，能够完成以下内容：基于BIM施工组织，对工程重点和难点的部位进行分析，制定切实可行的对策；依据模型，确定方案，排定计划，划分流水段；BIM施工进度编制用季度卡来编制计划；将周和月结合在一起，假设后期需要任何时间段的计划，只需在这个计划中过滤一下即可自动生成；做到对现场的施工进度进行每日管理。

某工程链接施工进度计划的4D施工进度模拟如图4.5.2-3所示，在该4D施工进度模型中可以看出指定某一天某一刻的施工进度情况，并与施工现场进行对比，对施工进度进行调控。根据施工进度模拟动画可以指导现场工人明确其当天的施工任务，如图4.5.2-4所示。

3. BIM施工安全与冲突分析系统

（1）时变结构和支撑体系的安全分析通过模型数据转换机制，自动由4D施工信息模型生成结构分析模型，进行施工期时变结构与支撑体系任意时间点的力学分析计算和安全性能评估。

（2）施工过程进度/资源/成本的冲突分析通过动态展现各施工段的实际进度与计划的对比关系，实现进度偏差和冲突分析、预警；指定任意日期，自动计算所需人力、材料、机械、成本，进行资源对比分析和预警；根据清单计价和实际进度计算实际费用，动态分析任意时间点的成本及其影响关系。

（3）场地碰撞检测基于施工现场4D时空模型和碰撞检测算法，可对构件与管线、设施与结构进行动态碰撞检测和分析。

根据BIM模型三维碰撞检查与处理前后如图4.5.2-5所示。

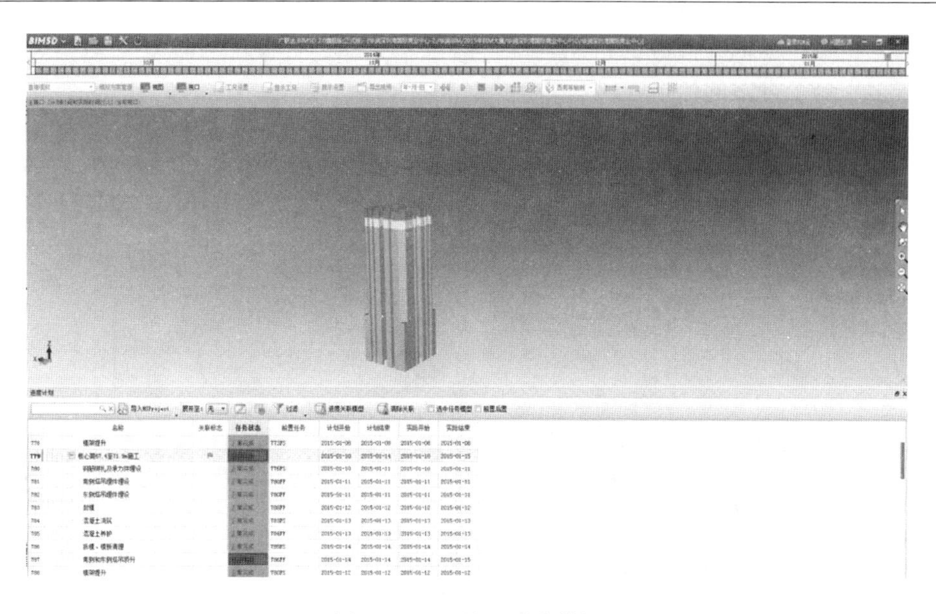

图 4.5.2-3 施工进度模拟

图 4.5.2-4 施工进度模拟任务图

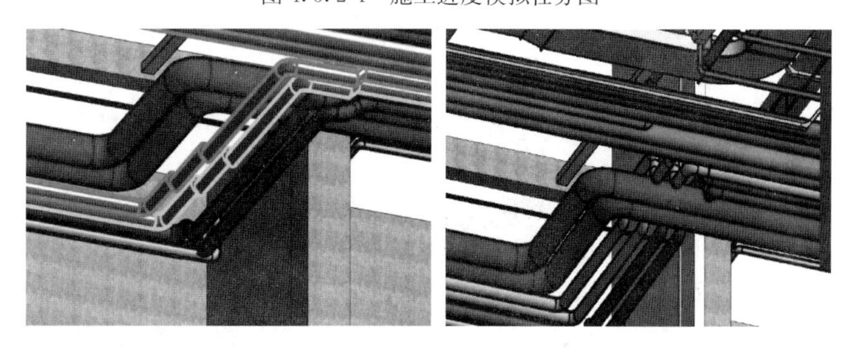

图 4.5.2-5 某工程三维碰撞优化处理前后对比

4. BIM 建筑施工优化系统

建立进度管理软件 P3/P6 数据模型与离散事件优化模型的数据交换，基于施工优化信息模型，实现了基于 BIM 和离散事件模拟的施工进度、资源和场地优化和过程模拟。

（1）基于 BIM 和离散事件模拟的施工优化通过对各项工序的模拟计算，得出工序工期、人力、机械、场地等资源的占用情况，对施工工期、资源配置以及场地布置进行优化，实现多个施工方案的比选。

（2）基于过程优化的4D施工过程模拟将4D施工管理与施工优化进行数据集成，实现了基于过程优化的4D施工可视化模拟。

某工程基于BIM的建筑施工优化模拟展示如图4.5.2-6所示。

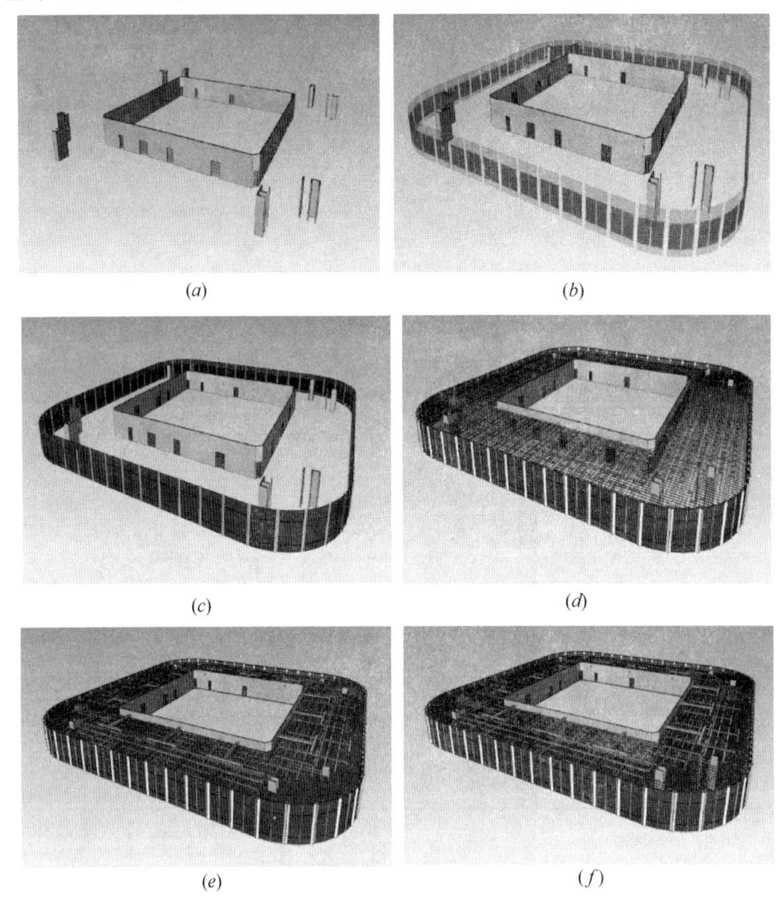

图4.5.2-6 建筑施工优化模拟

（*a*）步骤1；（*b*）步骤2；（*c*）步骤3；（*d*）步骤4；（*e*）步骤5；（*f*）步骤6

5. 三维技术交底及安装指导

我国工人文化水平不高，在大型复杂工程施工技术交底时，工人往往难以理解技术要求。针对技术方案无法细化、不直观、交底不清晰的问题，解决方案是：应改变传统的思路与做法（通过纸介质表达），转由借助三维技术呈现技术方案，使施工重点、难点部位可视化，提前预见问题，确保工程质量，加快工程进度。三维技术交底即通过三维模型让工人直观地了解自己的工作范围及技术要求，主要方法有两种：一是，虚拟施工和实际工程照片对比；二是将整个三维模型进行打印输出，用于指导现场的施工，方便现场的施工管理人员拿图纸进行施工指导和现场管理。

某工程特殊工艺三维技术交底如图4.5.2-7所示，特殊工艺如图4.5.2-7所示。

对钢结构而言，关键节点的安装质量至关重要。安装质量不合格，轻者将影响结构受

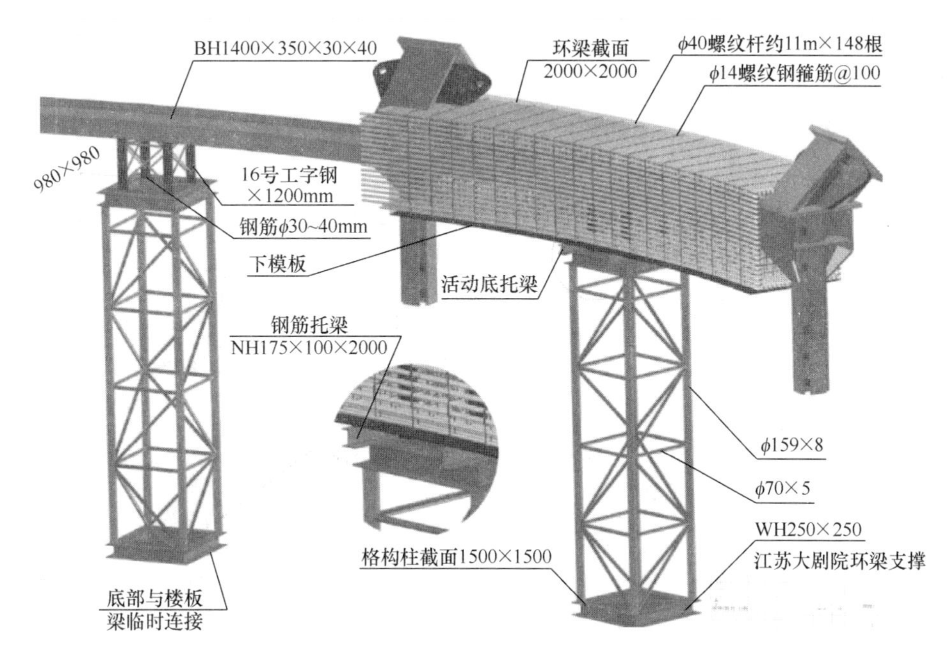

图 4.5.2-7 特殊工艺三维技术交底

力形式，重者将导致整个结构的破坏。三维 BIM 模型可以提供关键构件的空间关系及安装形式，方便技术交底与施工人员深入了解设计意图，某工程的钢结构关键部位环索安装如图 4.5.2-8 所示。

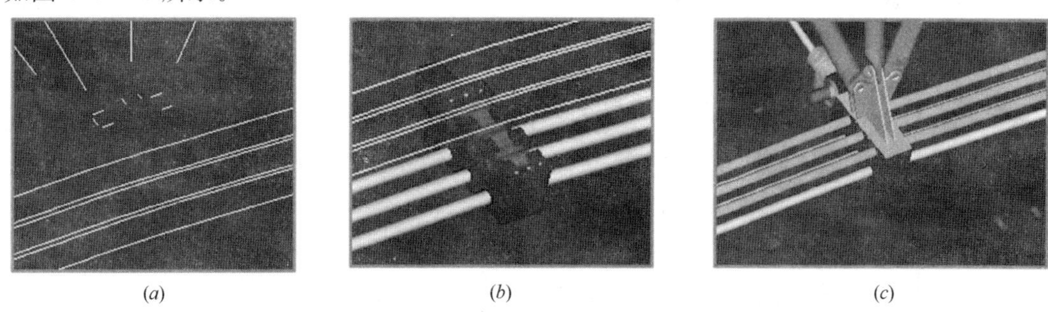

(*a*)　(*b*)　(*c*)

图 4.5.2-8 环索安装示意图

(*a*) 安装张拉前；(*b*) 下排环束与索夹提升过程中；(*c*) 销轴安装过程中

6. 云端管理

项目在 BIM 专项应用阶段，通过广联云建立了 BIM 信息共享平台，作为 BIM 团队数据管理、任务发布和图档信息管理的平台。项目采用私有云与公共云相结合的方式，各专业模型在云端集成，进行模型版本管理等，同时将施工过程来往的各类文件存储在云端，直接在云端进行流通，极大地提升了信息传输效率，加快管理进度。BIM 信息共享平台组织结构如图 4.5.2-9 所示，BIM 信息共享平台界面如图 4.5.2-10 所示。

4.5.3 质量管理

《质量管理体系基础和术语》GB/T 19000—2008 中对质量的定义为：一组固有特征

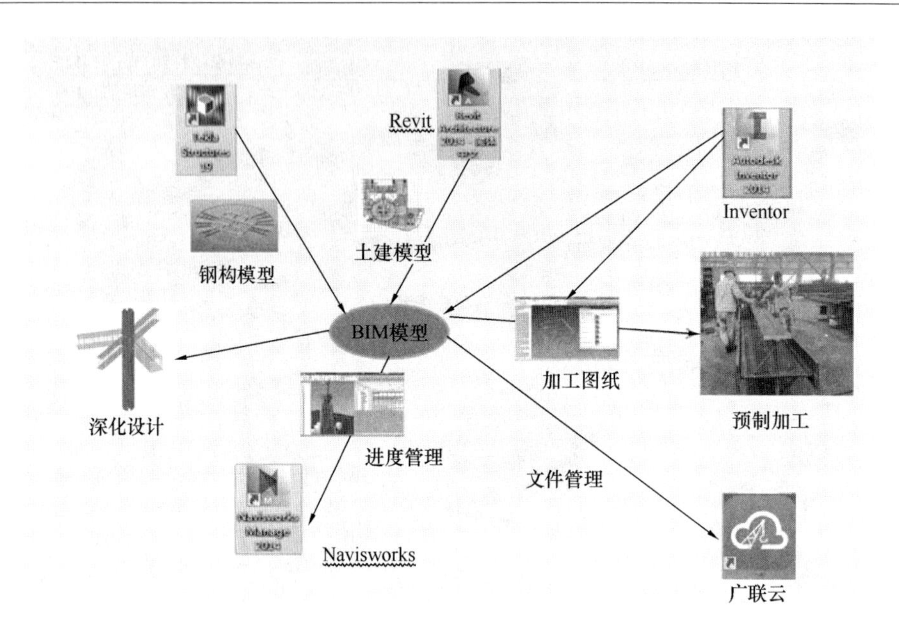

图4.5.2-9　BIM信息共享平台组织结构图

项目文档 73　项目公开　我的收藏　回收站　上传文件　新建文件夹　搜索文档

我的文档 › 10-BIM实施... › 03_分包资料 › 01-主塔楼 › 10_其它 › 117地下室结... › 结构 › 天津117皇山... › CAD ›

名称	类型	修改时间
S-E-40-401.dwg 374.09KB	dwg	2014/07/11 19:00:36
S-E-33-001.dwg 579.04KB	dwg	2014/07/11 19:00:36
S-E-40-203.dwg 432.18KB	dwg	2014/07/11 19:00:36
S-E-40-502.dwg 4.17MB	dwg	2014/07/11 19:00:36
S-E-41-008~015.dwg 2.03MB	dwg	2014/07/11 19:00:36
S-E-40-301.dwg 185.52KB	dwg	2014/07/11 19:00:36
S-E-34-103.dwg 2.26MB	dwg	2014/07/11 19:00:36

图4.5.2-10　BIM信息共享平台界面

满足要求的程度。质量的主体不但包括产品，而且包括过程、活动的工作质量，还包括质量管理体系运行的效果。工程项目质量管理是指在力求实现工程项目总目标的过程中，为满足项目的质量要求所开展的有关管理监督活动。

在工程建设中，无论是勘察、设计、施工还是机电设备的安装，影响工程质量的因素主要有“人、机、料、法、环”等五大方面，即人工、机械、材料、方法、环境。所以工程项目的质量管理主要是对这五个方面进行控制。

工程实践表明，大部分传统管理方法在理论上的作用很难在工程实际中得到发挥。由于受实际条件和操作工具的限制，这些方法的理论作用只能得到部分发挥，甚至得不到发挥，影响了工程项目质量管理的工作效率，造成工程项目的质量目标最终不能完全实现。

工程施工过程中，施工人员专业技能不足、材料的使用不规范、不按设计或规范进行施工、不能准确预知完工后的质量效果、各个专业工种相互影响等问题对工程质量管理造成一定的影响。

BIM技术的引入不仅提供一种“可视化”的管理模式，亦能够充分发掘传统技术的潜在能量，使其更充分、更有效地为工程项目质量管理工作服务。传统的二维管控质量的方法是将各专业平面图叠加，结合局部剖面图，设计审核校对人员凭经验发现错误，难以全面。而三维参数化的质量控制，是利用三维模型，通过计算机自动实时检测管线碰撞，精确性高。二维质量控制与三维质量控制的优缺点对比见表4.5.3-1。

传统二维质量控制与三维质量控制优缺点对比　　表4.5.3-1

传统二维质量控制缺陷	三维质量控制优点
手工整合图纸，凭借经验判断，难以全面分析	电脑自动在各专业间进行全面检验，精确度高
均为局部调整，存在顾此失彼情况	在任意位置剖切大样及轴测图大样，观察并调整该处管线标高关系
标高多为原则性确定相对位置，大量管线没有精确确定标高	轻松发现影响净高的瓶颈位置
通过“平面+局部剖面”的方式，对于多管交叉的复制部位表达不够充分	在综合模型中直观地表达碰撞检测结果

基于BIM的工程项目质量管理包括产品质量管理及技术质量管理。

（1）产品质量管理：BIM模型储存了大量的建筑构件、设备信息。通过软件平台，可快速查找所需的材料及构配件信息，包括材质、尺寸要求等。并可根据BIM设计模型，可对现场施工作业产品进行追踪、记录、分析，掌握现场施工的不确定因素，避免不良后果的出现，监控施工质量。

（2）技术质量管理：通过BIM的软件平台动态模拟施工技术流程，再由施工人员按照仿真施工流程施工，确保施工技术信息的传递不会出现偏差，避免实际做法和计划做法不一样的情况出现，减少不可预见情况的发生，监控施工质量。

下面对BIM在工程项目质量管理中的关键应用点进行具体介绍。

1. 建模前期协同设计

在建模前期，需要建筑专业和结构专业的设计人员大致确定吊顶高度及结构梁高度；对于净高要求严格的区域，提前告知机电专业；各专业针对空间狭小、管线复杂的区域，协调出二维局部剖面图。建模前期协同设计（图4.5.3-1）的目的是，在建模前期就解决部分潜在的管线碰撞问题，对潜在质量问题提前预知。

2. 碰撞检测

传统二维图纸设计中，在结构、水暖、电力等各专业设计图纸汇总后，由总工程师人工发现和协调问题，人为的失误在所难免，使施工中出现很多冲突，造成建设投资巨大浪费，并且还会影响施工进度。另外，由于各专业承包单位实际施工过程中对其他专业或者工种、工序间的不了解，甚至是漠视，产生的冲突与碰撞也比比皆是。但施工过程中，这些碰撞的解决方案，往往受限于现场已完成部分的局限，大多只能牺牲某部分利益、效能，而被动地变更。研究表明，施工过程中相关各方有时需要付出几十万、几百万、甚至

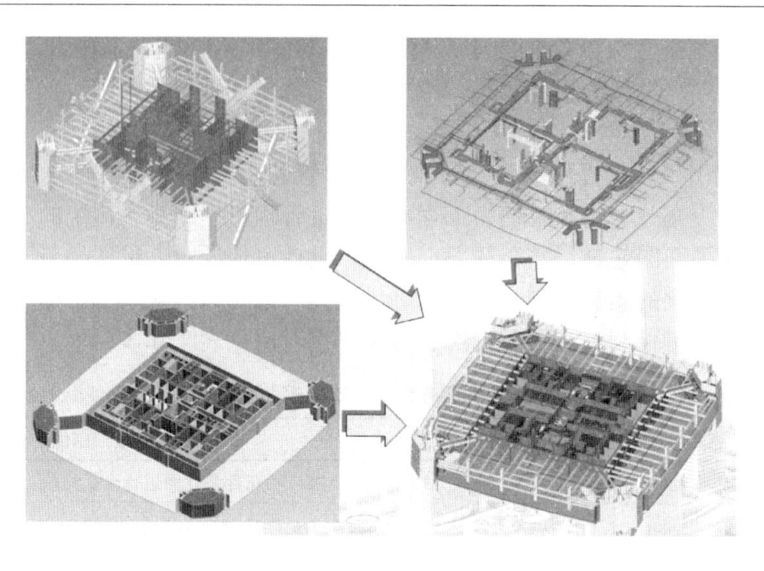

图 4.5.3-1　各专业协同设计

上千万的代价来弥补由设备管线碰撞引起的拆装、返工和浪费。

目前，BIM技术在三维碰撞检查中的应用已经比较成熟，依靠其特有的直观性及精确性，于设计建模阶段就可一目了然地发现各种冲突与碰撞。在水、暖、电建模阶段，利用BIM随时自动检测及解决管线设计初级碰撞，其效果相当于将校核部分工作提前进行，这样可大大精确地提高成图质量。碰撞检测的实现主要依托于虚拟碰撞软件，其实质为BIM可视化技术，施工设计人员在建造之前就可以对项目进行碰撞检查，不但能够彻底消除硬碰撞、软碰撞，优化工程设计，减少在建筑施工阶段可能存在的错误损失和返工的可能性，而且能够优化净空和管线排布方案。最后施工人员可以利用碰撞优化后的三维方案，进行施工交底、施工模拟，提高施工质量、同时也提高了与业主沟通的能力。

碰撞检测可以分为专业间碰撞检测及管线综合的碰撞检测。专业间碰撞检测主要包括土建专业之间（如检查标高、剪力墙、柱等位置是否一致，梁与门是否冲突）、土建专业与机电专业之间（如检查设备管道与梁柱是否发生冲突）、机电各专业间（如检查管线末端与室内吊顶是够冲突）的软、硬碰撞点检查；管线综合的碰撞检测主要包括管道专业系统内部检查、暖通专业系统内部检查、电气专业系统内部检查，以及管道、暖通、电气、结构专业之间的碰撞检查等。另外，解决管线空间布局问题，如机房过道狭小等问题也是常见碰撞内容之一。

在对项目进行碰撞检测时，要遵循如下检测优先级顺序：①土建碰撞检测；②设备内部各专业碰撞检测；③结构与给水排水、暖、电专业碰撞检测等；④解决各管线之间交叉问题。其中，全专业碰撞检测的方法如下：将完成各专业的精确三维模型建立后，选定一个主文件，以该文件轴网坐标为基准，将其他专业模型链接到该主模型中，最终得到一个包括土建、管线、工艺设备等全专业的综合模型。该综合模型真正地为设计提供了模拟现场施工碰撞检查平台，在这平台上完成仿真模式现场碰撞检查，并根据检测报告及修改意见对设计方案合理评估并作出设计优化决策，然后再次进行碰撞检测……如此循环，直至解决所有的硬碰撞、软碰撞剩下可接受的范围。

显而易见，面对常见碰撞内容复杂、种类较多，且碰撞点很多，甚至高达上万个，如何对碰撞点进行有效标识与识别？这就需要采用轻量化模型技术，把各专业三维模型数据以直观的模式存储于展示模型中。模型碰撞信息采用“碰撞点”和“标识签”进行有序标识，通过结构树形式的“标识签”可直接定位到碰撞位置，碰撞报告标签命名规则如图 4.5.3-2 所示。

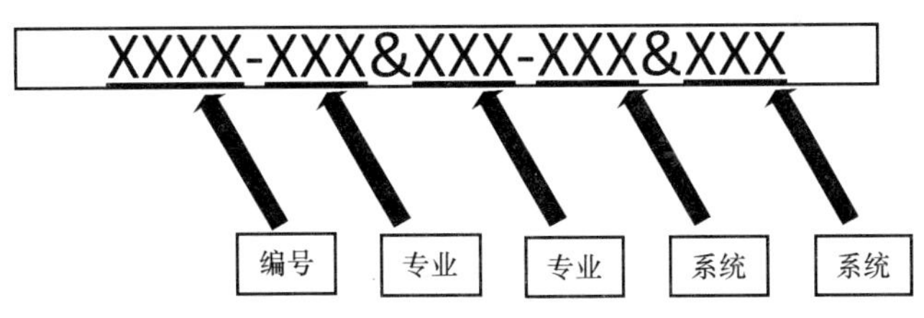

图 4.5.3-2　碰撞报告标签命名规则

碰撞检测完毕后，在计算机上以该命名规则出具碰撞检查报告，方便快速读出碰撞点的具体位置与碰撞信息。例如 0014-PIP&HVAC-ZP&PF，表示该碰撞点是管道专业与暖通专业碰撞的第 14 个点，为管道专业的自动碰撞，碰撞检查后处理如图 4.5.3-3、图 4.5.3-4 所示。

测试 1	公差	碰撞	新建	活动的	已审阅	已核准	已解决	类型	状态
	0.001m	788	788	0	0	0	0	硬碰撞	确定

图像	碰撞名称	状态	距离	网格位置	说明	找到日期	碰撞点	项目 1				项目 2			
								项目 ID	图层	项目 名称	项目类型	项目 ID	图层	项目 名称	项目类型
×	碰撞1	新建	-1.70	N-E-01-N-E-C：训练池底部	硬碰撞	2015/5/23 06:49.46	x:65839.74、y:43965.18、z:4.27	元素 ID: 3154227	承台底部标高	默认墙	实体	元素 ID: 2907786	1F	桥架	实体
×	碰撞2	新建	-1.62	N-E-01-N-E-C：训练池底部	硬碰撞	2015/5/23 06:49.46	x:65839.71、y:43965.00、z:4.32	元素 ID: 3154227	承台底部标高	默认墙	实体	元素 ID: 2906663	1F	桥架	实体
×	碰撞3	新建	-1.48	N-E-01-N-E-C：训练池底部	硬碰撞	2015/5/23 06:49.46	x:65839.68、y:43964.81、z:4.31	元素 ID: 3154227	承台底部标高	默认墙	实体	元素 ID: 2905838	1F	桥架	实体
×	碰撞4	新建	-1.35	N-E-01-N-E-B：泳池底顶高	硬碰撞	2015/5/23 06:49.46	x:65838.79、y:43959.13、z:3.75	元素 ID: 3154227	承台底部标高	默认墙	实体	元素 ID: 2903208	1F	桥架	实体
×	碰撞5	新建	-1.21	N-E-01-N-E-B：训练池底部	硬碰撞	2015/5/23 06:49.46	[illegible]	[illegible]	[illegible]	默认墙	实体	元素 ID: 2899427	1F	桥架	实体

图 4.5.3-3　BIM 三维碰撞检查与处理

管道专业三维碰撞检查报告见表 4.5.3-2。

管道专业三维碰撞检查报告　　　　表 4.5.3-2

0001-PIP&PIP-J&XH	1-SOHO-BAS-PIP-B04-J-DN50-2 | SOHO-BAS-PIP-B04-XH-DN100-2 ‖ 0001-PIP&PIP-J&XH
0002-PIP&PIP-J&XH	2-SOHO-BAS-PIP-B04-J-DN50-2 | SOHO-BAS-PIP-B04-XH-（LG）DN65-2 ‖ 0002-PIP&PIP-J&XH
0003-PIP&PIP-J&W	3-SOHO-BAS-PIP-B04-J-DN80-4 | SOHO-BAS-PIP-B04-W-DN100-1 ‖ 0003-PIP&PIP-J&W
0004-PIP&PIP-W&YW	2-SOHO-BAS-PIP-B04-W-DN100-1 | SOHO-BAS-PIP-B04-YW-DN100-1 ‖ 0004-PIP&PIP-W&YW

续表

0005-PIP&PIP-W&YW	3-SOHO-BAS-PIP-B04-W-DN100-2 | SOHO-BAS-PIP-B04-YW-DN80-4 ‖ 0005-PIP&PIP-W&YW
0006-PIP&PIP-W&T	4-SOHO-BAS-PIP-B04-W-DN100-4 | SOHO-BAS-PIP-B04-T-(LG) DN100-4 ‖ 0006-PIP&PIP-W&T
0007-PIP&PIP-W&ZP	5-SOHO-BAS-PIP-B04-W-DN100-6 | SOHO-BAS-PIP-B04-ZP-DN150-3 ‖ 0007-PIP&PIP-W&ZP
0008-PIP&PIP-W&ZP	6-SOHO-BAS-PIP-B04-W-DN100-8 | SOHO-BAS-PIP-B04-ZP-DN150-3 ‖ 0008-PIP&PIP-W&ZP
0009-PIP&PIP-W&YW	7-SOHO-BAS-PIP-B04-W-DN80-1 | SOHO-BAS-PIP-B04-YW-DN80-5 ‖ 0009-PIP&PIP-W&YW
0010-PIP&PIP-W&YW	8-SOHO-BAS-PIP-B04-W-DN80-3 | SOHO-BAS-PIP-B04-YW-DN80-2 ‖ 0010-PIP&PIP-W&YW
0011-PIP&PIP-W&YW	9-SOHO-BAS-PIP-B04-W-DN80-4 | SOHO-BAS-PIP-B04-YW-DN80-3 ‖ 0011-PIP&PIP-W&YW
0012-PIP&PIP-W&YW	10-SOHO-BAS-PIP-B04-W-DN80-6 | SOHO-BAS-PIP-B04-YW-DN80-3 ‖ 0012-PIP&PIP-W&YW
0013-PIP&PIP-W&YW	11-SOHO-BAS-PIP-B04-W-DN80-8 | SOHO-BAS-PIP-B04-YW-DN80-1 ‖ 0013-PIP&PIP-W&YW
0014-PIP&PIP-XH&ZP	3-SOHO-BAS-PIP-B04-XH-DN200-3 | SOHO-BAS-PIP-B04-ZP-DN200-3 ‖ 0014-PIP&PIP-XH&ZP

在读取并定位碰撞点后，为了更加快速地给出针对碰撞检测中出现的“软”、“硬”碰撞点的解决方案，我们可以将碰撞问题为以下五类：

（1）重大问题，需要业主协调各方共同解决；

（2）由设计方解决的问题；

（3）由施工现场解决的问题；

（4）因未定因素（如设备）而遗留的问题；

（5）因需求变化而带来新的问题。

针对由设计方解决的问题，可以通过多次召集各专业主要骨干参加三维可视化协调会议的办法，把复杂的问题简单化，同时将责任明确到个人，从而顺利地完成管线综合设计、优化设计，得到业主的认可。针对其他问题，则可以通过三维模型截图、漫游文件等协助业主解决。另外，管线优化设计应遵循以下五项原则：

（1）在非管线穿梁、碰柱、穿吊顶等必要情况下，尽量不要改动；

（2）只需调整管线安装方向即可避免的碰撞，属于软碰撞，可以不修改，以减少设计人员的工作量；

（3）需满足建筑业主要求，对没有碰撞，但不满足净高要求的空间，也需要进行优化设计；

（4）管线优化设计时，应预留安装、检修空间；

（5）管线避让原则如下：有压管让无压管；小管线让大管线；施工简单管让施工复杂管；冷水管道避让热水管道；附件少的管道避让附件多的管道；临时管道避让永久管道。

某工程碰撞检测及碰撞点显示如图 4.5.3-3 所示。

3. 大体积混凝土测温

使用自动化监测管理软件进行大体积混凝土温度的监测，将测温数据无线传输自动汇总到分析平台上，通过对各个测温点的分析，形成动态监测管理。电子传感器按照测温点

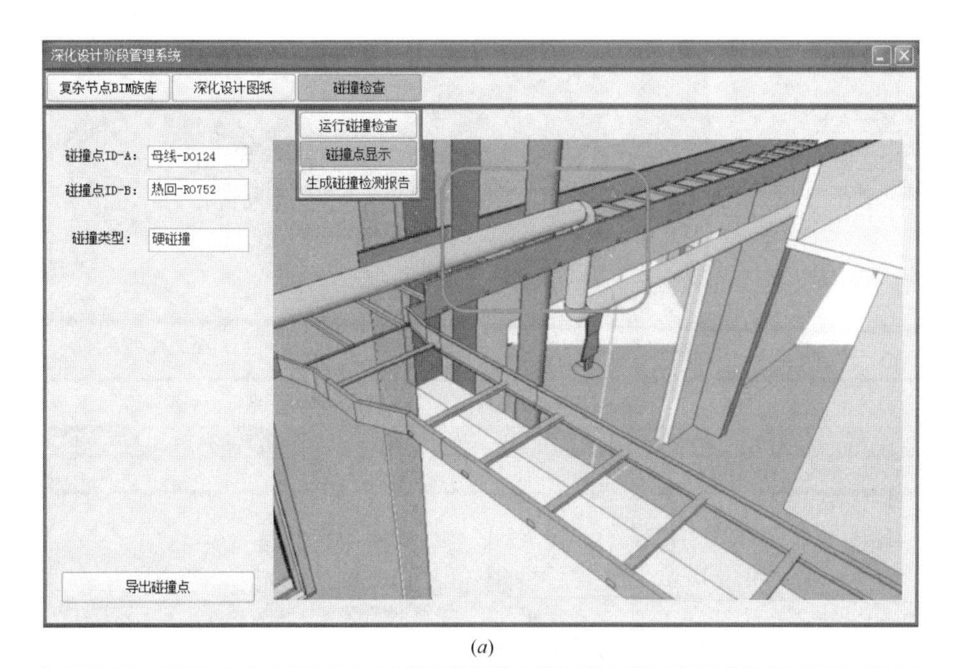

(*a*)

(*b*)

图 4.5.3-4　某工程碰撞检测及碰撞点显示（一）

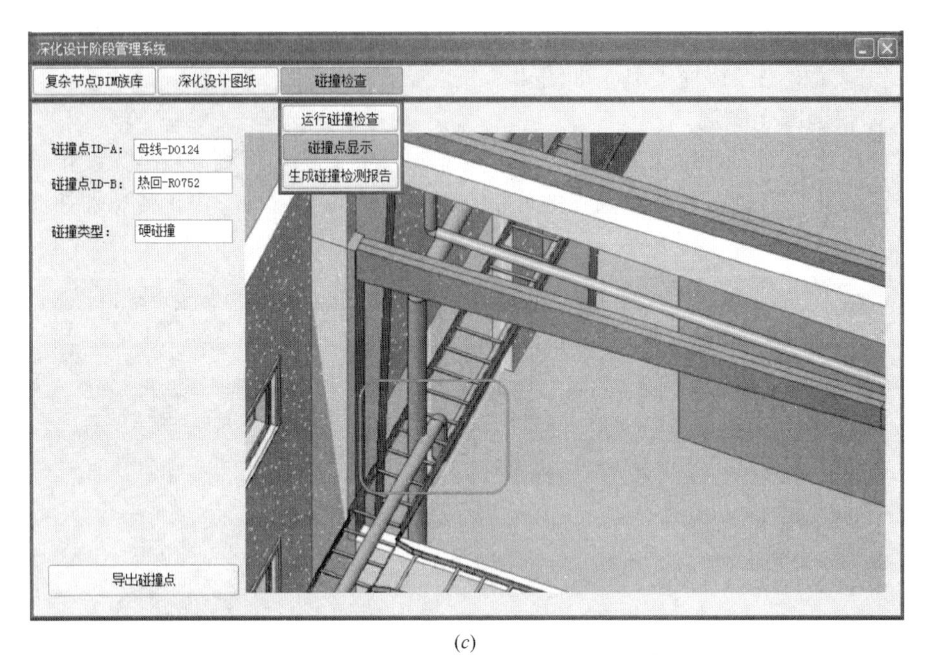

(c)

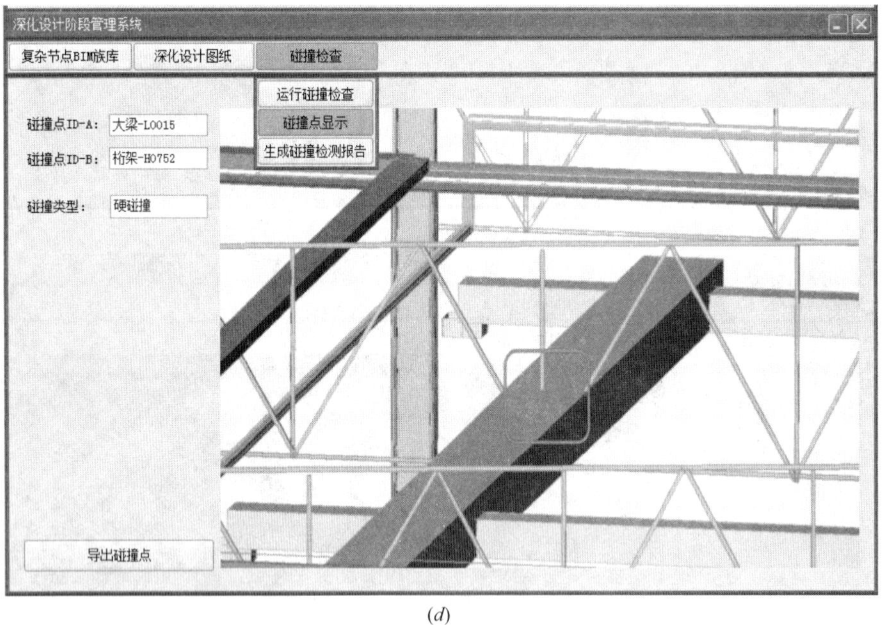

(d)

图 4.5.3-4 某工程碰撞检测及碰撞点显示（二）

布置要求，自动直接将温度变化情况输出到计算机，形成温度变化曲线图，随时可以远程动态监测基础大体积混凝土的温度变化。根据温度变化情况，随时加强养护措施，确保大体积混凝土的施工质量，确保在工程基础筏板混凝土浇筑后不出现由于温度变化剧烈引起的温度裂缝。利用基于BIM的温度数据分析平台对大体积混凝土进行温度检测如图4.5.3-5所示。

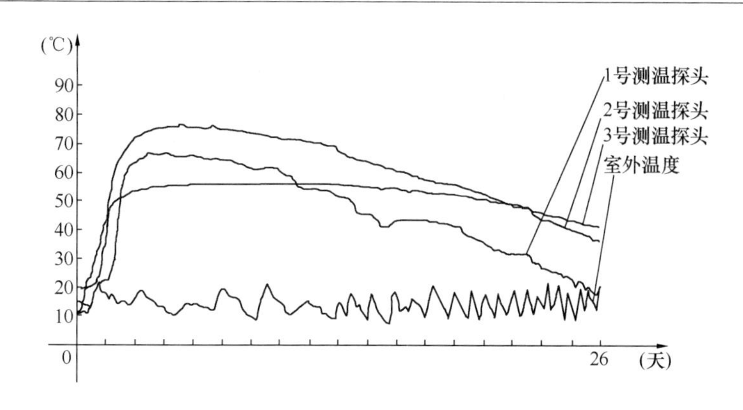

图 4.5.3-5 基于BIM的大体积混凝土进行温度检测

4. 施工工序管理

工序质量控制就是对工序活动条件即工序活动投入的质量、工序活动效果的质量及分项工程质量的控制。在利用BIM技术进行工序质量控制时着重于以下四方面的工作：

（1）利用BIM技术能够更好地确定工序质量控制工作计划。一方面要求对不同的工序活动制定专门保证质量的技术措施，作出物料投入及活动顺序的专门规定；另一方面要规定质量控制工作流程、质量检验制度。

（2）利用BIM技术主动控制工序活动条件的质量。工序活动条件主要指影响质量的五大因素，即人、材料、机械设备、方法和环境等。

（3）能够及时检验工序活动效果的质量。主要是实行班组自检、互检、上下道工序交接检，特别是对隐蔽工程和分项（部）工程的质量检验。

（4）利用BIM技术设置工序质量控制点（工序管理点），实行重点控制。工序质量控制点是针对影像质量的关键部位或薄弱环节确定的重点控制对象。正确设置控制点并严格实施是进行工序质量控制的重点。

5. 高集成化方便信息查询和搜集

BIM技术具有高集成化的特点，其建立的模型实质为一个庞大的数据库，在进行质量检查时可以随时调用模型，查看各个构件，例如预埋件位置查询，起到对整个工程逐一排查的作用，事后控制极为方便。

4.5.4 安全管理

安全管理（Safety Management）是管理科学的一个重要分支，它是为实现安全目标而进行的有关决策、计划、组织和控制等方面的活动；主要运用现代安全管理原理、方法和手段，分析和研究各种不安全因素，从技术上、组织上和管理上采取有力的措施，解决和消除各种不安全因素，防止事故的发生。

施工现场安全管理的内容，大体可归纳为安全组织管理，场地与设施管理，行为控制和安全技术管理四个方面，分别对生产中的人、物、环境的行为与状态，进行具体的管理与控制。

传统安全控制难点与缺陷主要体现在以下四个方面：

（1）建设项目施工现场环境复杂，安全隐患无处不在；

（2）安全管理方式、管理方法与建筑业发展脱节；

（3）微观安全管理方面研究尚浅；

（4）施工作业工人的安全意识薄弱。

基于BIM技术的项目安全管理与传统管理方式相比具有较大的优势，具体介绍见表4.5.4-1。

BIM技术在项目安全管理中的优势表　　　　表4.5.4-1

序号	优　　势
1	基于BIM的管理模式是创建信息、管理信息、共享信息的数字化方式，在工程安全管理方面具有很多的优势，如基于BIM的项目管理，工程基础数据如量、价等，数据准确、数据透明、数据共享，能完全实现短周期、全过程对资金安全的控制
2	基于BIM技术，可以提供施工合同、支付凭证、施工变更等工程附件管理，并为成本测算、招投标、签证管理、支付等全过程造价进行管理
3	BIM数据模型保证了各项目的数据动态调整，可以方便统计，追溯各个项目的现金流和资金状况
4	基于BIM的4D虚拟建造技术能提前发现在施工阶段可能出现的问题，并逐一修改，提前制定应对措施
5	用BIM技术，可以对火灾等安全隐患进行及时处理，从而减少不必要的损失，对突发事件进行快速应变和处理，快速准确掌握建筑物的运营情况

下面将对BIM技术在工程项目安全管理中的具体应用进行介绍。

1. 施工准备阶段安全控制

在施工准备阶段，利用BIM进行与实践相关的安全分析，能够降低施工安全事故发生的可能性。如4D模拟与管理、安全表现参数的计算可以在施工准备阶段排除很多建筑安全风险；BIM虚拟环境划分施工空间，排除安全隐患，如图4.5.4-1所示；基于BIM及相关信息技术的安全规划可以在施工前的虚拟环境中发现潜在的安全隐患并予以排除，如图4.5.4-2所示；采用BIM模型结合有限分析平台，进行力学计算，保障施工安全；通过模型发现施工过程重大危险源并实现水平洞口危险源自动识别。

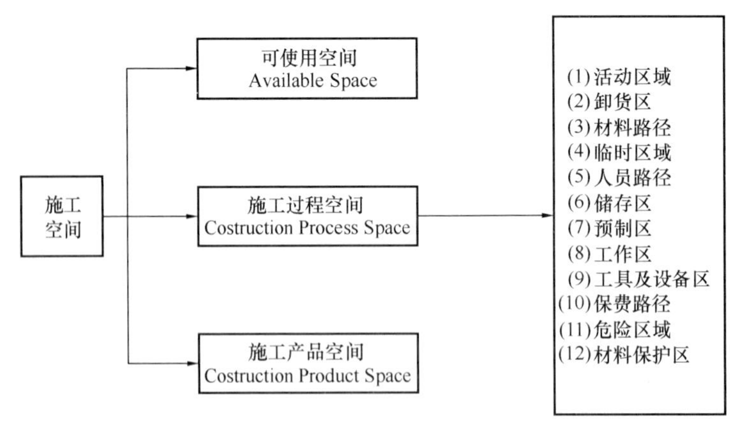

图4.5.4-1　施工空间划分

2. 施工过程仿真模拟

仿真分析技术能够模拟建筑结构在施工过程中不同时段的力学性能和变形状态，为结构安全施工提供保障。通常采用大型有限元软件来实现结构的仿真分析，但对于复杂建筑物的模型建立需要耗费较多时间。在BIM模型的基础上，开发相应的有限元软件接口，

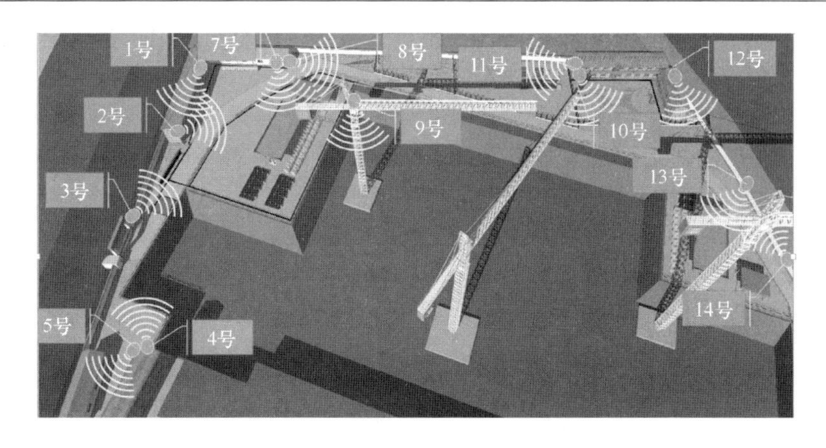

图 4.5.4-2　利用 BIM 模型对危险源进行辨识后自动防护

实现三维模型的传递，再附加材料属性、边界条件和荷载条件，结合先进的时变结构分析方法，便可以将 BIM、4D 技术和时变结构分析方法结合起来，实现基于 BIM 的施工过程结构安全分析，能有效捕捉施工过程中可能存在的危险状态，指导安全维护措施的编制和执行，防止发生安全事故。将某体育场 BIM 模型导入 Ansys 有限元分析软件的过程如图 4.5.4-3 所示，某场有限元计算模型如图 4.5.4-4 所示，某体育场仿真计算结果如图 4.5.4-5 所示。

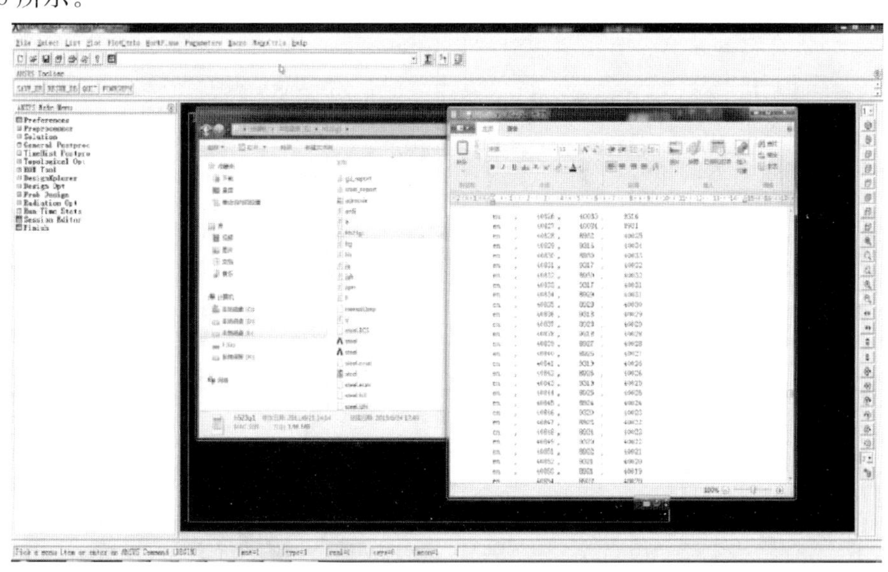

图 4.5.4-3　BIM 模型与有限元模型的快速传递

3. 模型试验

对于结构体系复杂、施工难度大的结构，结构施工方案的合理性与施工技术的安全可靠性都需要验证，为此利用 BIM 技术建立试验模型，对施工方案进行动态展示，从而为试验提供模型基础信息。盘锦体育场结构建立的 BIM 缩尺模型与模型试验现场照片对比如图 4.5.4-6 所示，缩尺模型连接节点示意如图 4.5.4-7 所示。

4. 施工动态监测

近年来建筑安全事故不断发生，人们防灾减灾意识也有很大提高，所以结构监测研究

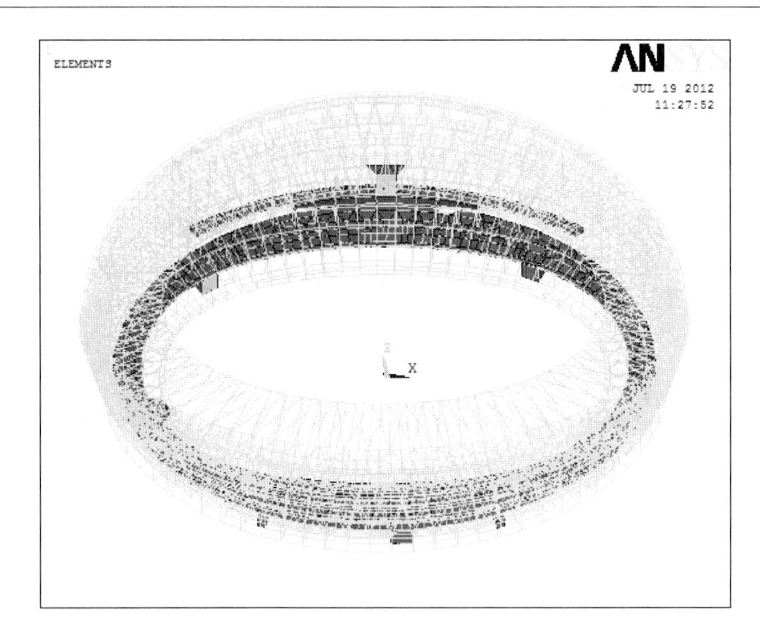

图 4.5.4-4　盘锦体育场有限元计算模型

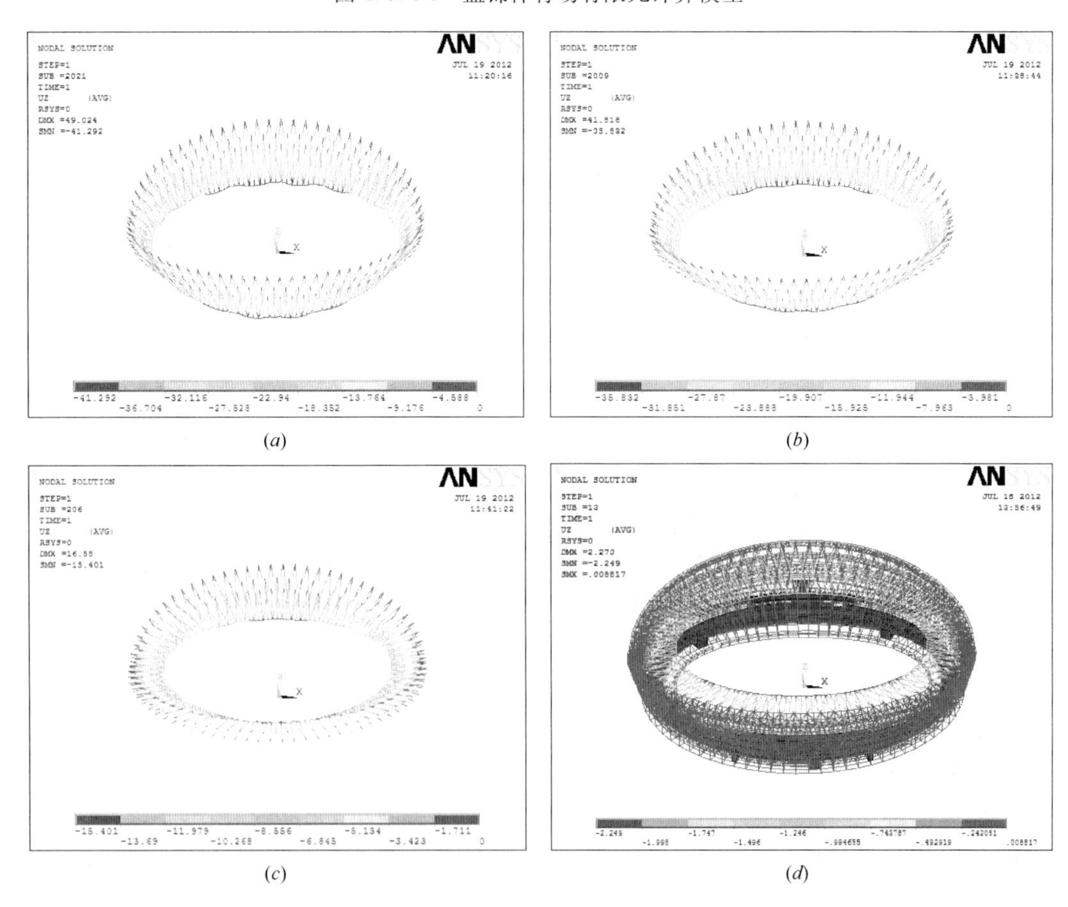

(*a*)　(*b*)　(*c*)　(*d*)

图 4.5.4-5　某体育场施工全过程仿真分析位移云图（一）

（*a*）离地 0.5m；（*b*）离地 10m；（*c*）离地 30m；（*d*）销轴离耳板销轴孔 2.0m

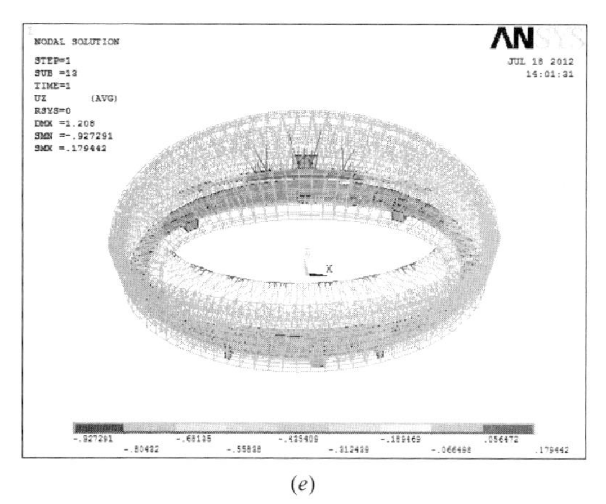

(*e*)

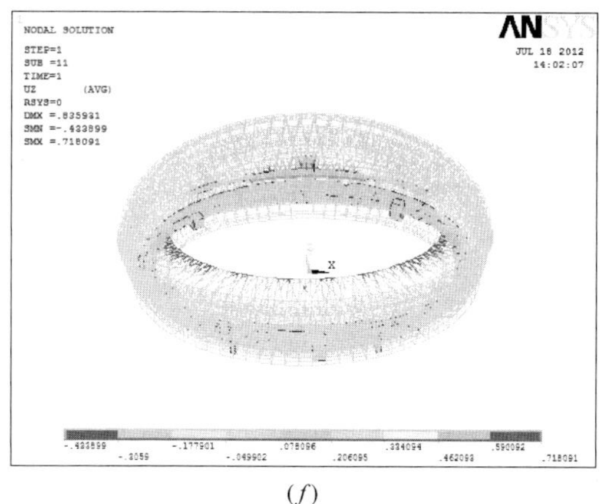

(*f*)

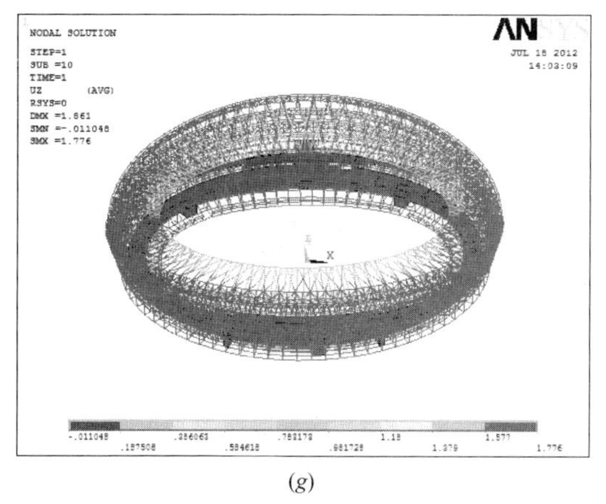

(*g*)

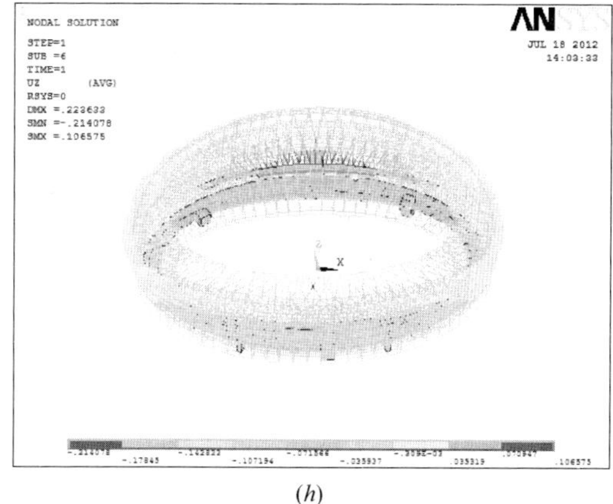

(*h*)

图 4.5.4-5 某体育场施工全过程仿真分析位移云图（二）

（*e*）第 1 批吊索安装就位；（*f*）第 2 批吊索离耳板 0.05m；（*g*）第 2 批吊索安装就位；（*h*）吊索安装就位

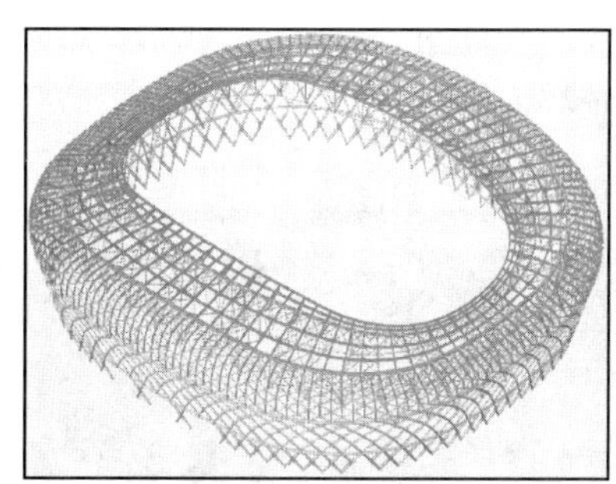

图 4.5.4-6 BIM 缩尺模型与模型试验现场照片对比图

已成为国内外的前沿课题之一。对施工过程进行实时施工监测，特别是重要部位和关键工序，可以及时了解施工过程中结构的受力和运行状态。施工监测技术的先进合理与否，对施工控制起着至关重要的作用，这也是施工过程信息化的一个重要内容。为了及时了解结构的工作状态，发现结构未知的损伤，建立工程结构的三维可视化动态监测系统（图 4.5.4-8），就显得十分迫切。

三维可视化动态监测技术较传统的监测手段具有可视化的特点，可以人为操作在三维虚拟环境下漫游来直观、形象提前发现现场的各类潜在危险源，提供更便捷的方式查看监

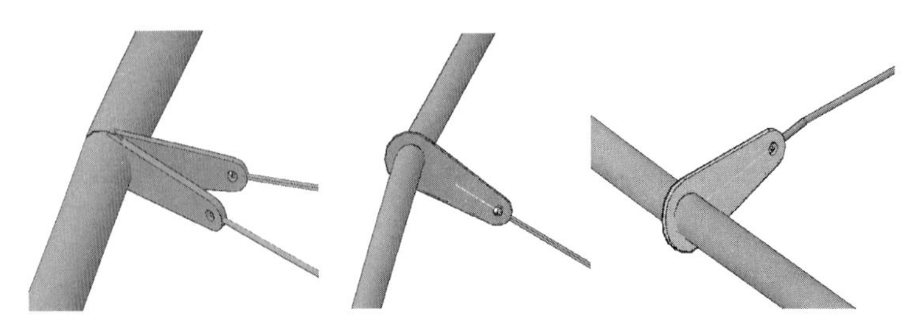

图 4.5.4-7　某体育场缩尺模型节点示意图

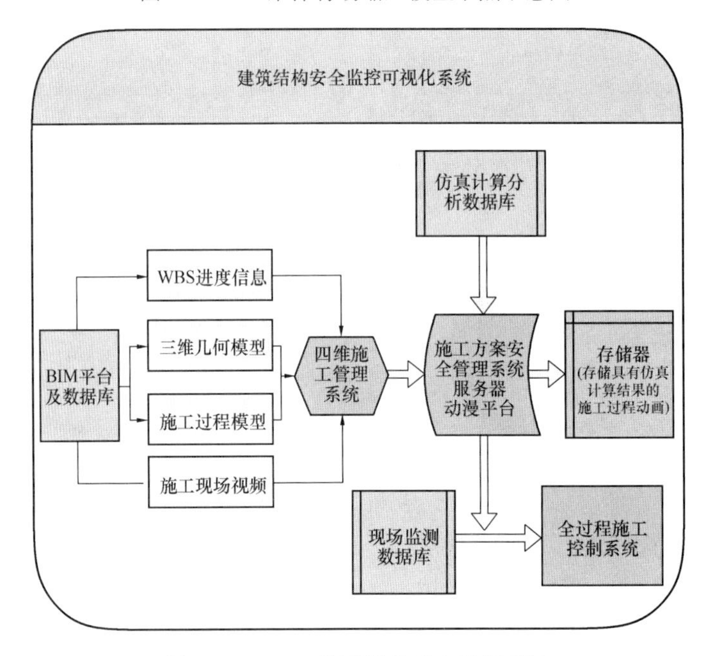

图 4.5.4-8　三维可视化动态监测系统

测位置的应力应变状态，在某一监测点应力或应变超过拟定的范围时，系统将自动采取报警给予提醒。某工程三维可视化动态监测系统界面如图 4.5.4-9 所示，其对应的预警服务软件如图 4.5.4-10 所示。

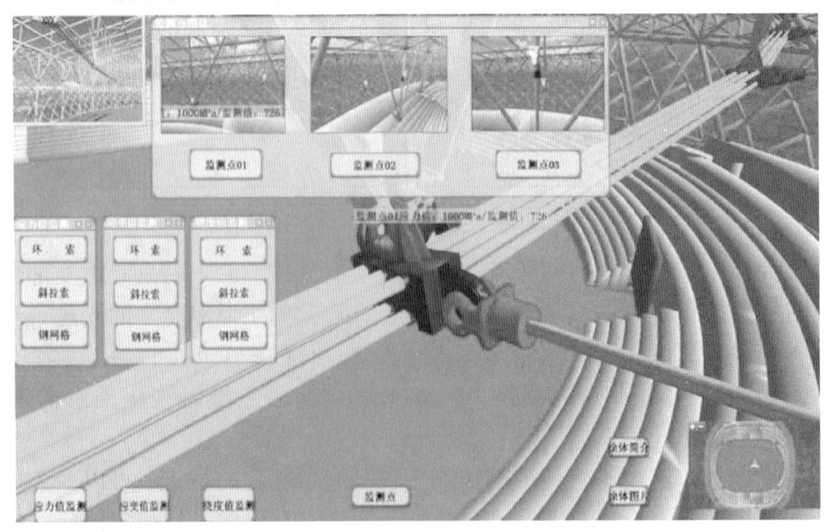

图 4.5.4-9　某工程三维可视化动态监测系统

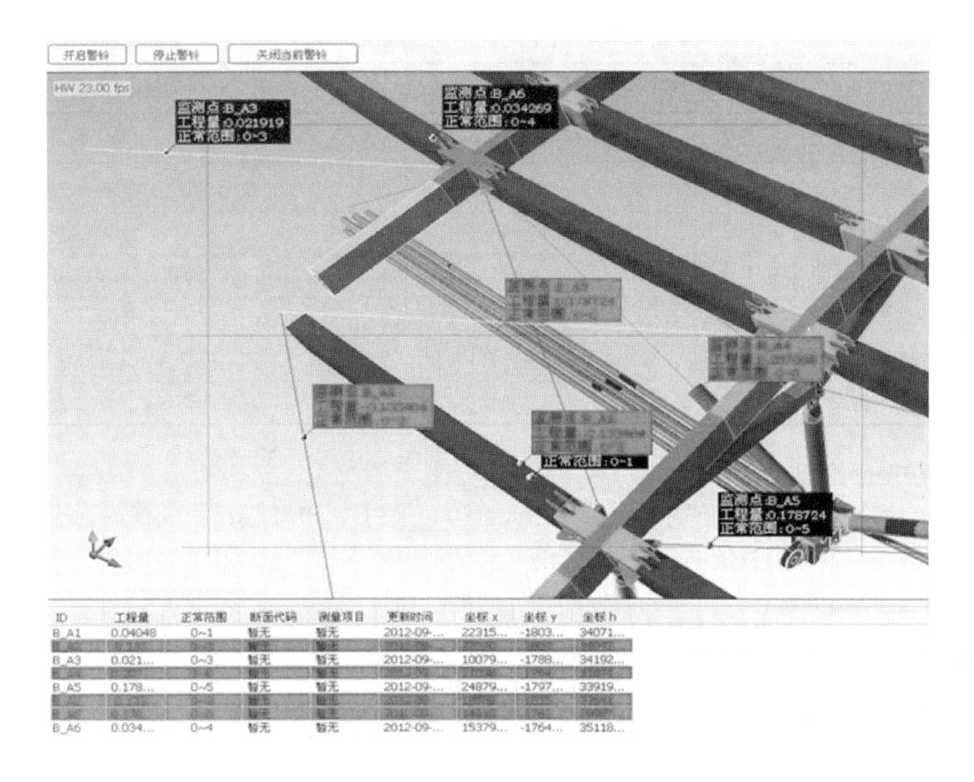

图 4.5.4-10　预警服务软件

使用自动化监测仪器进行基坑沉降观测，通过将感应元件监测的基坑位移数据自动汇总到基于 BIM 开发的安全监测软件上。通过对数据的分析，结合现场实际测量的基坑坡顶水平位移和竖向位移变化数据进行对比，形成动态的监测管理，确保基坑在土方回填之前的安全稳定性。某工程基于 BIM 的基坑沉降安全监测如图 4.5.4-11 所示。

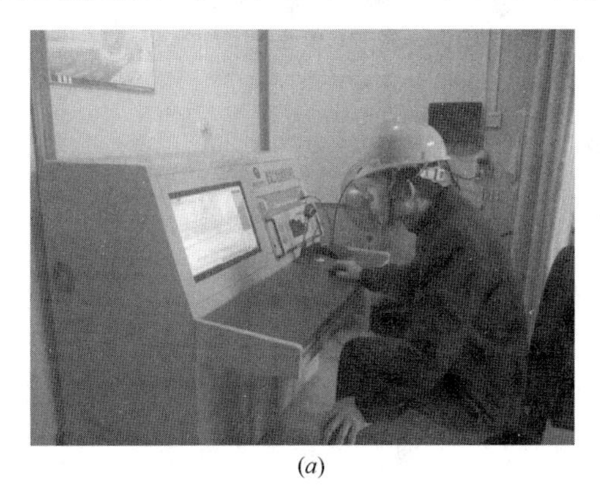

(*a*)

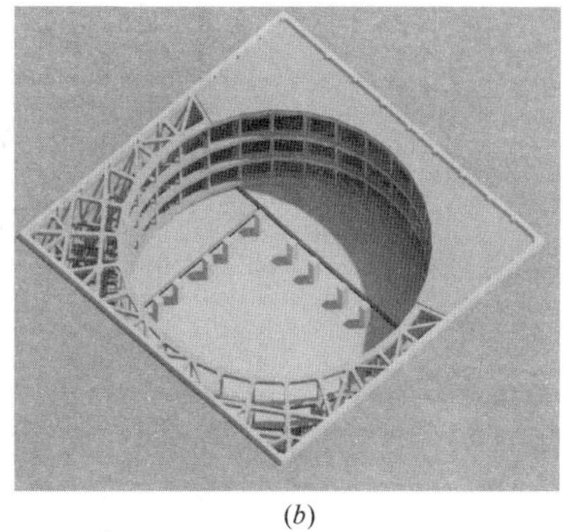

(*b*)

图 4.5.4-11　基于 BIM 的基坑沉降安全监测

(*a*) 监测数据采集；(*b*) 前台显示三维基坑监测模型

通过信息采集系统得到的结构施工期间不同部位的监测值，根据施工工序判断每时段的安全等级，并在终端上实时显示现场的安全状态和存在的潜在威胁，给予管理者直观的指导。某工程检测系统前台对不同安全等级的显示规则及提示见表 4.5.4-2。

测系统前台对不同安全等级的显示规则　　表 4.5.4-2

级别	对应颜色	禁止工序	可能造成的结果
一级	绿色	无	无
二级	黄色	机械进行、停放	坍塌
三级	橙色	机械进行、停放	坍塌
		危险区域内人员活动	坍塌、人员伤害
四级	红色	基坑边堆载	坍塌
		危险区域内人员活动	坍塌、人员伤害
		机械进行、停放	坍塌、人员伤害

5. 防坠落管理

坠落危险源包括尚未建造的楼梯井和天窗等，通过在 BIM 模型中的危险源存在部位建立坠落防护栏杆构件模型，研究人员能够清楚地识别多个坠落风险；且可以向承包商提供完整且详细的信息，包括安装或拆卸栏杆的地点和日期等。某工程防护栏杆模型及防坠落设置如图 4.5.4-12 所示。

图 4.5.4-12　防护栏杆模型及防坠落设置

6. 塔吊安全管理

大型工程施工现场需布置多个塔吊同时作业，因塔吊旋转半径不足而造成的施工碰撞也屡屡发生。确定塔吊回转半径后，在整体 BIM 施工模型中布置不同型号的塔吊，能够确保其同电源线和附近建筑物的安全距离，确定哪些员工在哪些时候会使用塔吊。在整体施工模型中，用不同颜色的色块来表明塔吊的回转半径和影响区域，并进行碰撞检测来生成塔吊回转半径计划内的任何非钢安装活动的安全分析报告。该报告可以用于项目定期安全会议中，减少由于施工人员和塔吊缺少交互而产生的意外风险。某工程基于 BIM 的塔吊安全管理如图 4.5.4-13 所示，说明了塔吊管理计划中钢桁架的布置，黄色块状表示塔吊的摆动臂在某个特定的时间可能达到的范围。

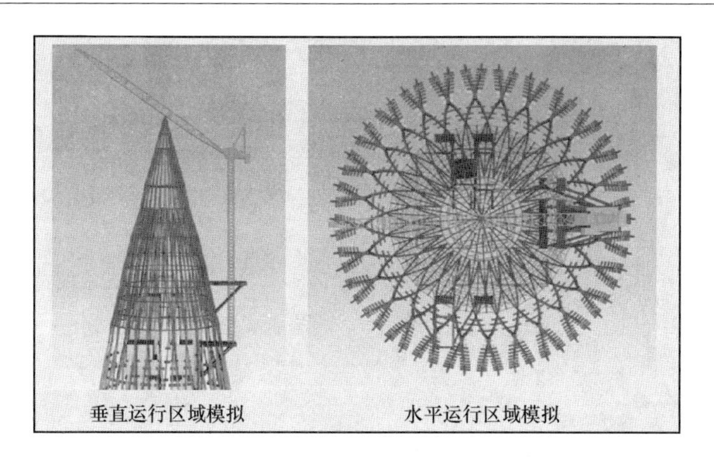

图 4.5.4-13 塔吊安全管理

7. 灾害应急管理

随着建筑设计的日新月异，规范已经无法满足超高型、超大型或异型建筑空间的消防设计。利用BIM及相应灾害分析模拟软件，可以在灾害发生前，模拟灾害发生的过程，分析灾害发生的原因，制定避免灾害发生的措施，以及发生灾害后人员疏散、救援支持的应急预案，为发生意外时减少损失并赢得宝贵时间。BIM能够模拟人员疏散时间、疏散距离、有毒气体扩散时间、建筑材料耐燃烧极限、消防作业面等，主要表现为：4D模拟、3D漫游和3D渲染能够标识各种危险，且BIM中生成的3D动画、渲染能够用来同工人沟通应急预案计划方案。应急预案包括五个子计划：施工人员的入口/出口、建筑设备和运送路线、临时设施和拖车位置、紧急车辆路线、恶劣天气的预防措施；利用BIM数字化模型进行物业沙盘模拟训练，训练保安人员对建筑的熟悉程度，再模拟灾害发生时，通过BIM数字模型指导大楼人员进行快速疏散；通过对事故现场人员感官的模拟，使疏散方案更合理；通过BIM模型判断监控摄像头布置是否合理，与BIM虚拟摄像头关联，可随意打开任意视角的摄像头，摆脱传统监控系统的弊端。

某工程应急预案及火灾疏散模拟截图如图 4.5.4-14 和图 4.5.4-15 所示。

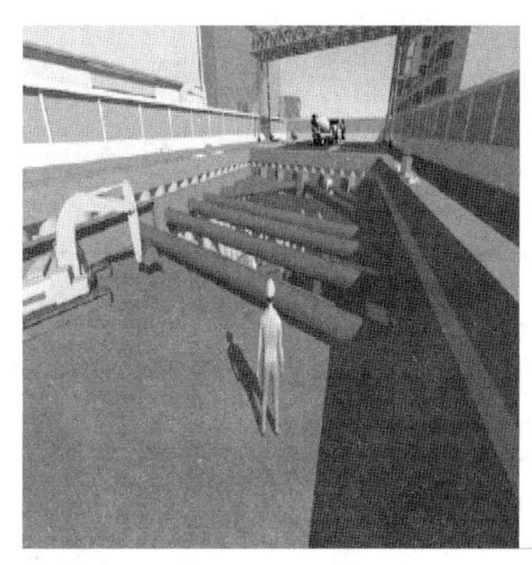

图 4.5.4-14 应急预案

另外，当灾害发生后，BIM模型可以提供救援人员紧急状况点的完整信息，配合温感探头和监控系统发现温度异常区，获取建筑物及设备的状态信息，通过BIM和楼宇自

图4.5.4-15　消防预演系统

动化系统的结合，使得BIM模型能清晰地呈现出建筑物内部紧急状况的位置，甚至到紧急状况点最合适的路线，救援人员可以由此做出正确的现场处置，提高应急行动的成效。

4.5.5　成本管理

成本控制是企业根据一定时期预先建立的成本管理目标，由成本控制主体在其职权范围内，在生产耗费发生以前和成本控制过程中，对各种影响成本的因素和条件采取的一系列预防和调节措施，以保证成本管理目标实现的管理行为。

成本控制（Cost Control）的过程是运用系统工程的原理对企业在生产经营过程中发生的各种耗费进行计算、调节和监督的过程，也是一个发现薄弱环节，挖掘内部潜力，寻找一切可能降低成本途径的过程。科学地组织实施成本控制，可以促进企业改善经营管理，转变经营机制，全面提高企业素质，使企业在市场竞争的环境下生存、发展和壮大。然而，工程成本控制一直是项目管理中的重点及难点，主要难点有：数据量大、牵涉部门和岗位众多、对应分解困难、消耗量和资金支付情况复杂等。

基于BIM技术的成本控制具有快速、准确、分析能力强等多个优势，具体内容见表4.5.5-1。

BIM技术在成本控制的优势表　　表4.5.5-1

序号	管理效果	内　　容
1	快速	由于建立基于BIM的5D实际成本数据库，汇总分析能力大大加强，速度快，短周期成本分析不再困难，工作量小、效率高
2	准确	成本数据动态维护，准确性大为提高，通过总量统计的方法，消除累积误差，成本数据随进度推进准确度越来越高；数据粒度达到构件级，可以快速提供支撑项目各条线管理所需的数据信息，有效提升施工管理效率
3	精细	通过实际成本BIM模型，很容易检查出哪些项目还没有实际成本数据，监督各成本实时盘点，提供实际数据

续表

序号	管理效果	内　　容
4	分析能力强	可以多维度（时间、空间、WBS）汇总分析更多种类、更多统计分析条件的成本报表；直观地确定不同时间点的资金需求，模拟并优化资金筹措和使用分配，实现投资资金财务收益最大化
5	提升企业成本控制能力	将实际成本BIM模型通过互联网集中在企业总部服务器。企业总部成本部门、财务部门就可共享每个工程项目的实际成本数据，实现了总部与项目部的信息对称。

基于BIM技术，建立成本的5D（3D实体、时间、成本）关系数据库，以各WBS单位工程量人机料单价为主要数据进入成本BIM中，能够快速实行多维度（时间、空间、WBS）成本分析，从而对项目成本进行动态控制，其解决方案操作方法如下：

首先，创建基于BIM的实际成本数据库。建立成本的5D（3D实体、时间、成本）关系数据库，让实际成本数据及时进入5D关系数据库，成本汇总、统计、拆分对应瞬间可得。以各WBS单位工程量"人材机"单价为主要数据进入实际成本BIM。未有合同确定单价的项目，按预算价先进入。有实际成本数据后，及时按实际数据替换掉。

其次，实际成本数据及时进入数据库。初始实际成本BIM中成本数据以采取合同价和企业定额消耗量为依据。随着进度进展，实际消耗量与定额消耗量会有差异，要及时调整。每月对实际消耗进行盘点，调整实际成本数据。化整为零，动态维护实际成本BIM，大幅减少一次性工作量，并有利于保证数据准确性。

最后，快速实行多维度（时间、空间、WBS）成本分析。建立实际成本BIM模型，周期性（月、季）按时调整维护好该模型，统计分析工作就很轻松，软件强大的统计分析能力可轻松满足我们各种成本分析需求。

下面将对BIM技术在工程项目成本控制中的应用进行介绍。

1. 快速精确的成本核算

BIM是一个强大的工程信息数据库。进行BIM建模所完成的模型包含的二维图纸中所有位置长度等信息，并包含了二维图纸中不包含的材料等信息，而这些的背后是强大的数据库支撑。因此，计算机通过识别模型中的不同构件及模型的几何物理信息（时间维度，空间维度等），对各种构件的数量进行汇总统计，这种基于BIM的算量方法，将算量工作大幅度简化，减少了因为人为原因造成的计算错误，大量节约了人力的工作量和花费时间。有研究表明，工程量计算的时间在整个造价计算过程占到了50%～80%，而运用BIM算量方法会节约将近90%的时间，而误差也控制在1%的范围之内。

2. 预算工程量动态查询与统计

工程预算存在定额计价和清单计价两种模式。自《建设工程工程量清单计价规范》GB 50500—2003（目前已作废）发布以来，建设工程招投标过程中清单计价方法成为主流。在清单计价模式下，预算项目往往基于建筑构件进行资源的组织和计价，与建筑构件存在良好对应关系，满足BIM信息模型以三维数字技术为基础的特征，故而应用BIM技术进行预算工程量统计具有很大优势：使用BIM模型来取代图纸，直接生成所需材料的名称、数量和尺寸等信息，而且这些信息将始终与设计保持一致。在设计出现变更时，该变更将自动反映到所有相关的材料明细表中，造价工程师使用的所有构件信息也会随之变化。

在基本信息模型的基础上增加工程预算信息，即形成了具有资源和成本信息的预算信息模型。预算信息模型包括建筑构件的清单项目类型、工程量清单，人力、材料、机械定额和费率等信息。通过此模型，系统能识别模型中的不同构件，并自动提取建筑构件的清单类型和工程量（如体积、质量、面积、长度等）等信息，自动计算建筑构件的资源用量及成本，用以指导实际材料物资的采购。

某工程采用BIM模型所显示的不同构件信息如图4.5.5-1所示。

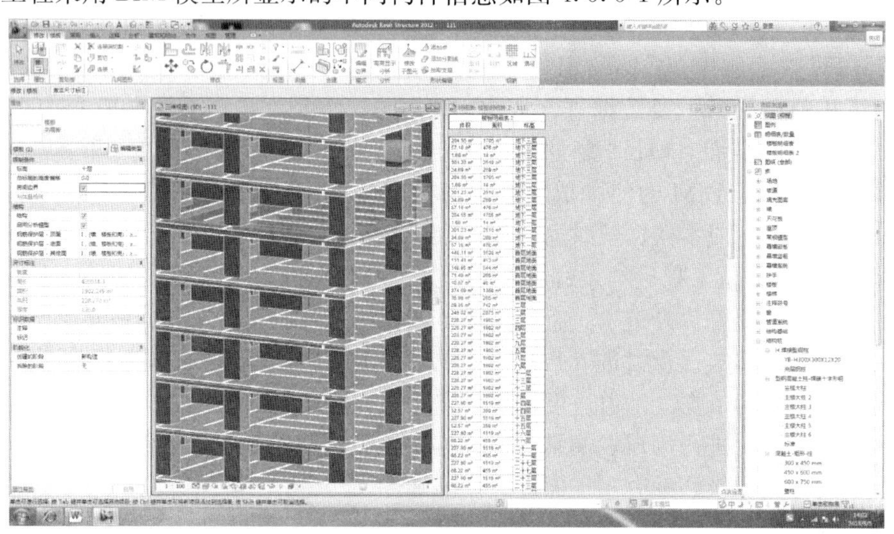

图4.5.5-1　BIM模型生成构件数据

某工程首层外框型钢柱钢筋用量统计如图4.5.5-2所示。

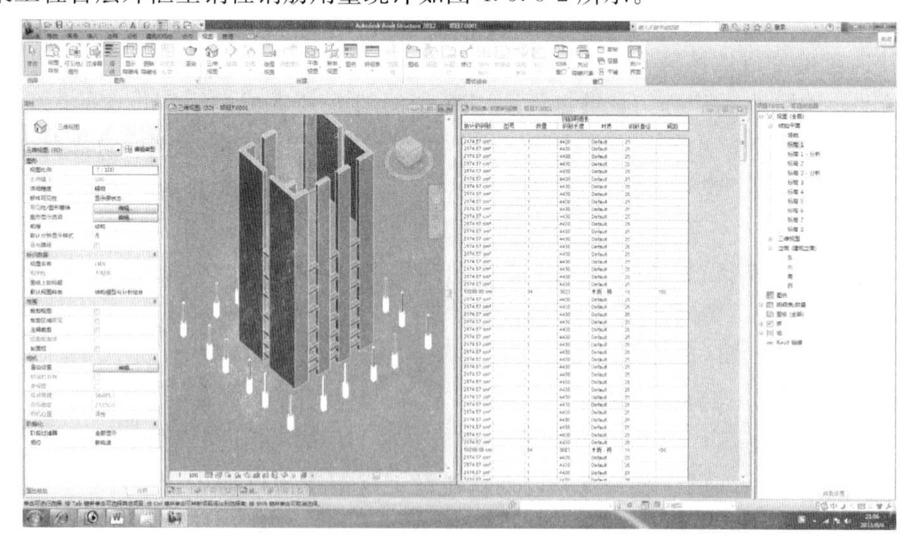

图4.5.5-2　首层外框型钢柱钢筋用量统计

系统根据计划进度和实际进度信息，可以动态计算任意WBS节点任意时间段内每日计划工程量、计划工程量累计、每日实际工程量、实际工程量累计，帮助施工管理者实时掌握工程量的计划完工和实际完工情况。在分期结算过程中，每期实际工程量累计数据是结算的重要参考，系统动态计算实际工程量可以为施工阶段工程款结算提供数据支持。

另外，从 BIM 预算模型中提取相应部位的理论工程量，从进度模型中提取现场实际的人工、材料、机械工程量。通过将模型工程量、实际消耗、合同工程量进行短周期三量对比分析，能够及时掌握项目进展，快速发现并解决问题，根据分析结果为施工企业制定精确的人、机、材计划，大大减少了资源、物流和仓储环节的浪费，掌握成本分布情况，进行动态成本管理。某工程通过三量对比分析进行动态成本控制如图 4.5.5-3 所示。

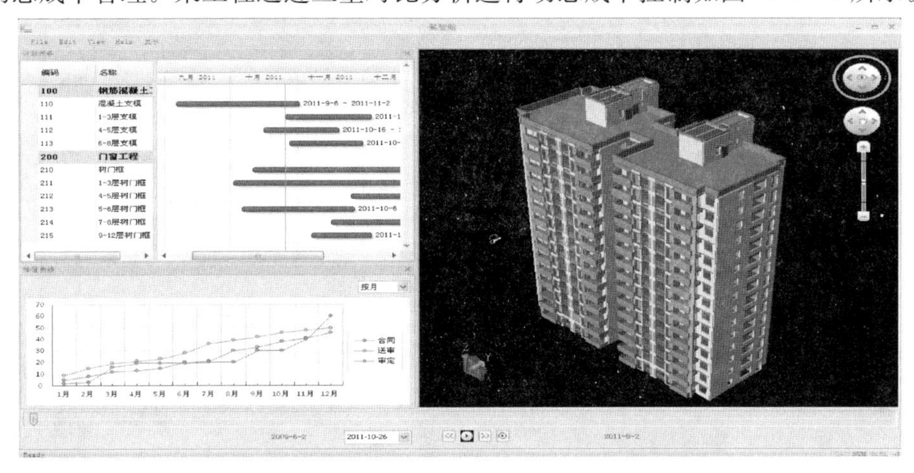

图 4.5.5-3 基于 BIM 的三量对比分析

3. 限额领料与进度款支付管理

限额领料制度一直很健全，但用于实际却难以实现，主要存在的问题有：材料采购计划数据无依据，采购计划由采购员决定，项目经理只能凭感觉签字；施工过程工期紧，领取材料数量无依据，用量上限无法控制；限额领料假流程，事后再补单据。那么如何将材料的计划用量与实际用量进行分析对比？

BIM 的出现，为限额领料提供了技术、数据支撑。基于 BIM 软件，在管理多专业和多系统数据时，能够采用系统分类和构件类型等方式对整个项目数据方便管理，为视图显示和材料统计提供规则。例如，给水排水、电气、暖通专业可以根据设备的型号、外观及各种参数分别显示设备，方便计算材料用量，如图 4.5.5-4 所示。

某工程指定材料用量统计表如图 4.5.5-5 所示。

传统模式下工程进度款申请和支付结算工作较为烦琐，基于 BIM 能够快速准确地统计出各类构件的数量，减少预算的工作量，且能形象、快速地完成工程量拆分和重新汇总，为工程进度款结算工作提供技术支持。

4. 以施工预算控制人力资源和物质资源的消耗

在进行施工开工以前，利用 BIM 软件建立模型，通过模型计算工程量，并按照企业定额或上级统一规定的施工预算，结合 BIM 模型，编制整个工程项目的施工预算，作为指导和管理施工的依据。对生产班组的任务安排，必须签收施工任务单和限额领料单，并向生产班组进行技术交底。要求生产班组根据实际完成的工程量和实耗人工、实耗材料做好原始记录，作为施工任务单和限额领料单结算的依据。任务完成后，根据回收的施工任务单和限额领料进行结算，并按照结算内容支付报酬（包括奖金）。为了便于任务完成后

图 4.5.5-4　暖通与给水排水、消防局部综合模型

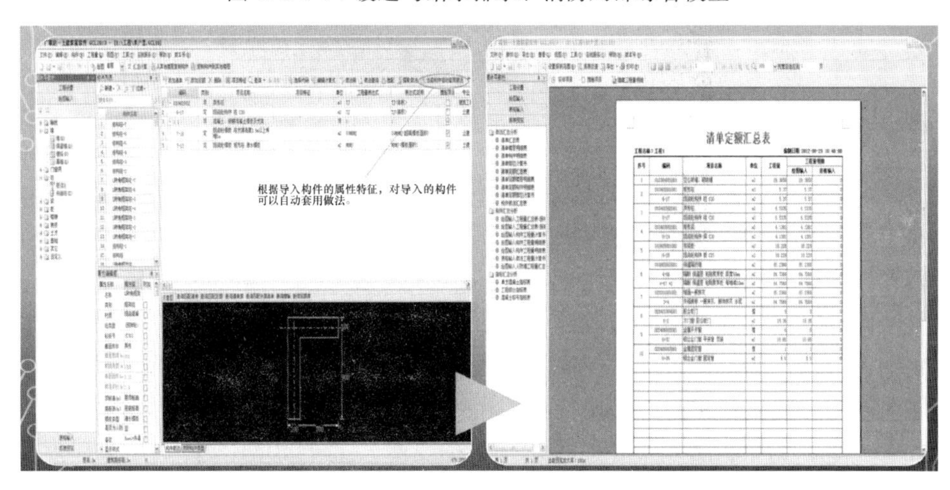

图 4.5.5-5　指定材料用量统计

进行施工任务单和限额领料与施工预算的对比，要求在编制施工预算时对每一个分项工程工序名称进行编号，以便对号检索对比，分析节超。

5. 设计优化与变更成本管理、造价信息实施追踪

BIM 模型依靠强大的工程信息数据库，实现了二维施工图与材料、造价等各模块的有效整合与关联变动，使得实际变更和材料价格变动可以在 BIM 模型中进行实时更新。变更各环节之间的时间被缩短，效率提高，更加及时准确地将数据提交给工程各参与方，以便各方作出有效的应对和调整。目前 BIM 的建造模拟职能已经发展到了 5D 维度。5D 模型集三维建筑模型、施工组织方案、成本及造价等三部分于一体，能实现对成本费用的实时模拟和核算，并为后续建设阶段的管理工作所利用，解决了阶段割裂和专业割裂的问题。BIM 通过信息化的终端和 BIM 数据后台将整个工程的造价相关信息顺畅地流通起来，从企业机的管理人员到每个数据的提供者都可以监测，保证了各种信息数据及时准确地调用、查询、核对。

4.5.6　物料管理

传统材料管理模式就是企业或者项目部根据施工现场实际情况制定相应的材料管理制度和流程，这个流程主要是依靠施工现场的材料员、保管员、施工员来完成。施工现场的多样性、固定性和庞大性，决定了施工现场材料管理具有周期长、种类繁多、保管方式复杂等特殊性。传统材料管理存在核算不准确、材料申报审核不严格、变更签证手续办理不及时等问题，造成大量材料现场积压、占用大量资金、停工待料、工程成本上涨。

基于BIM的物料管理通过建立安装材料BIM模型数据库，使项目部各岗位人员及企业不同部门都可以进行数据的查询和分析，为项目部材料管理和决策提供数据支撑，具体表现如下：

1. 安装材料BIM模型数据库

项目部拿到机电安装各专业施工蓝图后，由BIM项目经理组织各专业机电BIM工程师进行三维建模，并将各专业模型组合到一起，形成安装材料BIM模型数据库，该数据库是以创建的BIM机电模型和全过程造价数据为基础，把原来分散在安装各专业手中的工程信息模型汇总到一起，形成一个汇总的项目级基础数据库。安装材料BIM数据库建立与应用流程如图4.5.6-1所示，数据库运用构成如图4.5.6-2所示。

图4.5.6-1　安装材料BIM模型数据库建立与应用流程

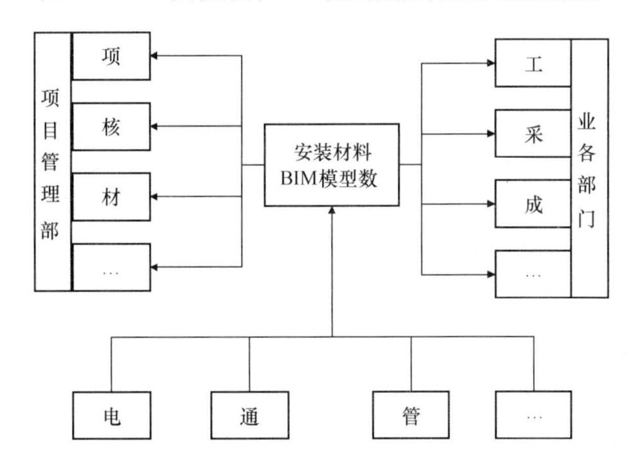

图4.5.6-2　安装材料BIM数据库运用构成图

2. 安装材料分类控制

材料的合理分类是材料管理的一项重要基础工作，安装材料BIM模型数据库的最大优势是包含材料的全部属性信息。在进行数据建模时，各专业建模人员对施工所使用的各种材料属性，按其需用量的大小、占用资金多少及重要程度进行“星级”分类，科学合理地控制。安装工程材料的特点，安装材料属性分类及管理原则见表4.5.6-1，某工程根据该原则对BIM模型进行安装材料分类见表4.5.6-2。

安装材料属性分类及管理原则　　表 4.5.6-1

等级	安装材料	管理原则
★★★	需用量大、占用资金多、专用或备料难度大的材料	严格按照设计施工图及 BIM 机电模型，逐项进行认真仔细地审核，做到规格、型号、数量完全准确
★★	管道、阀门等通用主材	根据 BIM 模型提供的数据，精确控制材料及使用数量
★	资金占用少、需用量小、比较次要的辅助材料	采用一般常规的计算公式及预算定额含量确定

无锡某项目对 BF-5 及 PF-4 两个风系统的材料分类控制见表 4.5.6-2。

某工程 BIM 模型安装材料分类　　表 4.5.6-2

构建信息	计　算　式	单位	工程量	等级
送风管 400×200	风管材质：普通钢管规格：400×200	m^2	31.14	★★
送风管 500×250	风管材质：普通钢管规格：500×250	m^2	12.68	★★
送风管 1000×400	风管材质：普通钢管规格：1000×400	m^2	8.95	★★
单层百叶风口 800×320	风口材质：铝合金	个	4	★★
单层百叶风口 630×400	风口材质：铝合金	个	1	★★
对开多叶调节阀	构件尺寸：800×400×210	个	3	★★
防火调节阀	构件尺寸：200×160×150	个	2	★★
风管法兰 25×3	角钢规格：30×3	m	78.26	★★★
排风机 PF-4	规格：DEF-I-100AI	台	1	★

3. 用料交底

BIM 与传统 CAD 相比，具有可视化的显著特点。设备、电气、管道、通风空调等安装专业三维建模并碰撞后，BIM 项目经理组织各专业 BIM 项目工程师进行综合优化，提前消除施工过程中各专业可能遇到的碰撞。项目核算员、材料员、施工员等管理人员应熟读施工图纸、透彻理解 BIM 三维模型、吃透设计思想，并按施工规范要求向施工班组进行技术交底，将 BIM 模型中用料意图灌输给班组，用 BIM 三维图、CAD 图纸或者表格下料单等书面形式做好用料交底，防止班组“长料短用、整料零用”，做到物尽其用，减少浪费及边角料，把材料消耗降到最低限度。无锡某项目 K-1 空调风系统平面图、三维模型如图 4.5.6-3、图 4.5.6-4 所示，下料清单见表 4.5.6-3。

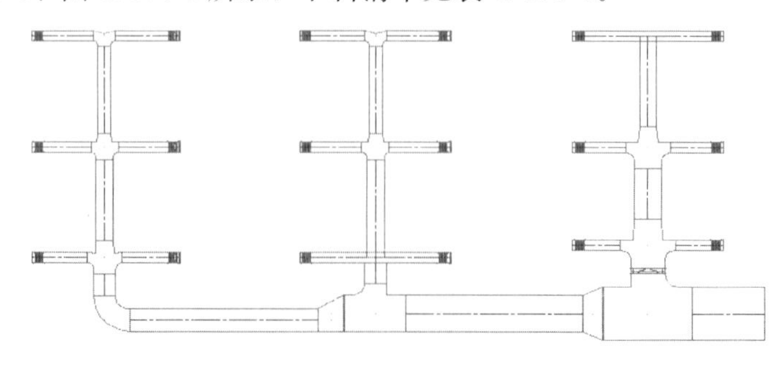

图 4.5.6-3　K-1 空调送风系统平面图

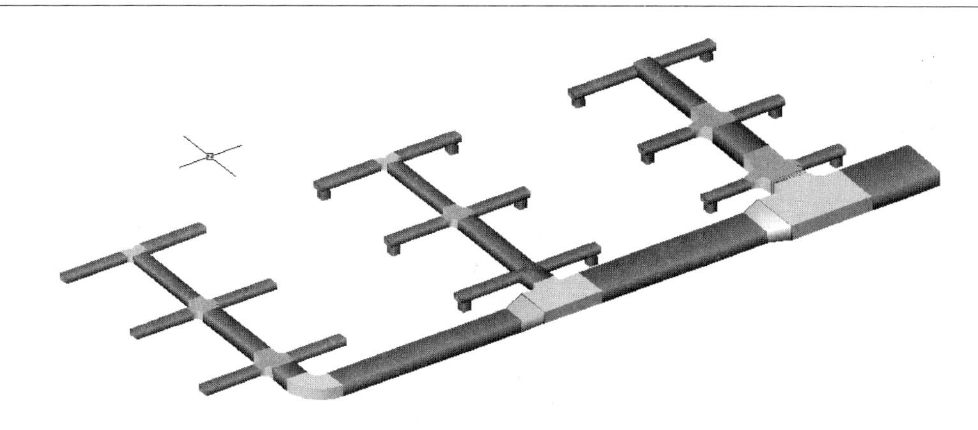

图 4.5.6-4 1K-1 空调送风系统 BIM 三维图

K-1 空调送风系统直管段下料清单 表 4.5.6-3

序号	风管规格	下料规格	数量（节）	序号	风管规格	下料规格	数量（节）
1	2400×500	1160	19	8	1250×500	600	1
		750	1	9	1000×500	1160	2
2	2000×500	1000	1			600	1
3	1400×400	1160	8	10	900×500	1160	2
		300	1			800	1
4	900×400	1160	8	11	800×400	1160	10
		300	1			600	1
5	800×320	1000	1	12	400×200	1160	32
		500	1			1000	14
6	630×320	1160	4			800	18
		1000	3				
7	500×250	1160	21				
		1000	6				
		500	1				

4. 物资材料管理

安装材料的精细化管理一直是项目管理的难题，施工现场材料的浪费、积压等现象司空见惯，运用BIM模型，结合施工程序及工程形象进度周密安排材料采购计划，不仅能保证工期与施工的连续性，而且能用好用活流动资金、降低库存、减少材料二次搬运。同时，材料员根据工程实际进度，方便地提取施工各阶段材料用量。在下达施工任务书中，附上完成该项施工任务的限额领料单，作为发料部门的控制依据，实行对各班组限额发料，防止错发、多发、漏发等无计划用料，从源头上做到材料的“有的放矢”，减少施工班组对材料的浪费。某工程 K-1 送风系统部分规格材料申请清单如图 4.5.6-5 所示。

5. 材料变更清单

工程设计变更和增加签证在项目施工中会经常发生。项目经理部在接收工程变更通知书执行前，应有因变更造成材料积压的处理意见，原则上要由业主收购，否则，如果处理

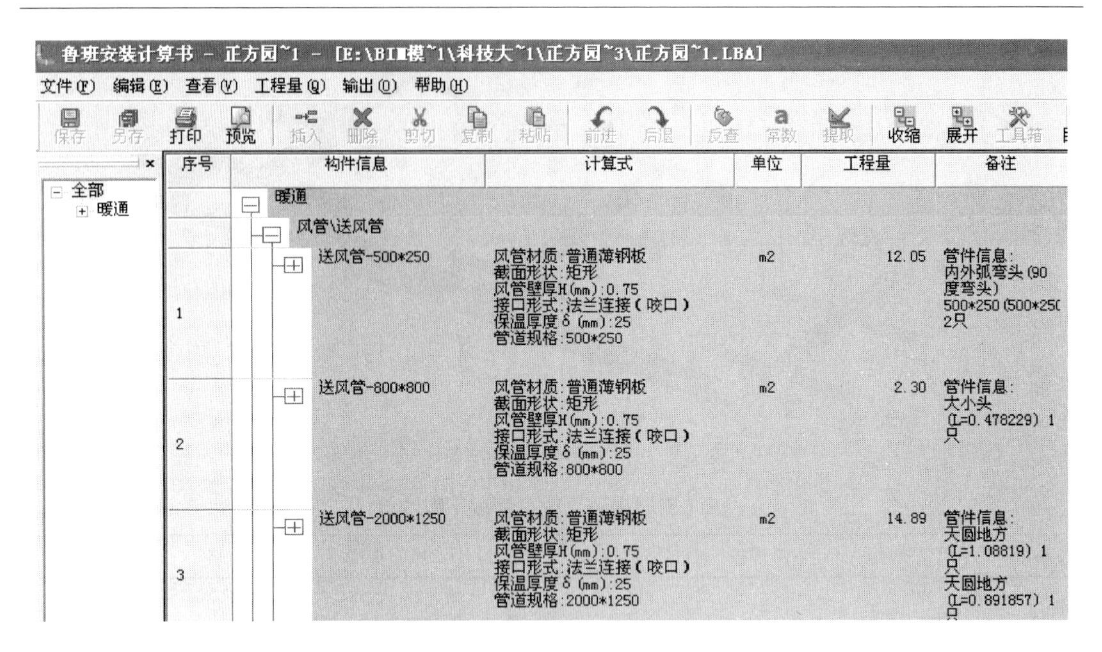

图 4.5.6-5　材料申请清单

不当就会造成材料积压，无端地增加材料成本。BIM 模型在动态维护工程中，可以及时地将变更图纸三维建模，将变更发生的材料、人工等费用准确、及时地计算出来，便于办理变更签证手续，保证工程变更签证的有效性。某工程二维设计变更图及 BIM 模型如图 4.5.6-6 所示，相应的变更工程量材料清单见表 4.5.6-4。

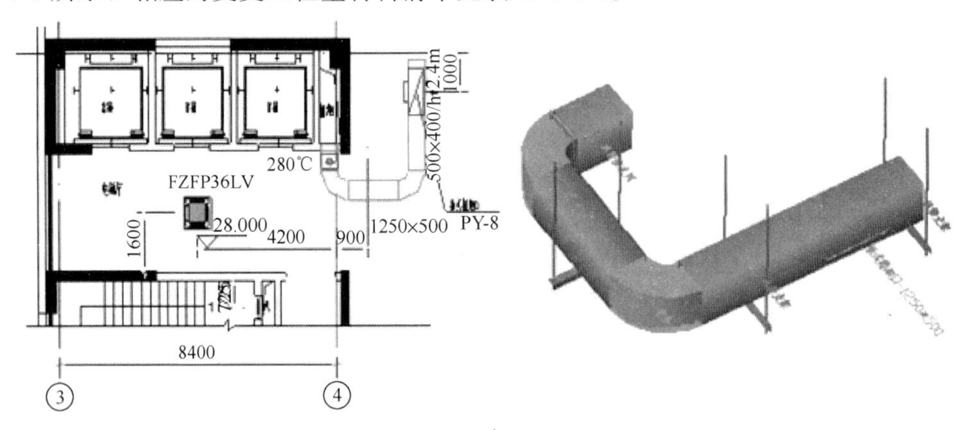

图 4.5.6-6　四至十八层排烟管道变更图及 BIM 模型

变更工程量材料清单　　　　表 4.5.6-4

序号	构件信息	计算式	单位	工程量	控制等级
1	排风管-500×400	普通薄钢板风管：500×400	m^2	179.85	★★
2	板式排烟口-1250×500	防火排烟风口材质：铝合金	只	15.00	★★
3	风管防火阀	风管防火阀 ：500×400×220	台	15.00	★★
4	风法兰	风法兰规格：角钢 30×3	m	84.00	★
5	风管支架	构件类型：吊架单体质量（kg）：1.2	只	45.00	★

4.5.7 绿色施工管理

建筑的全生命周期应当包括前期的规划、设计，建筑原材料的获取，建筑材料的制造、运输和安装，建筑系统的建造、运行、维护以及最后的拆除等全过程。所以，要在建筑的全生命周期内实行绿色理念，不仅要在规划设计阶段应用 BIM 技术，还要在节地、节水、节材、节能及施工管理、运营维护管理五个方面深入应用 BIIM，不断推进整体行业向绿色方向行进。

下面将介绍以绿色为目的、以 BIM 技术为手段的施工阶段节地、节水、节材、节能管理。

1. 节地与室外环境

节地不仅仅是施工用地的合理利用，建筑设计前期的场地分析、运营管理中的空间管理也同样包含在内。BIM 在施工节地中的主要应用内容有场地分析、土方量计算、施工用地管理及空间建设用地管理等，下面将分别进行介绍。

（1）场地分析

场地分析是研究影响建筑物定位的主要因素，是确定建筑物的空间方位和外观、建立建筑物与周围景观联系的过程。BIM 结合地理信息系统（Geographic Information System，简称 GIS)，对现场及拟建的建筑物空间数据进行建模分析，结合场地使用条件和特点，做出最理想的现场规划、交通流线组织关系，如图 4.5.7-1 所示。利用计算机可分析出不同坡度的分布及场地坡向，建设地域发生自然灾害的可能性，区分可适宜建设与不适宜建设区域，对前期场地设计可起到至关重要的作用。

图 4.5.7-1 场地分析图

（2）土方量计算

利用场地合并模型，在三维中直观查看场地挖填方情况，对比原始地形图与规划地形图得出各区块原始平均高程、设计高程、平均开挖高程。然后计算出各区块挖、填方量。某工程土方量计算模型如图 4.5.7-2 所示。

（3）施工用地管理

建筑施工是一个高度动态的过程，随着建筑工程规模不断扩大，复杂程度不断提高，使得施工项目管理变得极为复杂。施工用地、材料加工区、堆场也随着工程进度的变换而调整。BIM 的 4D 施工模拟技术可以在项目建造过程中合理制定施工计划、精确掌握施工进度，优化使用施工资源以及科学地进行场地布置。某工程在施工不同阶段利用 BIM 对

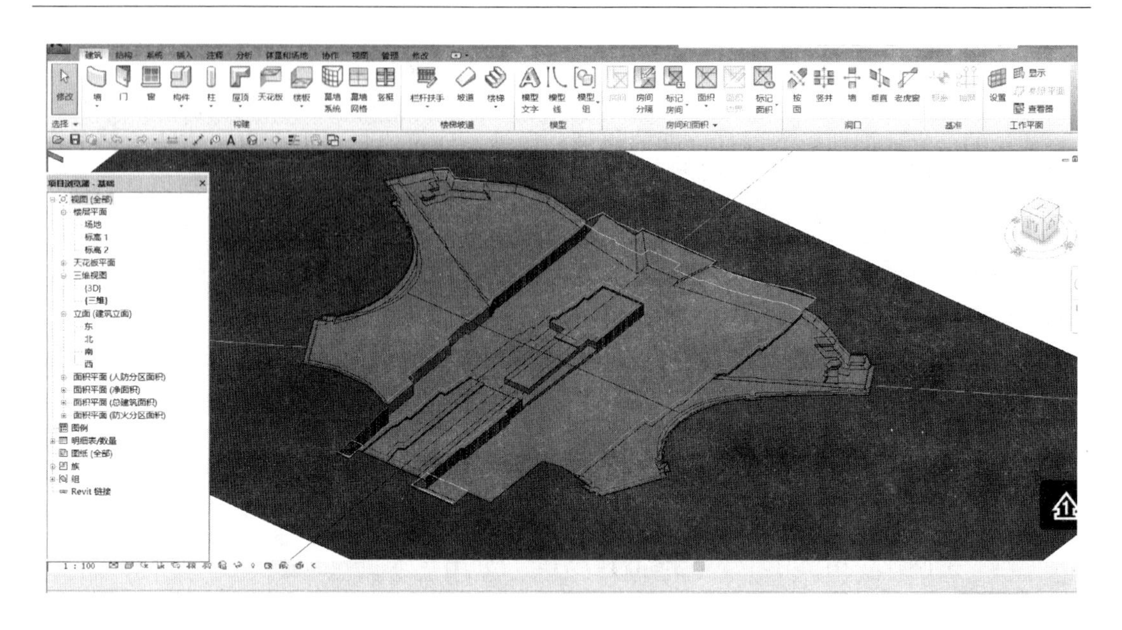

图 4.5.7-2　土方量计算模型

施工用地的规划如图 4.5.7-3～图 4.5.7-6 所示。

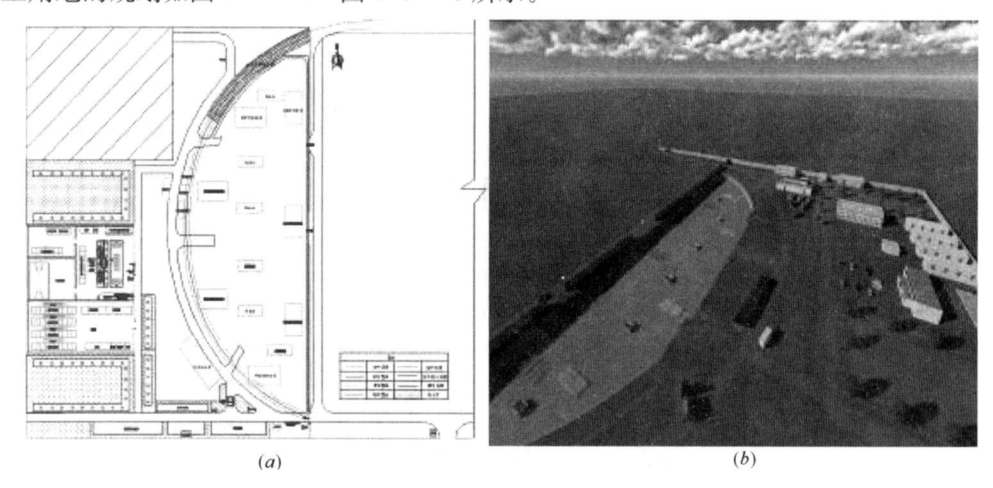

(a)　　(b)

图 4.5.7-3　桩基及基坑支护施工阶段场地布置

(a) CAD 场地布置图；(b) Revit 三维场地布置图

2. 节水与水资源利用

在施工过程中，水的用量是十分巨大的，混凝土的浇筑、搅拌、养护都要用到大量的水，机器的清洗也需要用水。一些施工单位由于在施工过程中没有计划，肆意用水，往往造成水资源的大量浪费，不仅浪费了资源，也会因此受到处罚。所以，在施工中节约用水是势在必行的。

BIM 技术在节水方面的应用体现在协助土方量的计算，模拟土地沉降、场地排水设计，以及分析建筑的消防作业面，设置最经济合理的消防器材。设计规划每层排水地漏位置雨水等非传统水源收集，循环利用。

利用 BIM 技术，可以对施工过程中用水过程进行模拟，比如处于基坑降水阶段、肥

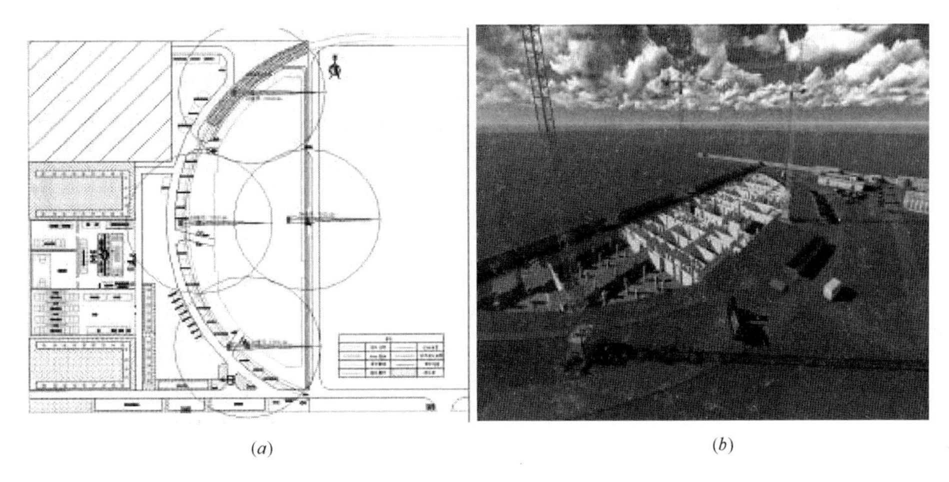

(a) (b)

图 4.5.7-4 地下结构施工阶段场地布置

(a) CAD场地布置图；(b) Revit三维场地布置图

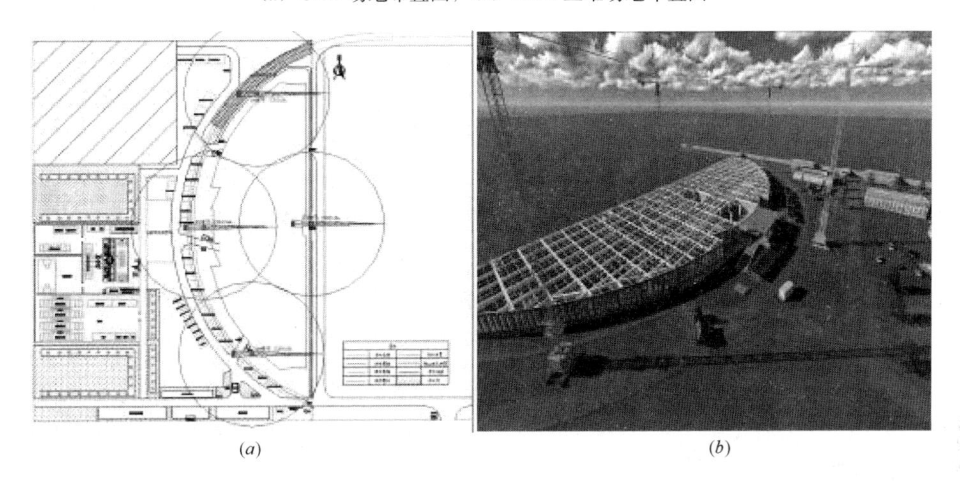

(a) (b)

图 4.5.7-5 地上结构施工阶段场地布置

(a) CAD场地布置图；(b) Revit三维场地布置图

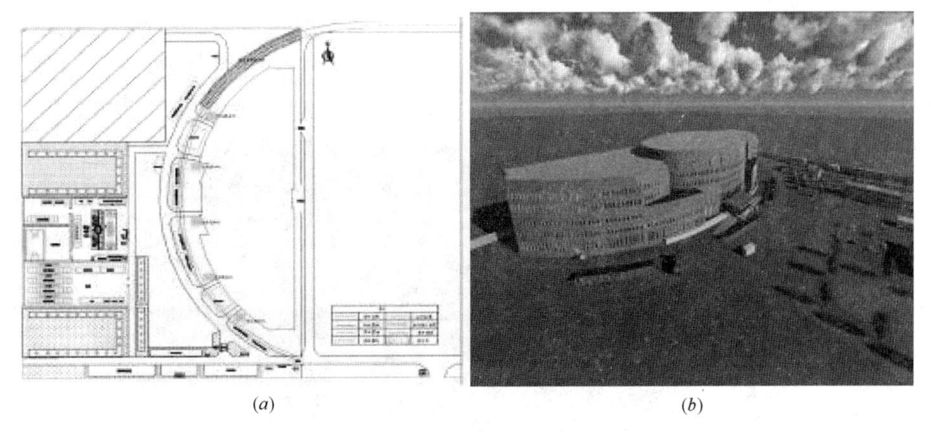

(a) (b)

图 4.5.7-6 装饰装修施工阶段场地布置

(a) CAD场地布置图；(b) Revit三维场地布置图

图4.5.7-7　现场雨水收集系统模拟

槽未回填时，采用地下水作为混凝土养护用水。使用地下水作为喷洒现场降尘和混凝土罐车冲洗用水。也可以模拟施工现场情况，根据施工现场情况，编制详细的施工现场临时用水方案，使施工现场供水管网根据用水量设计布置，采用合理的管径、简捷的管路，有效地减少管网和用水器具的漏损。

某工程施工阶段基于BIM技术对现场雨水收集系统进行模拟，根据BIM场地模型，合理设置排水沟，将场地分为5个区进行放坡硬化，避免场内积水，并最大化收集雨水，存于积水坑内，供洗车系统循环使用，如图4.5.7-7所示。

3. 节材与材料资源利用

基于BIM技术，重点从钢材、混凝土、木材、模板、围护材料、装饰装修材料及生活办公用品材料七个主要方面进行施工节材与材料资源利用控制。通过5D-BIM安排材料采购的合理化，建筑垃圾减量化，可循环材料的多次利用化，钢筋配料、钢构件下料以及安装工程的预留、预埋，管线路径的优化等措施；同时根据设计的要求，结合施工模拟，达到节约材料的目的。BIM在施工节材中的主要应用内容有管线综合设计、复杂工程预加工预拼装、物料跟踪等，下面将分别进行介绍。

（1）管线综合

目前功能复杂、大体量的建筑、摩天大楼等机电管网错综复杂，在大量的设计面前很容易出现管网交错、相撞及施工不合理等问题，以往人工检查图纸比较单一，不能同时检测平面和剖面的位置。BIM软件中的管网检测功能为工程师解决这个问题。检测功能可生成管网三维模型，并基于建筑模型中。系统可自动检查出“碰撞”部位并标注，这样使得大量的检查工作变得简单。空间净高是与管线综合相关的一部分检测工作，基于BIM信息模型对建筑内不同功能区域的设计高度进行分析，查找不符合设计规划的缺失，将情况反馈给施工人员，以此提高工作效率，避免错、漏、碰、缺的出现，减少原材料的浪费。某工程管线综合模型如图4.5.7-8所示，碰撞检查报告及碰撞点显示如图4.5.7-9现所示。

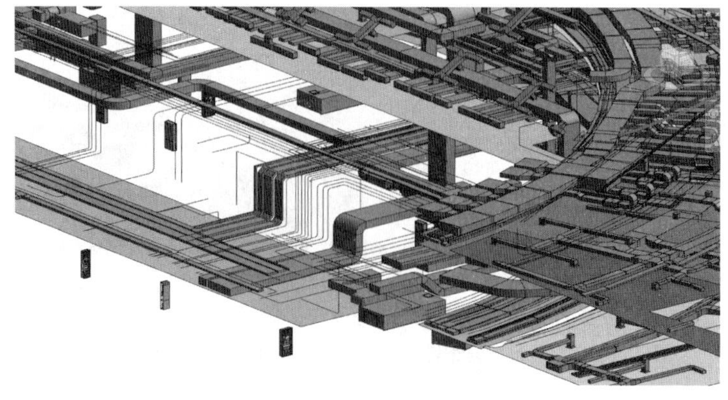

图4.5.7-8　管线综合模型

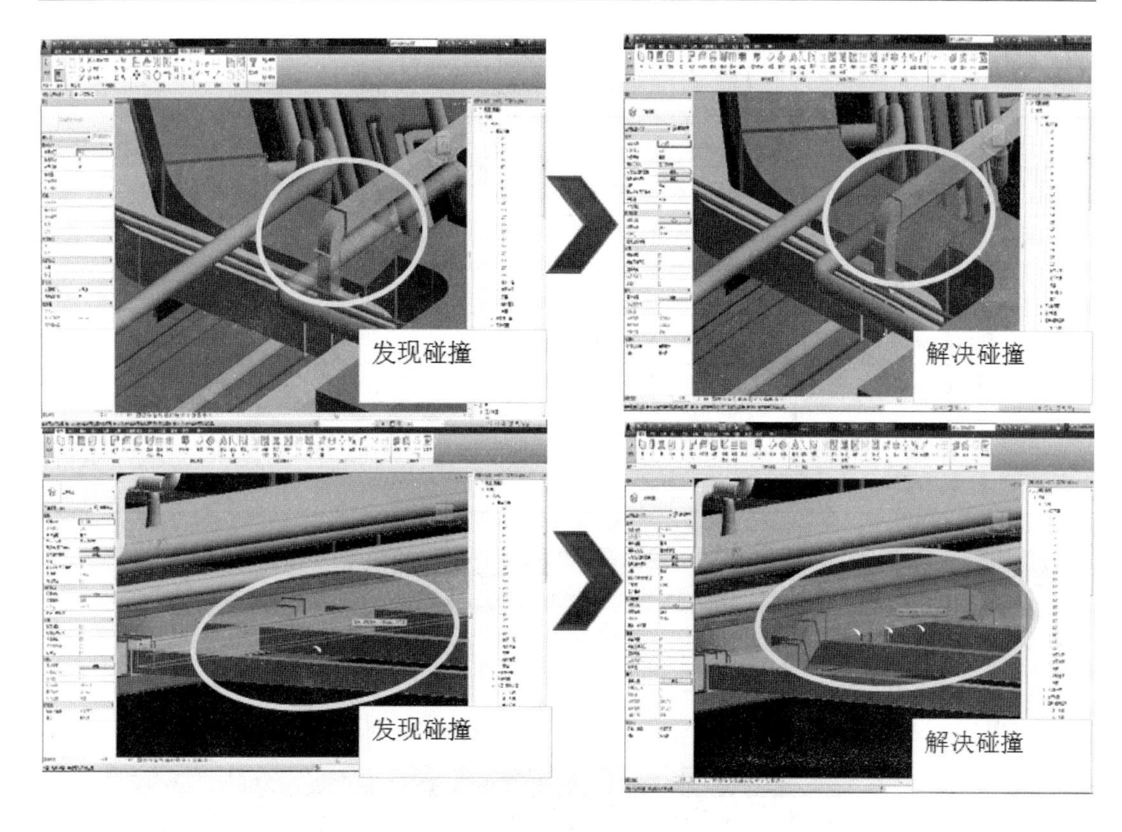

图 4.5.7-9 碰撞检测报告及碰撞点显示

（2）复杂工程预加工预拼装

复杂的建筑形体如曲面幕墙及复杂钢结构的安装是难点，尤其是复杂曲面幕墙，由于组成幕墙的每一块玻璃面板形状都有差异，给幕墙的安装带来一定困难。BIM 技术最拿手的是复杂形体设计及建造应用，可针对复杂形体进行数据整合和验证，使得多维曲面的设计得以实现。工程师可利用计算机对复杂的建筑形体进行拆分，拆分后利用三维信息模型进行解析，在电脑中进行预拼装，分成网格块编号，进行模块设计，然后送至工厂按模块加工，再送到现场拼装即可。同时数字模型也可提供大量建筑信息，包括曲面面积统计、经济形体设计及成本估算等。

某工程幕墙曲面面积统计如图 4.5.7-10、表 4.5.7-1 所示。

幕墙嵌板曲度边长表 **表 4.5.7-1**

嵌板族	边长 1	边长 2	边长 3	边长 4	面积（m^2）	注释
共享参数联系-族 1	15179	6706	15943	7289	108.280	
共享参数联系-族 2	15203	7289	15311	7865	115.325	
共享参数联系-族 3	15311	7289	15505	7865	116.315	
共享参数联系-族 4	15347	7865	16147	6558	113.280	2月1日
共享参数联系-族 5	15782	7289	16139	7865	119.075	1月2日
共享参数联系-族 6	15943	6706	17879	7289	116.505	

续表

嵌板族	边长 1	边长 2	边长 3	边长 4	面积（m²）	注释
共享参数联系-族 7	16147	7865	17990	6558	121.527	1 月 1 日
共享参数联系-族 8	16335	6558	17652	7279	116.331	
共享参数联系-族 9	16947	6558	5881	7279	113.028	
共享参数联系-族 10	17271	7865	15759	6558	117.331	
共享参数联系-族 11	17550	6706	15759	7289	115.551	
共享参数联系-族 12	17879	6706	20661	7289	131.238	
共享参数联系-族 13	19653	7865	17281	6558	129.161	1 月 3 日
总计：13	214547				1532.947	

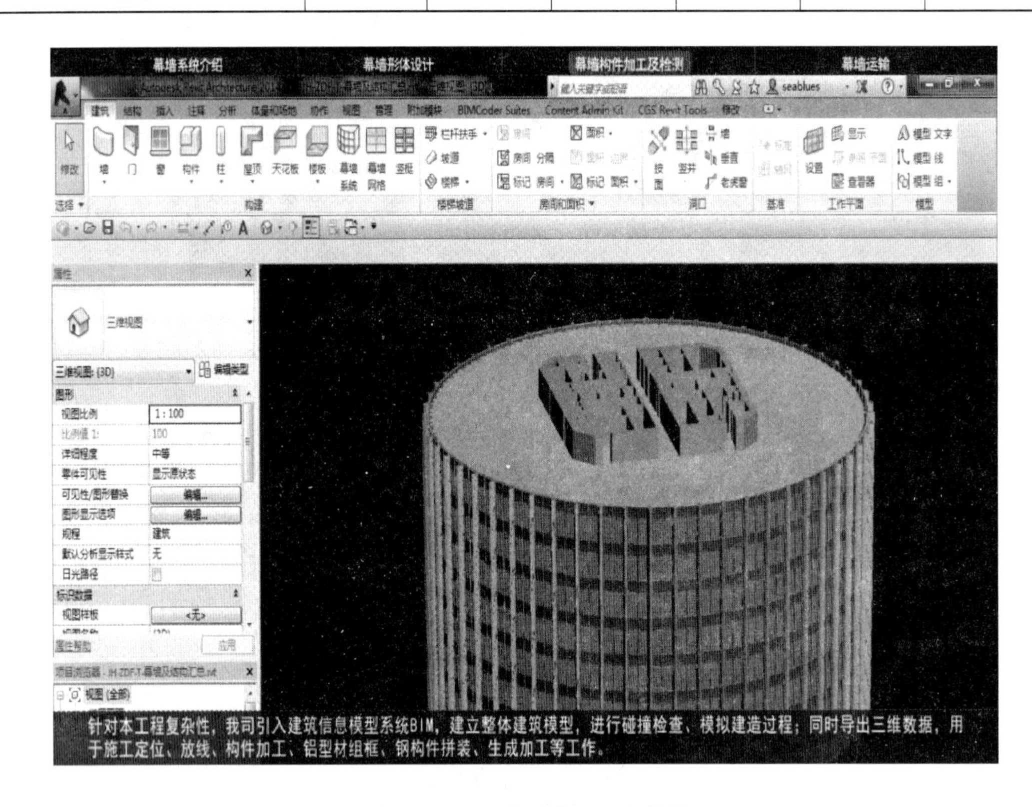

图 4.5.7-10　幕墙曲面面积统计

（3）基于物联网物资追溯管理

随着建筑行业标准化、工厂化、数字化水平的提升，以及建筑使用设备复杂性的提高，越来越多的建筑及设备构件通过工厂加工并运送到施工现场进行高效的组装。根据 BIM 得出的进度计划，提前计算出合理的物料进场数目。

基于物联网技术的物资追溯管理流程如图 4.5.7-11 所示。

BIM 结合施工计划和工程量造价，可以实现 5D（三维模型＋成本）应用，做到“零库存”施工（表 4.5.7-2）。

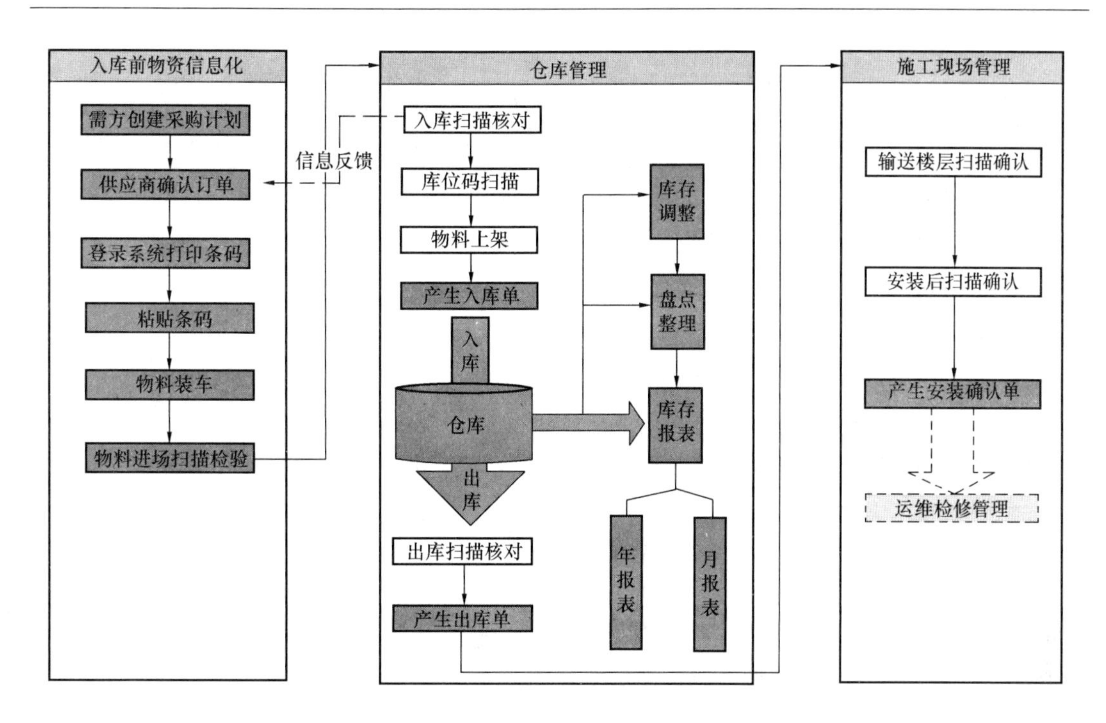

图 4.5.7-11 基于物联网技术的物资追溯管理流程图

结构柱材质明细表 **表 4.5.7-2**

族与类型	材质：名称	材质：体积（m^3）	材质：成本（元/m^3）	体积（m^3）	顶部偏移	顶部标高	底部标高	图纸问题
混凝土-矩形-柱：KZ4a 1100mm×1100mm	混凝土-现场浇筑混凝土-C60	6.41	450	6.41	5300	地下三层	地下四层	
混凝土-矩形-柱：KZ5 1200mm×1200mm	混凝土-现场浇筑混凝土-C60	45.79	450	7.63	5300	地下三层	地下四层	
混凝土-矩形-柱：KZ5a 1200mm×1200mm	混凝土-现场浇筑混凝土-C60	7.63	450	7.63	5300	地下二层	地下三层	
混凝土-矩形-柱：KZ6 600mm×600mm	混凝土-现场浇筑混凝土-C60	1.91	450	1.91	5300	地下三层	地下四层	
混凝土-矩形-柱：KZ6 800mm×800mm	混凝土-现场浇筑混凝土-C60	3.39	450	3.39	0	地下二层	地下三层	wt-B4-无
混凝土-矩形-柱：KZ6a 600mm×600mm	混凝土-现场浇筑混凝土-C60	1.75	450	1.75	5300	地下三层	地下四层	
混凝土-矩形-柱：KZ6a 600mm×600mm	混凝土-现场浇筑混凝土-C60	11.45	450	1.91	5300	地下二层	地下三层	
混凝土-矩形-柱：KZ6b 600mm×600mm	混凝土-现场浇筑混凝土-C60	1.91	450	1.91	5300	地下三层	地下四层	wt-B4
住宅结构柱：住宅结构柱	混凝土-现场浇筑混凝土-C60	295.93	450	295.93	5300	地下二层	地下三层	

续表

族与类型	材质：名称	材质：体积（m^3）	材质：成本（元/m^3）	体积（m^3）	顶部偏移	顶部标高	底部标高	图纸问题
圆管柱：酒店-钢管柱800	金属-钢-345MPa	1.99		0.07	0	地下三层	地下四层	
圆管柱：酒店-钢管柱	金属-钢-345MPa	21.33		0.09	0	地下三层	地下四层	
圆管柱：酒店-钢管柱	金属-钢-345MPa	2.84		0.09	0	地下二层	地下三层	
圆管柱：酒店-钢管柱	金属-钢-345MPa	2.77		0.11	0	地下三层	地下四层	
圆管柱：酒店-钢管柱	金属-钢-345MPa	2.75		0.10	0	地下二层	地下三层	
圆管柱：酒店-钢管柱	金属-钢-345MPa	3.75		0.14	0	地下三层	地下四层	
圆管柱：酒店-钢管柱	金属-钢-345MPa	26.99		0.17	0	地下三层	地下四层	
圆管柱：酒店-钢管柱	金属-钢-345MPa	5.00		0.19	0	地下二层	地下三层	
混凝土-矩形-柱：500mm×500mm	混凝土-现场浇筑混凝土-C60	3.98	450	1.33	5300	地下三层	地下四层	

4. 节能与能源利用

以BIM技术推进绿色施工，节约能源，降低资源消耗和浪费，减少污染是建筑发展的方向和目的。节能在绿色环保方面具体有两种体现。一是帮助建筑形成资源的循环使用，这包括水能循环、风能流动、自然光能的照射，科学地根据不同功能、朝向和位置选择最适合的构造形式。二是实现建筑自身的减排，构建时，以信息化手段减少工程建设周期，运营时，不仅能够满足使用需求，还能保证最低的资源消耗。

在方案论证阶段，项目投资方可以使用BIM来评估设计方案的布局、视野、照明、安全、人体工程学、声学、纹理、色彩及规范的执行情况。BIM甚至可以做到建筑局部的细节推敲，迅速分析设计和施工中可能需要应对的问题。BIM包含建筑几何形体的很多专业信息，其中也包括许多用于执行生态设计分析的信息，能够很好地将建筑设计和生态设计紧密联系在一起，设计将不单单是体量、材质、颜色等，也是动态的、有机的。相关软件提供了许多即时性分析功能，如光照、日光阴影、太阳辐射、遮阳、热舒适度、可视度分析等，而得到的分析结果往往是实时的、可视化的，很适合建筑师在设计前期把握建筑的各项性能。某工程运用Auotdesk Ecotect Analysis进行日照分析，如图4.5.7-12所示。

建筑系统分析是对照业主使用需求及设计规定来衡量建筑物性能的过程，包括机械系统如何操作和建筑物能耗分析、内外部气流模拟、照明分析、人流分析等涉及建筑物性能

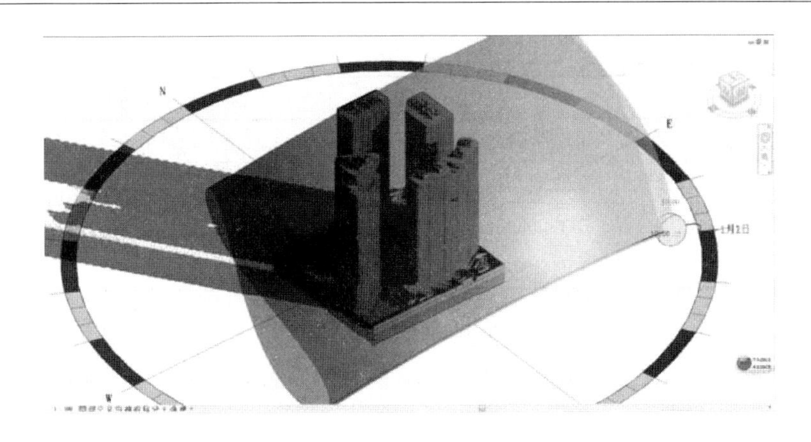

图4.5.7-12 日照分析

的评估。BIM结合专业的建筑物系统分析软件避免了重复建立模型和采集系统参数。通过BIM可以验证建筑物是否按照特定的设计规定和可持续标准建造，通过这些分析模拟，最终确定、修改系统参数甚至系统改造计划，以提高整个建筑的性能。

5. 减排措施

利用BIM技术可以对施工场地废弃物的排放、放置进行模拟，以达到减排的目的，具体方法如下；

（1）用BIM模型编制专项方案，对工地的废水、废弃、废渣的三废排放进行识别、评价和控制，安排专人、专项经费，制定专项措施，减少工地现场的三废排放。

（2）根据BIM模型对施工区域的施工废水设置沉淀池，进行沉淀处理后重复使用或合规排放，对泥浆及其他不能简单处理的废水集中交由专业单位处理。在生活区设置隔油池、化粪池，对生活区的废水进行收集和清理。

（3）禁止在施工现场焚烧垃圾，使用密目式安全网、定期浇水等措施减少施工现场的扬尘。

（4）利用BIM模型合理安排噪声源的放置位置及使用时间，采用有效的噪声防护措施，减少噪声排放，并满足施工场界环境噪声排放标准的限制要求。

（5）生活区垃圾按照有机、无机分类收集，与垃圾站签合同，按时收集垃圾。

4.5.8 工程变更管理

工程变更（EC，Engineering Change），指的是针对已经正式投入施工的工程进行变更。在工程项目实施过程中，按照合同约定的程序对部分或全部工程在材料、工艺、功能、构造、尺寸、技术指标、工程数量及施工方法等方面做出的改变。

工程变更的具体表现形式见表4.5.8-1。

工程变更的表现形式 表4.5.8-1

序号	具体内容
1	更改工程有关部位的标高、位置和尺寸
2	增减合同中约定的工程量
3	增减合同中约定的工程内容

续表

序号	具体内容
4	改变工程质量、性质或工程类型
5	改变有关工程的施工顺序和时间安排
6	图纸会审、技术交底会上提出的工程变更
7	为使工程竣工而必须实施的任何种类的附加工作

设计变更应尽量提前，变更发生得越早损失越小，反之则越大。若变更发生在设计阶段，则只需修改图纸，其他费用尚未发生，损失有限。若变更发生在采购阶段，在需要修改图纸的基础上还需重新采购设备及材料。若变更发生在施工阶段，则除上述费用外，已施工的工程还需增加拆除费用，势必造成重大变更损失。设计变更费用一般应控制在工程总造价的5%以内，由设计变更产生的新增投资额不得超过基本预备费的三分之一。

工程中由设计缺陷和错误引起的修正性变更居多，它是由于各专业各成员之间沟通不当或设计师专业局限性所致。有的变更则是需求和功能的改善，无计划的变更是项目中引起工程的延期和成本增加的主要原因。工程中引起工程变更的因素很多，具体见表4.5.8-2。

影响工程变更因素统计表 **表4.5.8-2**

类别	具体内容
业主原因	业主本身的需求发生变化，会引起工程规模、使用功能、工艺流程、质量标准，以及工期改变等合同内容的变更；施工效果与业主理想要求存在偏差引起的变更
设计原因	设计错漏、设计不到位、设计调整，或因自然因素及其他因素而进行的设计改变
施工原因	因施工质量或安全需要变更施工方法、作业顺序和施工工艺等引起的变更
监理原因	监理工程师出于工程协调和对工程目标控制有利的考虑，而提出的施工工艺、施工顺序的变更
合同原因	原订合同部分条款因客观条件变化，需要结合实际修正和补充
环境原因	不可预见自然因素、工程外部环境和建筑风格潮流变化导致工程变更
其他原因	如地质原因引起的设计更改

几乎所有的工程项目都可能发生变更甚至是频繁的变更，有些变更是有益，而有些却是非必要和破坏性的。在实际施工过程中，应综合考虑实施或不实施变更给项目带来的风险，以及对项目进度、造价、质量方面等产生的影响来决定是否实施工程变更。造价师应在变更前对变更内容进行测算和造价分析，根据概念、说明和蓝图进行专业判断，分析变更必要性，并在功能增加与造价增加之间寻求新的平衡；评估设计单位设计变更的成本效应，针对设计变更内容给集团合约采购部提供工程造价费用增减估算；根据实际情况、地方法规及定额标准，配合甲方做好项目施工索赔内容的合理裁决、判断、审定、最终测算及核算；审核、评估承包商、供货商提出的索赔，分析、评估合同中甲方可以提出的索赔，为甲方谈判提供策略和建议。工程变更应遵循以下四项原则：

（1）设计文件是安排建设项目和组织施工的主要依据，设计一经批准，不得随意变更，不得任意扩大变更范围；

（2）工程变更对改善功能、确保质量、降低造价、加快进度等方面要有显著效果；

（3）工程变更要有严格的程序，应申述变更设计理由、变更方案、与原设计的技术经济比较，报请审批，未经批准的不得按变更设计施工；

（4）工程变更的图纸设计要求和深度等同原设计文件。

引起工程变更的因素及变更产生的时间是无法掌控的，但变更管理可以减少变更带来的工期和成本的增加。设计变更直接影响工程造价，施工过程中反复变更图纸导致工期和成本的增加，而变更管理不善导致进一步的变更，使得成本和工期目标处于失控状态。BIM应用有望改变这一局面，通过在工程前期应制定一套完整、严密的基于BIM的变更流程来把关所有因施工或设计变而更引起的经济变更。美国斯坦福大学整合设施工程中心（CIFE）根据对32个项目的统计分析总结了使用BIM技术后产生的效果，认为它可以消除40％预算外更改。即从根本上、源头上减少变更的发生。

首先，可视化建筑信息模型更容易在形成施工图前修改完善，设计师直接用三维设计更容易发现错误并修改。三维可视化模型能够准确地再现各专业系统的空间布局、管线走向，实现三维校审，大大减少“错、碰、漏、缺”现象，在设计成果交付前消除设计错误，以减少设计变更。而使用2D图纸进行协调综合则事倍功半，虽花费大量的时间去发现问题，却往往只能发现部分表面问题，很难发现根本性问题，“错、碰、漏、缺”几乎不可避免，必然会带来工程后续的大量设计变更。

其次，BIM能增加设计协同能力，更容易发现问题，从而减少各专业间冲突。单个专业的图纸本身发生错误的比例较小，设计各专业之间的不协调、设计和施工之间的不协调是设计变更产生的主要原因。一个工程项目设计涉及总图、建筑、结构、给水排水、电气、暖通、动力，除此之外包括许多专业分包，如幕墙、网架、钢结构、智能化、景观绿化等，他们之间如何交流协调协同？用BIM协调流程进行协调综合，能够彻底消除协调综合过程中的不合理方案或问题方案，使设计变更大大减少。BIM技术可以做到真正意义上的协同修改，改变以往“隔断式”设计方式、依赖人工协调项目内容和分段交流的合作模式，大大节省开发项目的成本。

最后，在施工阶段，用共享BIM模型能够实现对设计变更的有效管理和动态控制。通过设计模型文件数据关联和远程更新，建筑信息模型随设计变更而即时更新，减少设计师与业主、监理、承包商、供应商间的信息传输和交互时间，从而使索赔签证管理更有时效性，实现造价的动态控制和有序管理。

4.6 BIM技术在竣工交付阶段的应用

工程竣工结算作为建设项目工程造价的最终体现，是工程造价控制的最后环节，并直接关系到建设单位和施工企业的切身利益，因此竣工结算的审核工作尤为重要。但竣工结算作为一种事后控制，更多是对已有的竣工结算资料、已竣工验收工程实体等事实结果在价格上的客观体现。

目前在竣工阶段主要存在着以下问题：一是验收人员仅仅从质量方面进行验收，对使用功能方面的验收关注不够；二是验收过程中对整体项目的把控力度不大，譬如整体管线的排布是否满足设计、施工规范要求，是否美观，是否便于后期检修等等，缺少直观的依据；三是竣工图纸难以反映现场的实际情况，给后期运维管理带来各种不可预见性，增加运营维护管理难度。

通过完整的、有数据支撑的、可视化竣工BIM模型与现场实际建成的建筑进行对比，可以较好地解决以上问题。BIM技术在竣工阶段的具体应用如下：

1. 验收人员根据设计、施工阶段的模型，直观、可视化地掌握整个工程的情况，包括建筑、结构、水、暖、电等各专业的设计情况，既有利于对使用功能、整体质量进行把关，同时又可以对局部进行细致地检查验收。

2. 验收过程可以借助BIM模型对现场实际施工情况进行校核，譬如管线位置是否满足要求、是否有利于后期检修等。

3. 通过竣工模型的搭建，可以将建设项目的设计、经济、管理等信息融合到一个模型中，便于后期的运维管理单位使用，更好、更快地检索到建设项目的各类信息，为运维管理提供有力保障。

课　后　习　题

一、单项选择题

1. BIM技术在施工企业投标阶段的应用主要包括技术方案展示和（　　）。

A. 安全管理　　B. 协同设计

C. 工程量计算及报价　　D. 资产维护

2. 深化设计指的是（　　）。

A. 在业主或设计顾问提供的条件图或原理图的基础上，结合施工现场实际情况，对图纸进行细化、补充和完善

B. 基于BIM技术建立4D模型，并结合其模型进度计划成初步进度计划，最后将初步进度计划与三维模型结合形成4D模型的进度、资源配置计划

C. 通过建立安装材料BIM模型数据库，使项目部各岗位人员及企业不同部门都可以进行数据的查询和分析，为项目部材料管理和决策提供数据支撑

D. 根据BIM模型快速获取正确的工程量信息，与招标文件的工程量清单比较，制定更好的投标策略

3. 钢结构深化设计属于（　　）。

A. 综合性深化设计　　B. 专业性深化设计

C. 管线综合深化设计　　D. 土建结构深化设计

4. 下列关于管线综合深化设计流程说法正确的是（　　）。

A. 制作专业精准模型—综合链接模型—碰撞检测—分析和修改碰撞点—数据集成—最终完成内装的BIM模型

B. 制作专业精准模型— 碰撞检测—综合链接模型—分析和修改碰撞点—数据集成—最终完成内装的BIM模型

C. 制作专业精准模型—综合链接模型—分析和修改碰撞点—碰撞检测—数据集成—最终完成内装的BIM模型

D. 综合链接模型—制作专业精准模型—碰撞检测—分析和修改碰撞点—数据集成—最终完成内装的BIM模型

5. BIM 技术在项目建造阶段的应用主要体现在（　　）。

A. 物料管理　　B. 虚拟施工管理

C. 成本管理　　D. 进度管理

6. 施工过程模拟主要包括土建结构施工过程模拟和（　　）。

A. 钢结构施工过程模拟　　B. 构件加工过程模拟

C. 竣工交付过程模拟　　D. 建筑运维过程模拟

7. 通过将 BIM 与施工进度计划相链接，将空间信息与时间信息整合在一个可视的（　　）模型中，不仅可以直观、精确地反映整个建筑的施工过程，还能够实时追踪当前的进度状态。

A. 2D　　B. 3D　　C. 4D　　D. 5D

8. 下列选项关于利用管理系统或软件进行施工进度模拟态的步骤流程说法正确的是（　　）。

A. 先将 BIM 模型进行材质赋予，然后制定 Project 计划，接着将 Project 文件与 BIM 模型链接，而后制定构件运动路径，并与时间链接，最后设置动画视点并输出施工模拟动画

B. 先制定 Project 计划，然后将 BIM 模型进行材质赋予，接着将 Project 文件与 BIM 模型链接，而后制定构件运动路径，并与时间链接，最后设置动画视点并输出施工模拟动画

C. 先将 BIM 模型进行材质赋予，然后将 Project 文件与 BIM 模型链接，接着制定 Project 计划，而后制定构件运动路径，并与时间链接，最后设置动画视点并输出施工模拟动画

D. 先设置动画视点并输出施工模拟动画，然后制定 Project 计划，接着将 Project 文件与 BIM 模型链接，而后制定构件运动路径，并与时间链接，最后将 BIM 模型进行材质赋予

9. 基于 BIM 的工程项目质量管理包括产品质量管理和（　　）。

A. 技术质量管理　　B. 人员素质管理

C. 设计图纸质量管理　　D. 环境品质管理

10. BIM 在工程项目质量管理中的关键应用点不包括（　　）。

A. 建模前期协同设计　　B. 碰撞检测

C. 大体积混凝土测温　　D. 防坠落管理

11. BIM 在工程项目施工安全管理中的应用不包括（　　）。

A. 施工准备阶段安全控制　　B. 施工动态监测

C. 快速精确的成本核算　　D. 灾害应急管理

12. 施工过程仿真模拟主要指的是通过仿真分析技术模拟建筑结构在施工过程中不同时段的力学性能和（　　）为结构安全施工提供保障。

A. 变形状态　　B. 进度状态

C. 成本状态　　D. 信息完备度

13. 防坠落管理主要体现的是（　　）。

A. 质量管理　　B. 进度管理

C. 成本管理　　　　D. 安全管理

14. 下列选项关于 5D 描述正确的是（　　）。

A. 3D 实体＋时间＋成本　　　　B. 3D 实体＋时间＋工序

C. 3D 实体＋成本＋工序　　　　D. 2D 实体＋时间＋成本

15. BIM 在工程项目成本控制中的应用不包括（　　）。

A. 快速精确的成本核算　　　　B. 灾害应急管理

C. 预算工程量动态查询与统计　　　　D. 限额领料与进度款支付管理

16. BIM 在工程项目施工物料管理中的应用不包括（　　）。

A. 公共安全管理　　　　B. 建立安装材料 BIM 模型数据库

C. 安装材料分类控制　　　　D. 用料交底

17. 下列选项关于安装材料 BIM 模型数据库应用流程说法正确的是（　　）。

A. 首先建立模型，接着审核模型，然后提取数据，而后分析数据，最后运用数据

B. 首先审核模型，接着建立模型，然后提取数据，而后分析数据，最后运用数据

C. 首先建立模型，接着审核模型，然后分析数据，而后提取数据，最后运用数据

D. 首先建立模型，接着审核模型，然后提取数据，而后运用数据，最后分析数据

18. 下列选项不属于 BIM 技术在节地与室外环境中的应用是（　　）。

A. 场地分析　　　　B. 土方量计算

C. 施工用地管理　　　　D. 管线综合

19. 下列选项不属于 BIM 技术在节材与材料资源利用中的应用是（　　）。

A. 管线综合　　　　B. 复杂工程预加工预拼装

C. 场地排水模拟　　　　D. 基于物联网物资追溯管理

20. 下列选项不属于工程变更的表现形式的是（　　）。

A. 碰撞优化

B. 更改工程有关部位的标高、位置和尺寸

C. 增减合同中约定的工程量

D. 改变工程质量、性质或工程类型

参考答案：

1. C；2. A；3. B；4. A；5. B；6. A；7. C；8. A；9. A；10. D；11. C；12. A；13. D；14. A；15. B；16. A；17. A；18. D；19. C；20. A

二、多项选择题

1. BIM 在施工项目管理中的应用主要分为（　　）。

A. 招投标阶段　　　　B. 深化设计阶段

C. 建造准备阶段　　　　D. 建造阶段

E. 竣工支付阶段　　　　F. 运维阶段

2. 虚拟施工管理在项目实施过程中的优势主要体现在（　　）。

A. 施工方法可视化　　　　B. 施工方法验证过程化

C. 施工组织控制化　　　　D. 施工目标单一化

3. 虚拟施工管理在项目实施过程中的优势主要体现在（　　）。

A. 施工方法可视化
B. 施工方法验证过程化
C. 施工组织控制化
D. 施工目标单一化

4. 虚拟施工管理主要包括（　　）。

A. 施工方案管理
B. 关键工艺展示
C. 运维管理
D. 施工过程模拟

5. 预制加工管理主要包括（　　）。

A. 出具构件加工详图
B. 构件生产指导
C. 通过 BIM 实现预制构件的数字化制造
D. 构件详细信息全过程查询

6. 施工进度管理主要体现在（　　）。

A. 施工进度计划编制
B. BIM 施工进度 4D 模拟
C. BIM 施工安全与冲突分析系统
D. BIM 建筑施工优化系统
E. 三维技术交底及安装指导

7. 施工空间主要可划分为（　　）。

A. 可使用空间
B. 施工过程空间
C. 施工后期空间
D. 施工产品空间

8. 绿色施工管理主要包括（　　）。

A. 节地
B. 节水
C. 节材
D. 节能
E. 节约资金

9. 影响工程变更因素主要包括（　　）。

A. 业主原因
B. 设计原因
C. 施工原因
D. 监理原因
E. 合同原因
F. 环境原因

10. 目前在竣工阶段主要存在的问题有（　　）。

A. 验收人员仅仅从质量方面进行验收，对使用功能方面的验收关注不够
B. 验收过程中对整体项目的把控力度不大
C. 竣工阶段时间较短
D. 竣工图纸难以反映现场的实际情况

参考答案：

1. ABCDE；2. ABC；3. ABC；4. ABD；5. ABCD；6. ABCDE；7. ABD；8. ABCD；9. ABCDEF；10. ABD

第5章　BIM 技术在运维管理中的应用

导读：

本章首先简单地介绍了运维与设施管理基本概念，包括运维与设施管理的定义、内容范畴和基本特点。接着介绍了传统运维与设施管理中的不足，再对 BIM 技术在运维与设施管理中的优势进行了详细分析。然后着重介绍了 BIM 技术在运维与设施管理中的应用，包括空间管理、资产管理、维护管理、公共安全管理和能耗管理。最后在对 BIM 在绿色运维中的应用进行了简单介绍。

5.1　运维与设施管理简介

5.1.1　运维与设施管理的定义

建筑运维管理近年来在国内又被称为为 FM（Facility Management，设施管理）。根据 IFMA（International Facility Management Association，国际设施管理协会）对其的最新定义，FM 是运用多学科专业，集成人、场地、流程和技术来确保楼宇良好运行的活动。人们通常理解的建筑运维管理，就是物业管理。但是现代的建筑运维管理（FM）与物业管理有着本质的区别，其中最重要的区别在于：面向的对象不同。物业管理面向建筑设施，而现代建筑运维管理面向的则是企业的管理有机体。

FM 最早兴起于 20 世纪 80 年代初，是项目生命周期中时间跨度最大的一个阶段。在建筑物平均长达 50～70 年的运营周期内，可能发生建筑物本身的改扩建、正常或应急维护，人员安排，室内环境及能耗控制等多个功能。因此，FM 也是建筑生命周期内职能交叉最多的一个阶段。

在我国，FM 行业的兴起较晚。伴随着 20 世纪 90 年代大量的外资企事业组织进入我国，FM 需求的产生和迅速增加最早催生了我国的 FM 行业。到目前，我国本土的许多组织在认识到专业化高水平的 FM 服务所能带来的收益后，也越来越多地建立了系统的 FM 管理制度。

5.1.2　运维与设施管理的内容

运维与设施管理的内容主要可分为空间管理、资产管理、维护管理、公共安全管理和能耗管理等方面（图 5.1.2）。

1. 空间管理

空间管理主要是满足组织在空间方面的各种分析及管理需求，更好地响应组织内各部门对于空间分配的请求及高效处理日常相关事务，计算空间相关成本，执行成本分摊等内部核算，增强企业各部门控制非经营性成本的意识，提高企业收益。

空间管理主要包括空间分配、空间规划、租赁管理和统计分析。

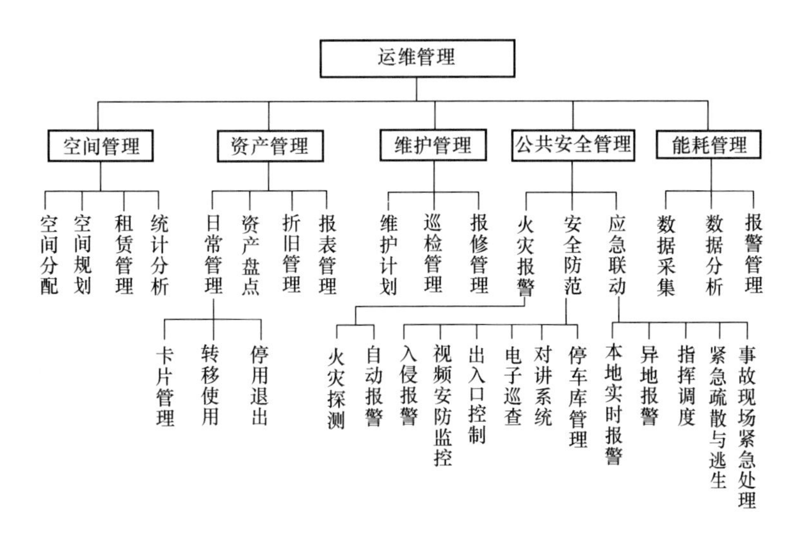

图 5.1.2 运维管理范畴图

2. 资产管理

资产管理是运用信息化技术增强资产监管力度，降低资产的闲置浪费，减少和避免资产流失，使业主资产管理上更加全面规范，从整体上提高业主资产管理水平。

资产管理主要包括日常管理、资产盘点、折旧管理、报表管理，其中日常管理又包括卡片管理、转移使用和停用退出。

3. 维修管理

建立设施设备基本信息库与台账，定义设施设备保养周期等属性信息，建立设施设备维护计划；对设施设备运行状态进行巡检管理并生成运行记录、故障记录等信息，根据生成的保养计划自动提示到期需保养的设施设备；对出现故障的设备从维修申请，到派工、维修、完工验收等实现过程化管理。

维护管理主要包括维护计划、巡检管理和保修管理。

4. 公共安全管理

公共安全管理具有应对火灾、非法侵入、自然灾害、重大安全事故和公共卫生事故等危害人们生命财产安全的各种突发事件，建立起应急及长效的技术防范保障体系。包括火灾自动报警系统、安全技术防范系统和应急联动系统。

公共安全管理主要包括火灾报警、安全防范和应急联动。

5. 能耗管理

能源管理是指对能源消费过程的计划、组织、控制和监督等一系列工作。能耗管理主要由数据采集、处理和报警管理等功能组成。

5.1.3 运维与设施管理的特点

1. 多职能性

传统的 FM 往往被理解为物业管理。而随着管理水平和企业信息化的进程，设施管理逐渐演变成综合性、多职能的管理工作。其服务范围既包括对建筑物理环境的管理、维护，也包括对建筑使用者的管理和服务，甚至包括对建筑内资产的管理和监测。现今的

FM职能可能跨越组织内多个部门，而不同的部门因为职能、权限等原因，在传统的企业信息管理系统中，往往存在诸多的信息孤岛，造成FM这样的综合性管理工作的程序过于复杂、处理审批时间过长，导致决策延误、工作低效，造成不必要的损失。

2. 服务性

FM管理的多个职能归根到底都是为了给所管理建筑的使用者、所有者提供满意的服务。这样满意的服务对建筑所有者来说包括建筑的可持续运营寿命长、回报率高；对建筑使用者来说包括舒适安全的使用环境、即时的维修、维护等需求的响应，以及其他建筑使用者为提高其组织运行效率可能需要的增值服务。正因如此，传统的FM行业中存在系统、完备的服务评价指数，如客户满意程度（CRM）指数等，用于评价FM管理的服务水平。

3. 专业性

无论是机电设备、设施的运营、维护，结构的健康监控，建筑环境的监测和管理都需要FM人员具有一定水平的专业知识。这样的专业知识有助于FM人员对所管理建筑的未来需求有一定的预见性，并能更有效地定义这些需求，并获得各方面专业技术人才的高效服务。

4. 可持续性

建筑及其使用者的日常活动是全球范围内能耗最大的产业。无论是组织自持的不动产性质的建筑，还是由专业FM机构运营管理的建筑，其能耗管理都是关系到组织经济利益和社会环境可持续性发展的重大课题。而当紧急情况发生时，如水管破裂或大规模自然灾害侵袭时，FM人员有责任为建筑内各组织日常商务运营受损最小化提供服务。这也是FM管理在可持续性方面的多重职责。

5.2　基于BIM技术的运维与设施管理的优势

5.2.1　传统设施管理存在的问题

1. 运维与设施管理成本高

设施管理中很大一部分内容是设备的管理，设备管理的成本在设施管理成本中占有很大的比重。设备管理的过程包括设备的购买、使用、维修、改造、更新、报废等。设备管理成本主要包括购置费用、维修费用、改造费用以及设备管理的人工成本等。由于当前的设备管理技术落后，往往需要大量的人员来进行设备的巡视和操作，而且只能在设备发生故障后进行设备维修，不能进行设备的提前预警工作，这就大大增加了设备管理的费用。

2. 运维与设施管理信息不能集成共享

传统的设施管理大部分采用手写记录单，既浪费时间，又容易造成错误，而且纸质记录单容易丢失和损坏。同时，在设备基本信息查询、维修方案和检测计划的确定，以及对紧急事件的应急处理时，往往需要从大量纸质的图纸和文档中寻找所需的信息，无法快速地获取有关该设备的信息，从而达不到设施管理的目的。而且传统的设施管理往往采用纸质档案，纸质档案都是采用手工方式来整理，这对处理设施信息是非常低效率的。而且设施资料往往以一种特定的形式固定下来，这样难以满足不同用户对资料进行自由组合分类的需求。虽然一些设施管理采用了电子档案，但由于这些电子文件生成于不同的软件系统，其存储方式处于不同格式，使得绝大部分电子文件之间不能兼容，从而无法相互采集、收集和提供利用。同时由于这些简易电子档案没有很好地归档，在设施发生故障时，不能快速找到该设备的相关信息，达不到设施管理的要求。

3. 当前运维与设施管理信息化技术低下

当前的信息沟通方式落后、信息传递不及时。传统的信息沟通大都采用点对点的形式，也就是参与方之间两两进行信息沟通，不能保证多个参与方同时进行沟通和协调，设施管理方要与业主、设计方、施工方、总包方和分包方等各个参与方分别进行沟通来获得想要的信息，既浪费时间，又不能保证信息的准确性，不利于设施的有效管理。

5.2.2 BIM技术在运维与设施管理中的优势

BIM技术可以集成和兼容计算机化的维护管理系统（CMMS）、电子文档管理系统（EDMS）、能量管理系统（EMS）和楼宇自动化系统（BAS）。虽然这些单独的FM信息系统也可以实施设施管理，但各个系统中的数据是零散的；更糟的是，在这些系统中，数据需要手动输入到建筑物设施管理系统中，这是一种费力且低效的过程。在设施管理中使用BIM可以有效地集成各类信息（图5.2.2），还可以实现设施的三维动态浏览。

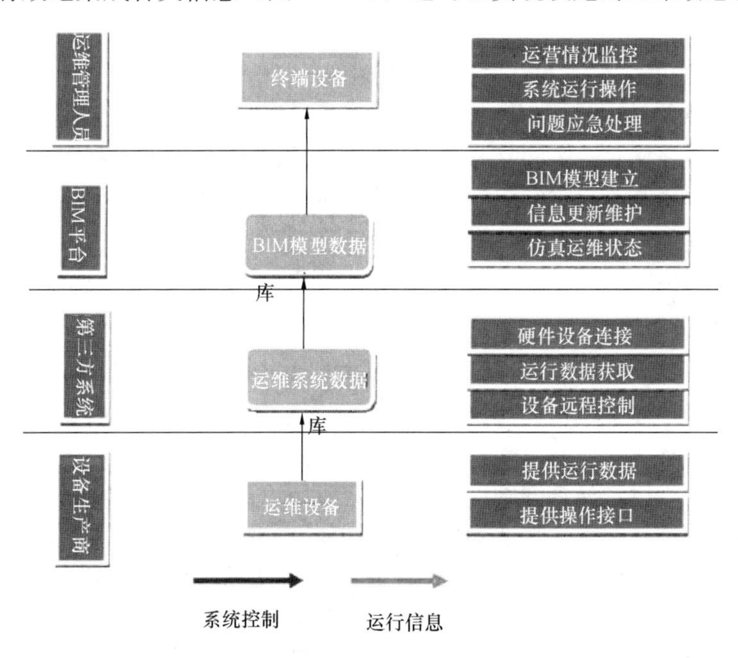

图5.2.2 基于BIM的运维系统架构图

BIM技术相较于之前的设施管理技术有以下三点优势：

1. 实现信息集成和共享

BIM技术可以整合设计阶段和施工阶段的时间、成本、质量等不同时间段、不同类型的信息，并将设计阶段和施工阶段的信息高效、准确地传递到设施管理中，还能将这些信息与设施管理的相关信息相结合。

2. 实现设施的可视化管理

BIM三维可视化的功能是BIM最重要的特征，BIM三维可视化将过去的二维CAD

图纸以三维模型的形式展现给用户。当设备发生故障时，BIM可以帮助设施管理人员三维、直观地查看设备的位置及设备周边的情况。BIM的可视化功能在翻新和整修过程还可以为设施管理人员提供可视化的空间显示，为设施管理人员提供预演功能。

3. 定位建筑构件

设施管理中，在进行预防性维护或是设备发生故障进行维修时，首先需要维修人员找到需要维修构件的位置及其相关信息，现在的设备维修人员常常凭借图纸和自己的经验来判断构件的位置，而这些构件往往在墙面或地板后面等看不到的地方，位置很难确定。准确的定位设备对新员工或紧急情况是非常重要的。使用BIM技术不仅可以直接三维定位设备还可以查询该设备的所有基本信息及维修历史信息。维修人员在现场进行维修时，可以通过移动设备快速地从后台技术知识数据库中获得所需的各种指导信息，同时也可以将维修结果信息及时反馈到后台中央系统中，对提高工作效率很有帮助。

5.3　BIM技术在运维与设施管理中的应用

5.3.1　空间管理

基于BIM技术可为FM人员提供详细的空间信息，包括实际空间占用情况、建筑对标等。同时，BIM能够通过可视化的功能帮助跟踪部门位置，将建筑信息与具体的空间相关信息勾连，并在网页中实施打开并进行监控，从而提高了空间利用率。根据建筑使用者的实际需求，提供基于运维空间模型的工作空间可视化规划管理功能，并提供工作空间变化可能带来的建筑设备、设施功率负荷方面的数据作为决策依据，以及在运维单位案中快速更新三维空间模型。

1. 租赁管理

应用BIM技术对空间进行可视化管理，分析空间使用状态、收益、成本及租赁情况，判断影响不动产财务状况的周期性变化及发展趋势，帮助提高空间的投资回报率，并能够抓住出现的机会及规避潜在的风险。

通过查询定位可以轻易查询到商户空间，并且查询到租户或商户信息，如客户名称、建筑面积、租约区间、租金、物业费用；系统可以提供收租提醒等客户定制化功能。同时还可以根据租户信息的变更，对数据进行实时调整和更新，形成一个快速共享的平台，如图5.3.1-1所示。

另外，BIM运维平台不仅提供了对租户的空间信息管理，还提供了对租户能源使用及费用情况的管理（图5.3.1-2）。这种功能同样适用于商业信息管理，与移动终端相结合，商户的活动情况、促销信息、位置、评价可以直接推送给终端客户，提高租户使用程度的同时也为其创造了更高的价值。

2. 垂直交通管理

3D电梯模型能够正确反映所对应的实际电梯空间位置以及相关属性等信息。电梯的空间相对位置信息包括门口电梯、中心区域电梯、电梯所能到达楼层信息等；电梯的相关属性信息包括直梯、扶梯、电梯型号、大小、承载量等。3D电梯模型中采用直梯实体形状图形表示直梯，并采用扶梯实体形状图形表示扶梯（图5.3.1-3）。BIM运维平台对电

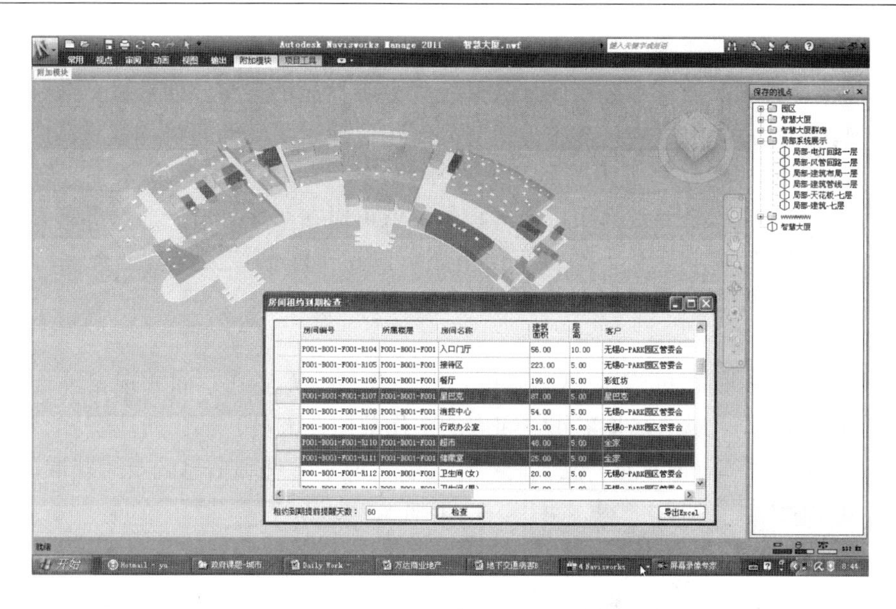

图 5.3.1-1　租赁管理平台图

图 5.3.1-2　BIM运维平台

梯的实际使用情况进行了渲染，物业管理人员可以清楚直观地看到电梯的能耗及使用状况，通过对人行动线、人流量的分析，可以帮助管理者更好地对电梯系统的策略进行调整。

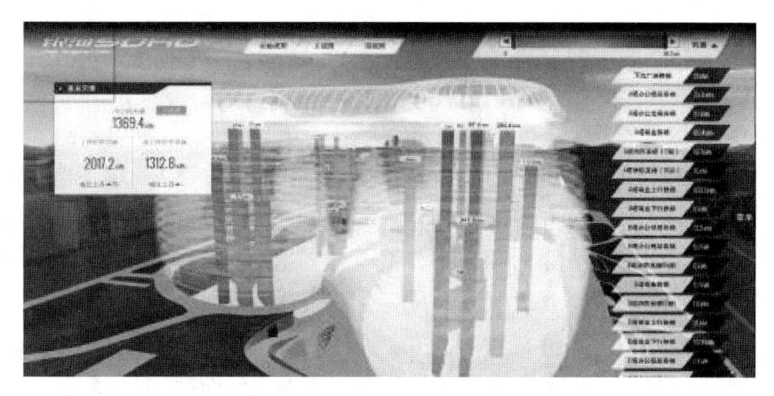

图 5.3.1-3　3D电梯管理平台图

3. 车库管理

目前的车库管理系统基本都是以计数系统为主，只显示空车位的数量，对空车位的位置却没法显示。在停车过程中，车主随机寻到车位，缺乏明确的路线，容易造成车道堵塞和资源浪费（时间、能源）。应用无线射频技术将定位标识标记在车位卡上，车子停好之后自动知道某车位是否已经被占用。通过该系统就可以在车库入口处通过屏幕显示出所有已经占用的车位和空着的车位。通过车位卡还可以在车库监控大屏幕上查询所在车的位置，这对于方向感较差的车主来说，是个非常贴心的导航功能。

4. 办公管理

基于 BIM 可视化的空间管理体系，可对办公部门、人员和空间实现系统性、信息化的管理。如图 5.3.1-4 所示，某工作空间内的工作部门、人员、部门所属资产、人员联系方式等都与 BIM 模型中相关的工位、资产相关联，便于管理和信息的及时获取。

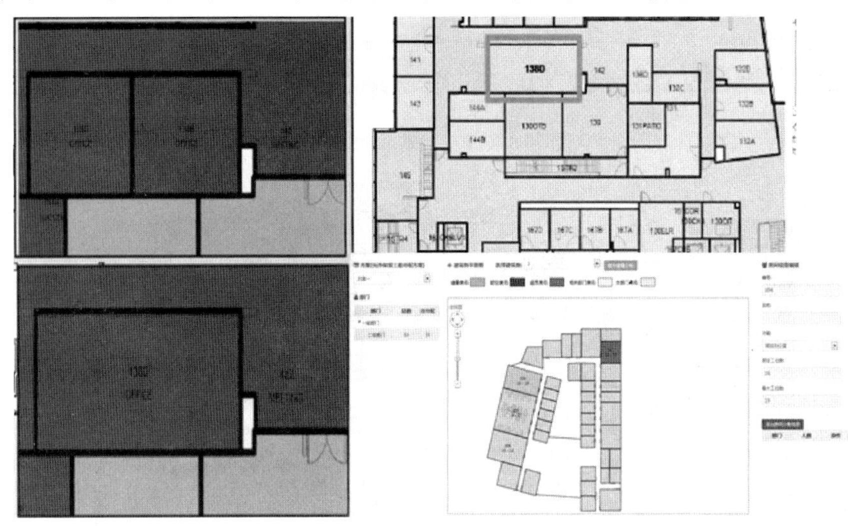

图 5.3.1-4　工作空间管理图

5.3.2　资产管理

BIM 技术与互联网的结合将开创现代化管理的新纪元。基于 BIM 的互联网管理实现了在三维可视化条件下掌握和了解建筑物及建筑中相关人员、设备、结构、资产、关键部位等信息，尤其对于可视化的资产管理可以达到减少成本、提高管理精度、避免损失和资产流失的重大价值意义。

1. 可视化资产信息管理

传统资产信息整理录入主要是由档案室的资料管理人员或录入员采取纸媒质的方式进行管理，这样既不容易保存更不容易查阅，一旦人员调整或周期较长会出现遗失或记录不可查询等问题，造成工作效率降低和成本提高。

由于上述原因，公司、企业或个人对固定资产信息的管理已经逐渐脱离传统的纸质方式，不再需要传统的档案室和资料管理人员。信息技术的发展使基于 BIM 的互联网资产管理系统可以通过在 RFID 的资产标签芯片中注入依据用户需要的详细参数信息和定期提醒设置，同时结合三维虚拟实体的 BIM 技术使资产在智慧建筑物中的定位和相关参数信息一目了然，可以精确定位、快速查阅。

新技术的产生使二维的、抽象的、纸媒质的传统资产信息管理方式变得鲜活生动。资产的管理范围也从以前的重点资产延伸到资产的各个方面。例如，对于机电安装的设备、设施，资产标签中的报警芯片会提醒设备需要定期维修的时间以及设备维修厂家等相关信息，同时可以报警设备的使用寿命，以及时地更换，避免发生伤害事故和一些不必要的麻烦。

2. 可视化资产监控、查询、定位管理

资产管理的重要性就在于可以实时监控、实时查询和实时定位，然而现在的传统做法很难实现。尤其对于高层建筑的分层处理，资产很难从空间上进行定位。BIM技术和互联网技术的结合完美地解决了这一问题。

现代建筑通过BIM系统把整个物业的房间和空间都进行划分，并对每个划分区域的资产进行标记。我们的系统通过使用移动终端收集资产的定位信息，并随时和监控中心进行通信联系。

（1）监视：基于BIM的信息系统完全可以取代和完善视频监视录像，该系统可以追踪资产的整个移动过程和相关使用情况。配合工作人员身份标签定位系统，可以了解到资产经手的相关人员，并且系统会自动记录，方便查阅。一旦发现资产位置在正常区域之外、由无身份标签的工作人员移动或定位信息等非正常情况，监控中心的系统就会自动警报，并且将建筑信息模型的位置自动切换到出现警报的资产位置。

（2）查询：该资产的所有信息包括名称、价值和使用时间都可以随时查询。

（3）定位：随时定位被监视资产的位置和相关状态情况。

3. 可视化资产安保及紧急预案管理

传统的资产管理安保工作无法对被监控资产进行定位，只能够对关键的出入口等处进行排查处理。有了互联网技术后虽然可以从某种程度上加强产品的定位，但是缺乏直观性，难以提高安保人员的反应速度，经常发现资产遗失后没有办法及时追踪，无法确保安保工作的正常开展。基于BIM技术的互联网资产管理可以从根本上提高紧急预案的管理能力和资产追踪的及时性，可视性。

对于一些比较昂贵的设备或物品可能有被盗窃的危险，等工作人员赶到事发现场，犯罪分子有足够的时间逃脱。然而使用无线射频技术和报警装置可以及时了解到贵重物品的情况，因此BIM信息技术的引入变得至关重要，当贵重物品发出报警后其对应的BIM追踪器随即启动。通过BIM三维模型可以清楚分析出犯罪分子所在的精确位置和可能的逃脱路线，BIM控制中心只需要在关键位置及时布置工作人员进行阻截就可以保证贵重物品不会遗失，同时将犯罪分子绳之以法。

BIM控制中心的建筑信息模型与互联网无线射频技术的完美结合彻底实现了非建筑专业人士或对该建筑物不了解的安保人员正确了解建筑物安保关键部位。指挥官只需给进入建筑的安保人员配备相应的无线射频标签，并与BIM系统动态连接，根据BIM三维模型可以直观察看风管、排水通道等容易疏漏的部位和整个建筑三维模型，动态地调整人员部署，对出现异常情况的区域第一时间作出反应。从而为资产的安保工作提供了巨大的便捷，以真正实现资产的安全保障管理。

信息技术的发展推动了管理手段的进步。基于BIM技术的物联网资产管理方式通过最新的三维虚拟实体技术使资产在智慧的建筑中得到合理的使用、保存、监控、查询、定位。资产管理的相关人员以全新的视角诠释资产管理的流程和工作方式，使资产管理的精细化程度得到很大提高，确保了资产价值最大化。

5.3.3　维护管理

维护管理主要是指设备的维护管理。通过将BIM技术运用到设备管理系统中，使系统包含设备所有的基本信息，也可以实现三维动态地观察设备实时状态，从而使设施管理人员了解设备的使用状况，也可以根据设备的状态提前预测设备将要发生的故障，从而在设备发生故障前就对设备进行维护，降低维护费用。将BIM运用到设备管理中，可以查询设备信息、设备运行和控制、自助进行设备报修，也可以进行设备的计划性维护等（图5.3.3-1）。

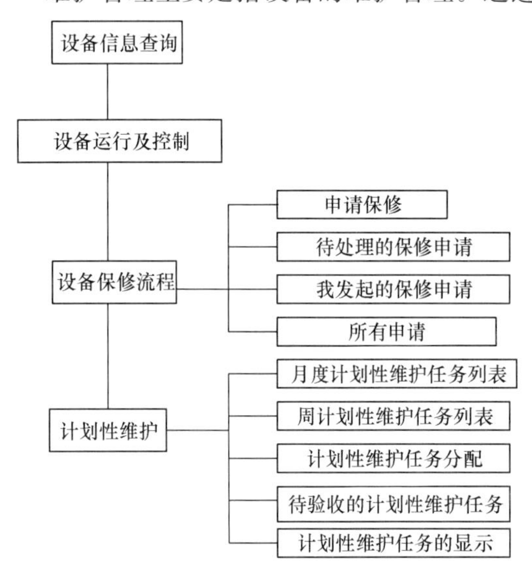

图5.3.3-1　设备维护流程图

1. 设备信息查询

基于BIM技术的管理系统集成了对设备的搜索、查阅、定位功能。通过点击BIM模型中的设备，可以查阅所有设备信息，如供应商、使用期限、联系电话、维护情况、所在位置等（图5.3.3-2）；该管理系统可以对设备生命周期进行管理，比如对寿命即将到期的设备及时预警和更换配件，防止事故发生；通过在管理界面中搜索设备名称，或者描述字段，可以查询所有相应设备在虚拟建筑中的准确定位；管理人员或者领导可以随时利用四维BIM模型，进行建筑设备实时浏览。

另外，在系统的维护页面中，用户可以通过设备名称或编号等关键字进行搜索（图

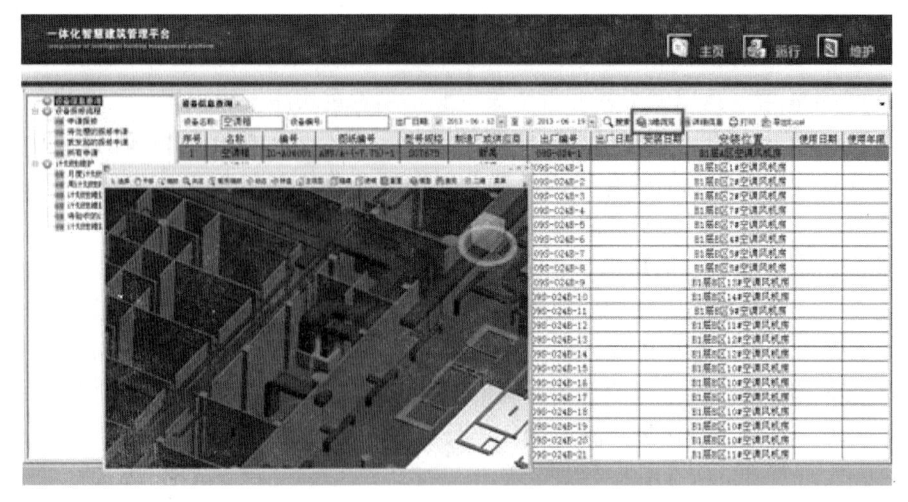

图5.3.3-2　设备信息查询平台

5.3.3-3）。并且用户可以根据需要打印搜索的结果，或导出 Excel 列表。

一体化智慧建筑管理平台　主页　运行　维护

设备信息查询

设备名称：空调箱　出厂日期 2013-06-12 至 2013-06-19　搜索　打印　导出Excel

序号	名称	编号	图纸编号	型号规格	制造厂或供应商	出厂编号	出厂日期	安装日期	安装位置	使用日期	使用年限
1	空调箱	ZG-A04001	AHU/A-(-7.75)-1	SGT675	新晃	09S-024-1			B1层A区空调风机房		
2	空调箱	ZG-A04002	AHU/B-B1F-1-1	SGT9100	新晃	09S-024B-1			B1层B区1#空调风机房		
3	空调箱	ZG-A04003	AHU/B-B1F-1-2	SGT9100	新晃	09S-024B-2			B1层B区2#空调风机房		
4	空调箱	ZG-A04004	AHU/B-B1F-1-3	SGT9100	新晃	09S-024B-3			B1层B区2#空调风机房		
5	空调箱	ZG-A04005	AHU/B-B1F-1-4	SGT9100	新晃	09S-024B-4			B1层B区7#空调风机房		
6	空调箱	ZG-A04006	AHU/B-B1F-1-5	SGT9100	新晃	09S-024B-5			B1层B区7#空调风机房		
7	空调箱	ZG-A04007	AHU/B-B1F-2	SGT560	新晃	09S-024B-6			B1层B区4#空调风机房		
8	空调箱	ZG-A04008	AHU/B-B1F-3	SGT780	新晃	09S-024B-7			B1层B区5#空调风机房		
9	空调箱	ZG-A04009	AHU/B-B1F-4	SGT580	新晃	09S-024B-8			B1层B区5#空调风机房		
10	空调箱	ZG-A04010	AHU/B-B1F-5	SGT780	新晃	09S-024B-9			B1层B区13#空调风机房		
11	空调箱	ZG-A04011	AHU/B-B1F-6	SGT470	新晃	09S-024B-10			B1层B区14#空调风机房		
12	空调箱	ZG-A04012	AHU/B-B1F-7-1	SGT9100	新晃	09S-024B-11			B1层B区9#空调风机房		
13	空调箱	ZG-A04013	AHU/B-B1F-7-2	SGT9100	新晃	09S-024B-12			B1层B区11#空调风机房		
14	空调箱	ZG-A04014	AHU/B-B1F-7-3	SGT9100	新晃	09S-024B-13			B1层B区12#空调风机房		
15	空调箱	ZG-A04015	AHU/B-B1F-7-4	SGT9100	新晃	09S-024B-14			B1层B区12#空调风机房		
16	空调箱	ZG-A04016	AHU/B-B1F-8-1	SGT780	新晃	09S-024B-15			B1层B区10#空调风机房		
17	空调箱	ZG-A04017	AHU/B-B1F-8-2	SGT780	新晃	09S-024B-16			B1层B区10#空调风机房		
18	空调箱	ZG-A04018	AHU/B-B1F-8-3	SGT780	新晃	09S-024B-17			B1层B区10#空调风机房		
19	空调箱	ZG-A04019	AHU/B-B1F-8-4	SGT780	新晃	09S-024B-18			B1层B区10#空调风机房		
20	空调箱	ZG-A04020	AHU/B-B1F-9-1	SGT350	新晃	09S-024B-19			B1层B区10#空调风机房		
21	空调箱	ZG-A04021	AHU/B-B1F-9-2	SGT350	新晃	09S-024B-20			B1层B区10#空调风机房		
22	空调箱	ZG-A04022	AHU/B-B1F-10-1	SGT8100S	新晃	09S-024B-21			B1层B区11#空调风机房		

图 5.3.3-3　设备信息搜寻图

2. 设备运行和控制

所有设备是否正常运行在 BIM 模型上直观显示（图 5.3.3-4），例如绿色表示正常运行，红色表示出现故障；对于每个设备，可以查询其历史运行数据；另外可以对设备进行控制，例如某一区域照明系统的打开、关闭等。

图 5.3.3-4　设备运行和控制图

3. 设备报修流程

在建筑的设施管理中，设备的维修是最基本的，该系统的设备报修管理功能如图 5.3.3-5 所示。所有的报修流程都是在线申请和完成，用户填写设备报修单，经过工程经理审批，然后进行维修；修理结束后，维修人员及时将信息反馈到 BIM 模型中，随后会有相关人员进行检查，确保维修已完成，等相关人员确认该维修信息后，将该信息录入、保存到 BIM 模型数据库中。日后，用户和维修人员可以在 BIM 模型中查看各构件的维修记录，也可以查看本人发起的维修记录。

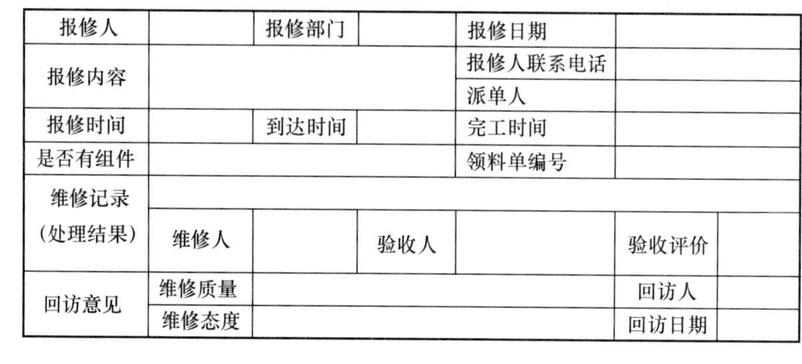

报修人		报修部门		报修日期	
报修内容				报修人联系电话	
				派单人	
报修时间		到达时间		完工时间	
是否有组件				领料单编号	
维修记录（处理结果）					
	维修人		验收人		验收评价
回访意见	维修质量			回访人	
	维修态度			回访日期	

图 5.3.3-5　设备报修功能管理图

4. 计划性维护

计划性维护的功能是让用户依据年、月、周等不同时间节点来确定，当设备的维护计划达到维护计划所确定的时间节点时，系统会自动提醒用户启动设备维护流程，对设备进行维护。

设备维护计划的任务分配是按照逐级细化的策略来确定。一般情况下年度设备维护计划只分配到系统层级，确定一年中哪个月对哪个系统（如中央空调系统）进行维护；而月度设备维护计划，则分配到楼层或区域层级，确定这个月中的哪一周对哪一个楼层或区域的设备进行维护；而最详细的周维护计划，不仅要确定具体维护哪一个设备，还要明确在哪一天具体由谁来维护。

通过这种逐级细化的设备维护计划分配模式，建筑的运维管理团队无须一次性制定全年的设备维护计划，只需有一个全年的系统维护计划框架，在每月或是每周，管理人员可以根据实际情况再确定由谁在什么时间维护具体的某个设备。这种弹性的分配方式，其优越性是显而易见的，可以有效避免在实际的设备维护工作中，由于现场情况的不断变化，或是因为某些意外情况，而造成整个设备维护计划无法顺利进行。

5.3.4　公共安全管理

1. 安保管理

（1）视频监控

目前的监控管理基本是显示摄像视频为主，传统的安保系统相当于有很多双眼睛，但是基于 BIM 的视频安保系统不但拥有了“眼睛”，而且也拥有了“脑子”。因为摄像视频管理是运维控制中心的一部分，也是基于 BIM 的可视化管理。通过配备监控大屏幕可以对整个广场的视频监控系统进行操作（图 5.3.4-1）；当我们用鼠标选择建筑某一层，该层的所有视频图像立刻显示出来；一旦产生突发事件，基于 BIM 的视频安保监控就能与协作 BIM 模型的其他子系统结合进行突发事件管理。

（2）可疑人员的定位

图 5.3.4-1 视频监控图

利用视频识别及跟踪系统，对不良人员、非法人员，甚至恐怖分子等进行标识，利用视频识别软件使摄像头自动跟踪及互相切换，对目标进行锁定。

在夜间设防时段还可利用双鉴、红外、门禁、门磁等各种信号一并传入BIM模型的大屏中。当然这一系统不但要求BIM模型的配合，更要有多种联动软件及相当高的系统集成才能完成。

（3）安保人员位置管理

对于保安人员，可以通过将无线射频芯片植入工卡，利用无线终端来定位保安的具体方位（图5.3.4-2）。对于商业地产，尤其是大型商业地产中人流量大、场地面积大、突发情况多，这类安全保护价值更大。一旦发现险情，管理人员就可以利用这个系统来指挥安保工作。

（4）人流量监控（含车流量）

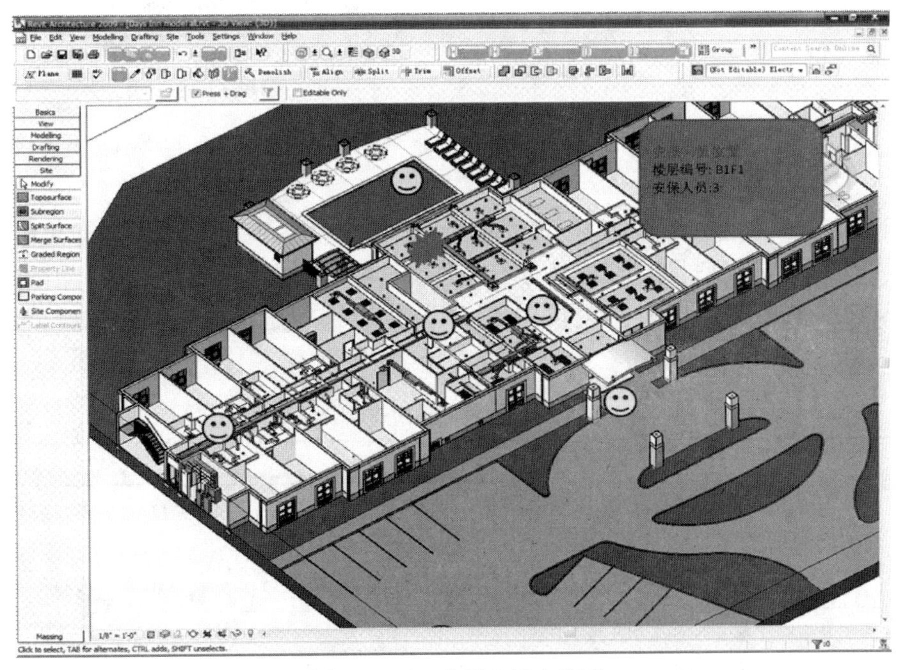

图 5.3.4-2 安保人员定位图

利用视频系统＋模糊计算，可以得到人流（人群）、车流的大概数量，在BIM模型上了解建筑物各区域出入口、电梯厅、餐厅及展厅等区域以及人多的步梯、步梯间的人流量（人数/m^2）、车流量。当每平方米大于5人时，发出预警信号，当>7人时发出警报。从而作出是否要开放备用出入口，投入备用电梯及人为疏导人流以及车流的应急安排。这对安全工作是非常有用的。

2. 火灾消防管理

在消防事件管理中，基于BIM技术的管理系统可以通过喷淋感应器感应信息，如果发生着火事故，在商业广场的信息模型界面中，就会自动进行火警警报，对着火的三维位置和房间立即进行定位显示，并且控制中心可以及时查询相应的周围情况和设备情况，为及时疏散和处理提供信息，如图5.3.4-3所示。

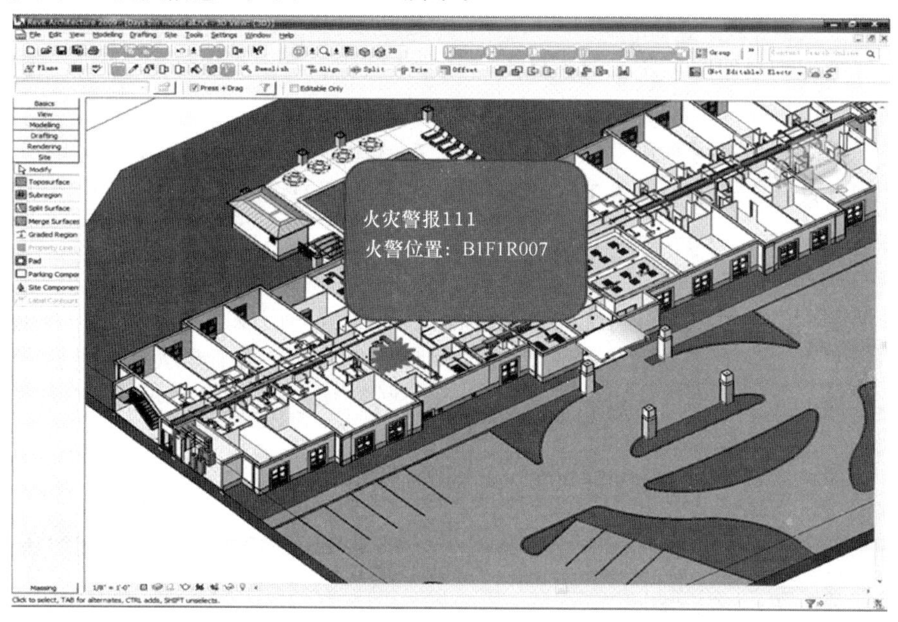

图5.3.4-3　火灾报警图

（1）消防电梯

按目前规范，普通电梯及消防电梯不能作为消防疏散使用（其中消防梯仅可供消防队员使用）。有了BIM模型并且BIM具有上述的动态功能，就有可能使电梯在消防应急救援，尤其是在超高层建筑消防救援中发挥重要作用。要达到这一目的所需条件见表5.3.4。

BIM模拟消防电梯所需条件　　**表5.3.4**

序号	具体条件
1	具有防火功能的电梯机房、有防火功能的轿厢、双路电源（采用阻燃电缆）或更多如柴发或UPS（EPS）电源
2	具有可靠的电梯监控，含音频、视频、数据信号及电梯机房的视频信号、烟感、温感信号
3	在电梯厅及电梯周边房间具有烟感传感器及视频摄像头
4	可靠的无线对讲系统（包括基站的防火、电源的保障等条件）或大型项目驻地消防队专用对讲系统

续表

序号	具 体 条 件
5	在中控室或应急指挥大厅、数据中心ECC大厅等处的大屏幕
6	可靠的全楼广播系统
7	电梯及环境状态与BIM的联动软件

当火灾发生时，指挥人员可以在大屏幕前凭借对讲系统或楼（全区）广播系统、消防专用电话系统，根据大屏显示的起火点（此显示需是现场视频动画后的图示）、蔓延区及电梯的各种运行数据指挥消防救援专业人员（每部电梯由消防人员操作），帮助群众乘电梯疏散至首层或避难层。哪些电梯可用，哪些电梯不可用，在BIM图上可充分显示，帮助决策。这一方案正与消防部门共同研究其可行性。

（2）疏散预习

在大型的办公室区域可为每个办公人员的个人电脑安装不同地址的3D疏散图，标示出模拟的火源点，以及最短距离的通道、步梯疏散的路线，平时对办公人员进行常规的训练和预习。

（3）疏散引导

对于大多数不具备乘梯疏散的情况，BIM模型同样发挥着很大作用。凭借上述各种传感器（包括卷帘门）及可靠的通信系统，引导人员可指挥人们从正确的方向由步梯疏散，使火灾抢险发生革命性的变革。

3. 隐蔽工程管理

在建筑设计阶段会有一些隐蔽的管线信息是施工单位不关注的，或者说这些资料信息可能在某个角落里，只有少数人知道。特别是随着建筑物使用年限的增加，人员更换频繁，这些安全隐患日益突出，有时直接酿成悲剧。如2010年南京市某废旧塑料厂在进行拆迁时，因隐蔽管线信息了解不全，工人不小心挖断地下埋藏的管道，引发了剧烈的爆炸，此次事件引起了社会的强烈关注。

基于BIM技术的运维可以管理复杂的地下管网，如污水管、排水管、网线、电线以及相关管井，并且可以在图上直接获得相对位置关系（图5.3.4-4）。当改建或二次装修的时候可以避开现有管网位置，便于管网维修、更换设备和定位。内部相关人员可以共享

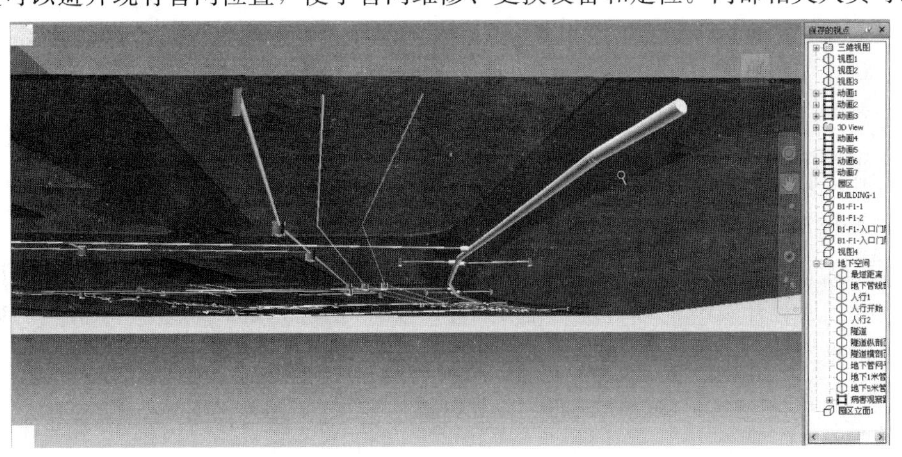

图5.3.4-4 地下管网定位图

这些电子信息，有变化可随时调整，保证信息的完整性和准确性。同样的情况也适用于室内隐蔽工程的管理。这些信息全部通过电子化保存下来，内部相关人员可以进行共享，有变化可以随时调整，保证信息的完整性和准确性，从而大大降低安全隐患。

例如一个大项目，市政有电力、光纤、自来水、中水、热力、燃气等几十个进楼接口，在封堵不良且验收不到位时，一旦外部有水（如市政自来水爆裂，雨水倒灌），水就会进入楼内。利用 BIM 模型可对地下层入口精准定位、验收，方便封堵，质量也可易于检查，大大降低了事故几率。

5.3.5　能耗管理

基于 BIM 的运营能耗管理可以大大减少能耗。BIM 可以全面了解建筑能耗水平，积累建筑物内所有设备用能的相关数据，将能耗按照树状能耗模型进行分解，从时间、分项等不同维度剖析建筑能耗及费用，还可以对不同分项对比分析，并进行能耗分析和建筑运行的节能优化，从而促使建筑在平稳运行时达到能耗最小。BIM 还通过与互联网云计算等相关技术相结合，将传感器与控制器连接起来，对建筑物能耗进行诊断和分析，当形成数据统计报告后可自动管控室内空调系统、照明系统、消防系统等所有用能系统，它所提供的实时能耗查询、能耗排名、能耗结构分析和远程控制服务，使业主对建筑物达到最智能化的节能管理，摆脱传统运营管理下由建筑能耗大引起的成本增加，如图 5.3.5-1 所示。

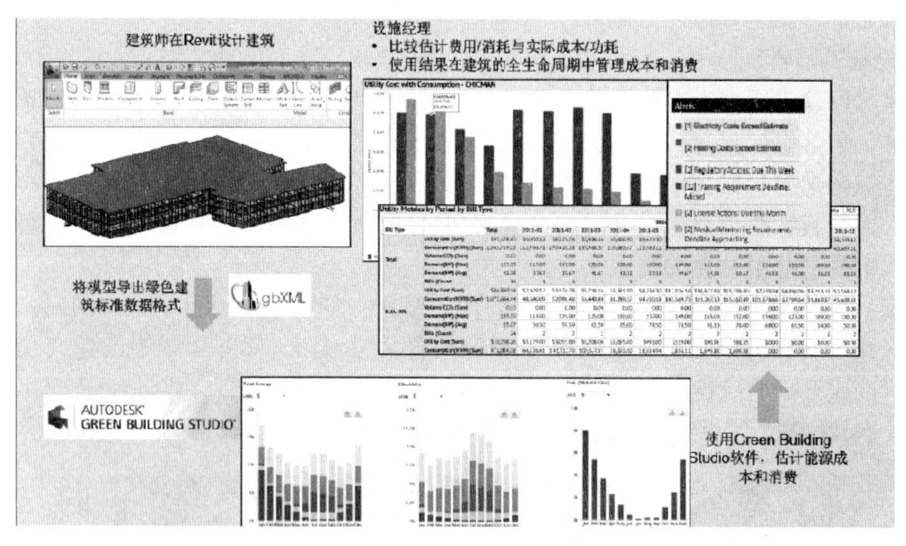

图 5.3.5-1　能耗分析图

1. 电量监测

基于 BIM 技术通过安装具有传感功能的电表后，在管理系统中可以及时收集所有能源信息，并且通过开发的能源管理功能模块，对能源消耗情况自动统计分析，比如各区域、各个租户的每日用电量、每周用电量等（图 5.3.5-2）；并对异常能源使用情况进行警告或者标识。

2. 水量监测

通过与水表进行通讯，BIM 运维平台可以清楚显示建筑内水网位置信息的同时，更

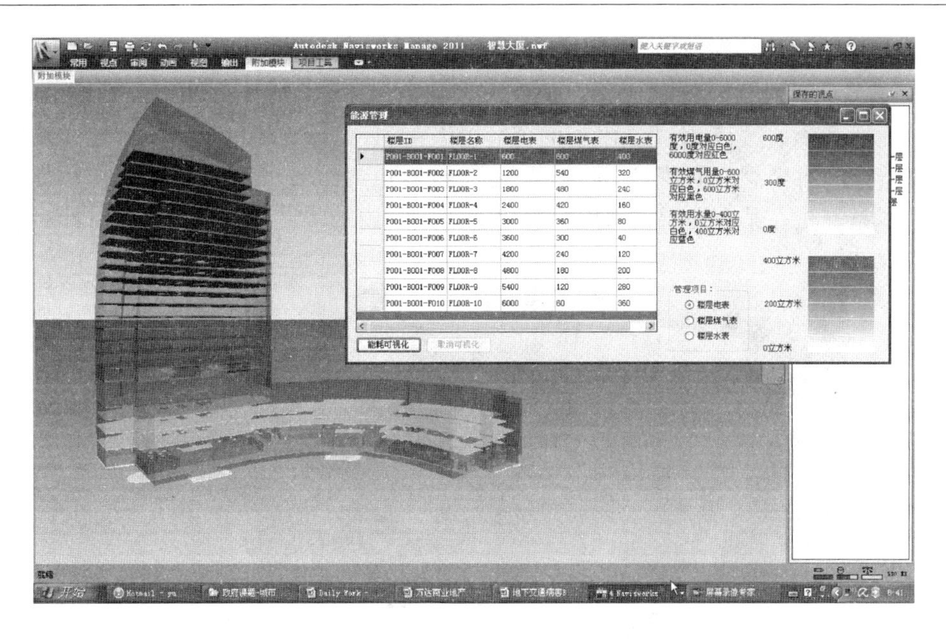

图 5.3.5-2　电量监测平台图

能对水平衡进行有效判断。通过对整体管网数据的分析，可以迅速找到渗漏点，及时维修，减少浪费。而且当物业管理人员需要对水管进行改造时，无须为隐蔽工程而担忧，每条管线的位置都清楚明了。

3. 温度监测

BIM运维平台中可以获取建筑中每个温度测点的相关信息数据（图5.3.5-3），同样，还可以在建筑中接入湿度、二氧化碳浓度、光照度、空气洁净度等信息。温度分布页面将公共区域的温度测点用不同颜色的小球直观展示，通过调整观测的温度范围，可将温度偏高或偏低的测点筛选出来，进一步查看该测点的历史变化曲线，室内环境温度分布尽收眼底。

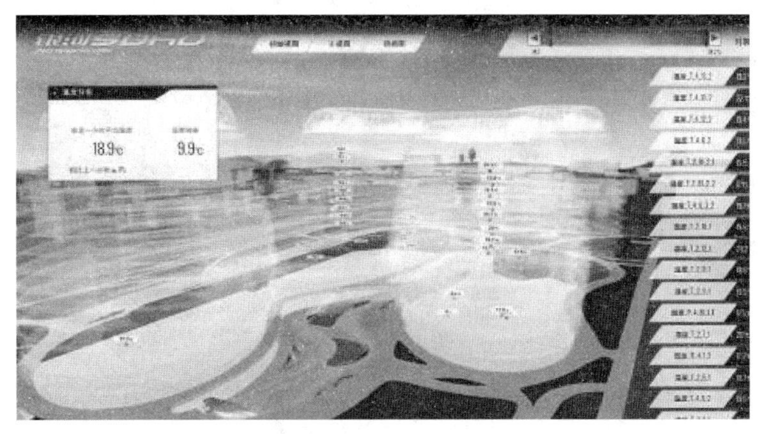

图 5.3.5-3　温度监测平台图

物业管理者还可以调整观察温度范围，把温度偏高或偏低的测点找出来，再结合空调系统和通风系统进行调整。基于BIM模型可对空调送出水温、空风量、风温及末端设备的送风温湿度、房间温度、湿度均匀性等参数进行相应调整，方便运行策略研究、节约能源。

4. 机械通风管理

机械通风系统通过与 BIM 技术相融合，可以在 3D 基础上更为清晰直观地反映每台设备、每条管路、每个阀门的情况。根据应用系统的特点分级、分层次，可以使用其整体空间信息，或是聚焦在某个楼层或平面局部，也可以利用某些设备信息，进行有针对性的分析（图 5.3.5-4）。

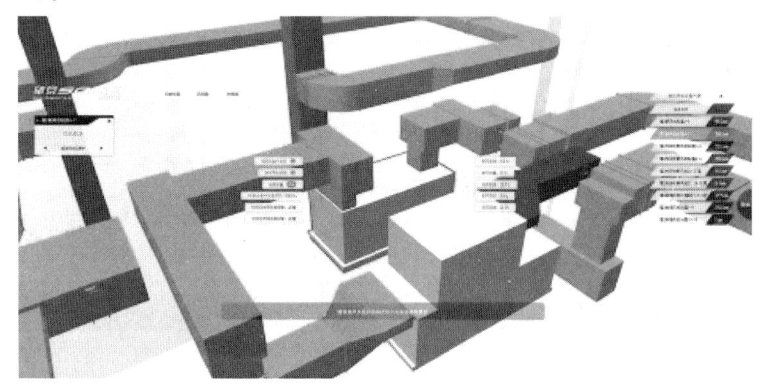

图 5.3.5-4　机械通风分析图

管理人员通过 BIM 运维界面的渲染即可以清楚地了解系统风量和水量的平衡情况（图 5.3.5-5），各个出风口的开启状况。特别当与环境温度相结合时，可以根据现场情况直接进行风量、水量调节，从而达到调整效果实时可见。在进行管路维修时，物业人员也无须为复杂的管路发愁，BIM 系统清楚地标明各条管路的情况，为维修提供了极大的便利。

图 5.3.5-5　机械通风平台管理图

5.4　BIM 与绿色运维

人类的建设行为及其成果——建筑物在生命周期内消耗了全球资源的 40%、全球能源总量的 40%，建筑垃圾也占全球垃圾总量的 40%。绿色建筑强调人与自然的和谐，避免建筑物对生态环境和历史文化环境的破坏，资源循环利用，室内环境舒适。“绿色建筑”的“绿色”，并不是指一般意义的立体绿化、屋顶花园，而是代表一种概念或象征，指建筑对环境无害，能充分利用环境自然资源，并且在不破坏环境基本生态平衡条件下建造的一种建筑，又可称为可持续发展建筑、生态建筑、回归大自然建筑、节能环保建筑等。绿色建筑评价体系共有六类指标，由高到低划分为三星、二星和一星，其中绿色建筑标识如图 5.4-1 所示。

图 5.4-1　绿色建筑标识图

作为建筑生命周期中最长的一个阶段，绿色建筑在运维阶段可通过环保技术、节能技术、自动化控制技术等一系列先进的理念和方法来解决节能、环保，以及使用、居住环境的舒适度问题，使建筑物与自然环境共同构成和谐的有机系统。

《绿色建筑评价标准》中专门设立了“运营管理”章节。其中运营管理部分的评价主要涉及物业管理（节能、节水与节材管理）、绿化管理、垃圾管理、智能化系统管理等方面，如图 5.4-2 所示。

图 5.4-2　绿色运维图

BIM 在绿色运维中的应用主要包括对各类能源消耗的实时监测和改进，以及楼宇智能化系统管理两个方面。

在能耗管理方面，BIM 的动态特性和全生命周期信息传递的特性，为建筑的能耗管理提供了新的、可视化、连续性的解决方案。首先，从竣工 BIM 模型中，FM 人员可获取项目设计、施工阶段能耗控制要求相关的要求、说明，以及各个过程对于建筑能耗管理分析模拟的规则和结果。这些信息将作为建筑运营阶段能耗管理的精确初始数据，便于后期实施及计划。

其次，运维阶段的 BIM 模型通过与楼宇自动监控设备的链接，可通过采集设备运行实时数据，结合建筑占用情况、环境、设施设备运行等动态数据，以 BIM 模型的数据结构为基础，通过可视化的设备、空间信息相关联，为建筑能耗提供优化管理分析的平台，为 FM 人员制定和改进建筑能耗管理计划提供动态、全面的依据。

课　后　习　题

一、单项选择题

1. 设施管理简称（　　）。

A. DM　　B. PM　　C. FM　　D. CM

2. 运维与设施管理中空间管理的内容不包括（　　）。

A. 空间分配　　B. 空间规划　　C. 租赁管理　　D. 消防管理

3. 下列选项中属于维护管理的是（　　）。

A. 维护计划　　B. 转移倡用　　C. 安全防范　　D. 消防管理

4. 下列选项体现的是运维与设施管理的服务性的是（　　）。

A. 随着管理水平和企业信息化的进程，设施管理逐渐演变成综合性、多职能的管理工作

B. FM 管理的多个职能归根到底都是为了给所管理建筑的使用者、所有者提供满意的服务

C. 无论是机电设备、设施的运营、维护，结构的健康监控，以及建筑环境的监测和管理都需要 FM 人员具有一定水平的专业知识

D. 无论是组织自持的不动产性质的建筑，还是由专业 FM 机构运营管理用的建筑，其能耗管理都是关系到组织经济利益和社会环境可持续性发展的重大课题

5. 下列选项不属于传统设施管理存在的问题的是（　　）。

A. 运维与设施管理成本高

B. 运维与设施管理信息不能集成共享

C. 当前运维与设施管理信息化技术低下

D. 运维与设施管理基本不能实现

6. 下列选项关于 BIM 的运维系统架构流程说法正确的是（　　）。

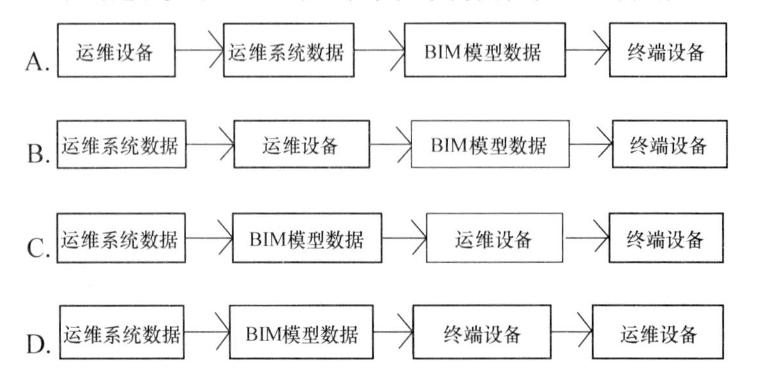

7. 下列选项不属于BIM技术在空间管理中的应用的是（　　）。

A. 家具管理　　B. 租赁管理

C. 垂直交通管理　　D. 车库管理

8. 基于BIM技术的办公管理属于（　　）。

A. 空间管理　　B. 资产管理

C. 维护管理　　D. 公共安全管理

9. 基于BIM技术的垂直交通管理主要指的是（　　）。

A. 电梯管理　　B. 走廊管理

C. 阳台管理　　D. 大厅管理

10. BIM技术和（　　）的结合完美地解决了可视化资产监控、查询、定位管理。

A. 物联网技术　　B. 3D扫面技术

C. 3D打印技术　　D. 云计算

11. 维护管理主要指的是（　　）的维护管理。

A. 空间　　B. 设备

C. 结构　　D. 资金

12. 下列选项中体现的不是安保管理的是（　　）。

A. 视频监控　　B. 安保人员定位

C. 可疑人员定位　　D. 火灾预演

13. 基于BIM技术的火灾消防的应用不包括（　　）。

A. 电量控制　　B. 消防电梯控制

C. 疏散预演　　D. 疏散控制

14. 基于BIM技术的隐蔽工程管理主要指的是对（　　）的管理。

A. 建筑结构　　B. 隐蔽管线

C. 隐蔽空间　　D. 潜在价值

15. 下列关于BIM技术在电量监测中通过安装（　　）电表后，在管理系统中可以及时收集所有能源信息，并且通过开发的能源管理功能模块，对能源消耗情况进行自动统计分析。

A. 具有传感功能的　　B. 普通

C. 电子　　D. 具有监控摄影功能的

16. BIM技术在水量监测中，通过与水表进行通信，（　　）可以清楚显示建筑内水网位置信息的同时，更能对水平衡进行有效判断。

A. BIM运维平台　　B. BIM模型

C. 水表　　D. 手机

17. BIM技术在温度监测中，BIM运维平台中可以获取建筑中（　　）的相关信息数据。

A. 温度测点　　B. BIM模型中任意一点

C. 模型整体　　D. 空调位置点

18. 下列选项不属于机械通风管理的是（　　）。

A. 机械通风系统通过与BIM技术相融合，可以在3D基础上更为清晰直观的反应每台设备、每条管路、每个阀门的情况。

B. 管理人员通过 BIM 运维界面的渲染即可以清楚地了解系统风量的平衡情况，各个出风口的开启状况

C. 特别当与环境温度相结合时，可以根据现场情况直接进行风量、水量调节，从而达到调整效果实时可见

D. 通过对整体管网数据的分析，可以迅速找到渗漏点，及时维修，减少浪费。

19. 下列选项关于绿色建筑说法不正确的是（　　）。

A. 绿色建筑指建筑对环境无害，能充分利用环境自然资源，并且在不破坏环境基本生态平衡条件下建造的一种建筑

B. 绿色建筑评价体系共有六类指标，由高到低划分为三星、二星和一星

C. 绿色建筑在运维阶段可通过环保技术、节能技术、自动化控制技术等一系列先进的理念和方法来解决节能、环保，以及使用、居住环境的舒适度问题，使建筑物与自然环境共同构成和谐的有机系统

D. 绿色建筑的“绿色”，指一般意义的立体绿化、屋顶花园

20. BIM 在绿色运维中的应用主要包括对各类能源消耗的实时监测改进和（　　）。

A. 楼宇智能化系统管理　　B. 楼宇高收益管理

C. 低成本管理　　D. 安全管理

参考答案：

1. C；2. D；3. A；4. B；5. D；6. A；7. A；8. A；9. A；10. A；11. B；12. D；13. A；14. B；15. A；16. A；17. A；18. D；19. D；20. A

二、多项选择题

1. 运维与设施管理的内容主要可分为（　　）。

A. 空间管理　　B. 资产管理

C. 维护管理　　D. 公共安全管理

E. 施工管理　　F. 能耗管理

2. 运维与设施管理的中资产管理的内容主要包括（　　）。

A. 能耗分析　　B. 日常管理

C. 资产盘点　　D. 折旧管理

E. 报表管理

3. 运维与设施管理的特点主要包括（　　）。

A. 多职能性　　B. 服务性　　C. 专业性　　D. 可持续性

4. BIM 技术相较于之前的设施管理技术具有的优势有（　　）。

A. 实现信息集成和共享　　B. 实现设施的可视化管理

C. 实现零成本管理　　D. 可定位建筑构件

5. 在租赁管理应用 BIM 技术对空间进行可视化管理，分析空间的（　　）情况，判断影响不动产财务状况的周期性变化及发展趋势，帮助提高空间的投资回报率，并能够抓住出现的机会及规避潜在的风险。

A. 使用状态　　B. 收益　　C. 成本　　D. 租赁情况

6. 基于 BIM 技术的资产管理内容主要包括（　　）。

A. 可视化资产信息管理

B. 可视化资产监控、查询、定位管理

C. 可视化资产安保及紧急预案管理

D. 可视化租赁管理

7. 维护管理的流程及内容主要包括（　　）。

A. 设备信息查询

B. 设备运行和控制

C. 设备报修流程

D. 计划性维护

8. 基于 BIM 技术的公共安全管理主要包括（　　）。

A. 安保管理

B. 身体健康管理

C. 消防管理

D. 隐蔽工程管理

9. 基于 BIM 技术的能耗管理主要包括（　　）。

A. 电量监测

B. 温度监测

C. 结构可靠性管理

D. 用水量监测

E. 机械通风量管理

10. 绿色建筑又可称为（　　）。

A. 可持续发展建筑

B. 生态建筑

C. 回归大自然建筑

D. 节能环保建筑

E. 绿色环境建筑

参考答案：

1. ABCDF；2. BCDE；3. ABCD；4. ABD；5. ABCD；6. ABC；7. ABCD；8. ACD；9. ABDE；10. ABCD

参　考　文　献

[1] 刘占省，赵雪锋. BIM技术与施工项目管理[M]. 北京：中国电力出版社，2015.

[2] 王辉. 建设工程项目管理[M]. 北京：北京大学出版社，2014.

[3] 中华人民共和国建设部. 建设工程项目管理规范GB/T 50326—2001[S]. 北京：中国建筑工业出版社，2002.

[4] 张建平，李丁，林佳瑞，颜钢文. BIM在工程施工中的应用[J]. 施工技术，2012(16)：10-17.

[5] 张建平. 基于BIM和4D技术的建筑施工优化及动态管理[J]. 中国建设信息，2010(2)：18-23.

[6] 刘占省，赵明，徐瑞龙. BIM技术在我国的研发及工程应用[J]. 建筑技术，2013(10)：893-897.

[7] 刘占省，赵明，徐瑞龙，王泽强. BIM技术在我国的研发及应用[N]. 建筑时报，2013-11-11004.

[8] 刘占省，王泽强，张桐睿，徐瑞龙. BIM技术全寿命周期一体化应用研究[J]. 施工技术，2013(18)：91-95.

[9] 刘占省，赵明，徐瑞龙. BIM技术在建筑设计、项目施工及管理中的应用[J]. 建筑技术开发，2013(3)：65-71.

[10] 何关培. BIM总论[M]. 北京：中国建筑工业出版社，2011.

[11] 何关培，李刚. 那个叫BIM的东西究竟是什么[M]. 北京：中国建筑工业出版社，2011.

[12] 丁士昭. 建设工程信息化导论[M]. 北京：中国建筑工业出版社. 2005.

[13] 王要武. 工程项目信息化管理——Autodesk Buzzsaw[M]. 北京：中国建筑工业出版社. 2005.

[14] 张建平. 信息化土木工程设计——Autodesk Civil 3D[M]. 北京：中国建筑工业出版社. 2005.

[15] 张建平，郭杰，王盛卫，徐正元. 基于IFC标准和建筑设备集成的智能物业管理系统[J]. 清华大学学报(自然科学版). 2004(10)：940-942，946.

[16] 肖伟，胡晓非，胡端. 建筑行业的挑战与BLM/BIM的革新及运用[J]. 中国勘察设计. 2008(1)：68-70.

[17] 倪江波，赵昕. 中国建筑施工行业信息化发展报告(2015)BIM深度应用与发展[M]. 北京：中国城市出版社，2015.

[18] 张泳，付君，王全凤. 建筑信息模型的建设项目管理[J]. 华侨大学学报(自然科学版). 2008(3)：424-426.

[19] 孔嵩. 建筑信息模型BIM研究[J]. 建筑电气，2013(4)：27-31.

[20] 冯剑. 业主基于BIM技术的项目管理成熟度模型研究[D]. 昆明理工大学，2014.

[21] 寿文池. BIM环境下的工程项目管理协同机制研究[D]. 重庆大学，2014.

[22] 赵灵敏. 基于BIM的建设工程全寿命周期项目管理研究[D]. 山东建筑大学，2014.

[23] 孙悦. 基于BIM的建设项目全生命周期信息管理研究[D]. 哈尔滨工业大学，2011.

[24] 彭正斌. 基于BIM理念的建设项目全生命周期应用研究[D]. 青岛理工大学，2013.

[25] 同济大学工程管理研究所. http：//www. ripam. com. cn.

[26] 戚安邦. 工程项目全面造价管理[M]. 天津：南开大学出版社，2000.

[27] 丁荣贵. 项目管理：项目思维与管理关键[M]. 北京：机械工业出版社，2004.

[28] 李明友. 中国建设项目全寿命成本管理现状分析与实践研究[J]. 建筑经济，2007，(3)：33-35.

[29] 陈光，成虎. 建设项目全寿命期目标体系研究[J]. 土木工程学报，2004，37(10)：87-91.

[30] 张亚莉，杨乃定，杨朝君. 项目的全寿命周期风险管理的研究[J]. 科学管理研究，2004，22(2)：27-30.
[31] 黄继英，海燕. 试论全寿命周期设计技术[J]. 矿山机械，2006，34(4)：131-132.
[32] 甄兰平，邰惠鑫. 面向全寿命周期的节面向全寿命周期的节能建筑设计方法研究[J]. 建筑学报，2003(3)：56-57.
[33] 刘占省. 由 500m 口径射电望远镜(FAST)项目看建筑企业 BIM 应用[J]. 建筑技术开发，2015(4)：16-19.
[34] 刘占省. PW 推动项目全生命周期管理[J]. 中国建设信息化，2015，Z1：66-69.
[35] 庞红，向往. BIM 在中国建筑设计的发展现状[J]. 建筑与文化，2015(1)：158-159.
[36] 柳建华. BIM 在国内应用的现状和未来发展趋势[J]. 安徽建筑，2014(6)：15-16.
[37] 刘占省，赵明，徐瑞龙，王泽强. 推广 BIM 技术应解决的问题及建议[N]. 建筑时报，2013-11-28004.
[38] Raymond D. Crotty. The Impact Of Building Information Modeling[M]. 2012.
[39] Willem Kymmell. Building Information Modeling[M]. 2008.
[40] 张春霞. BIM 技术在我国建筑行业的应用现状及发展障碍研究[J]. 建筑经济，2011(9)：96-98.
[41] 贺灵童. BIM 在全球的应用现状[J]. 工程质量，2013，31(3)：12-19.
[42] National Building Information Modeling Standard [S]. National Institute of Building Sciences，2007.
[43] 何清华，钱丽丽，段运峰，李永奎. BIM 在国内外应用的现状及障碍研究[J]. 工程管理学报，2012，26(1)：12-16.
[44] 赵源煜. 中国建筑业 BIM 发展的阻碍因素及对策方案研究[D]. 清华大学，2012.
[45] Timo Hartmann，Martin Fischer. "Applications of BIM and Hurdles for Widespread Adoption of BIM". AISC-ACCL eConstruction Roundtable EventReport. CIFE Working Paper. 2007
[46] 杨德磊. 国外 BIM 应用现状综述[J]. 土木建筑工程信息技术，2013，5(6)：89-94+100.
[47] 陈花军. BIM 在我国建筑行业的应用现状及发展对策研究[J]. 黑龙江科技信息，2013(23)：278-279.
[48] Garcia Carmency，Garcia German，Sarria Fernando. Echeverry Dieqo. Internet-based solutions to the fragmentation of the construction process[A]. Congress on Computing in Civil Engineering Proceedings[C]. 1998：573-576
[49] Wang Shengwei，Xie Junlong. Integrating Building Management System and facilities management on the Internet[J]. Automation in Construction. 2002. 11(6)：707-715
[50] 张建平，曹铭，张洋等. 基于 IFC 标准和工程信息模型的建筑施工 4D 管理系统[C]. //第 14 届全国结构工程学术会议论文集.：166-175.
[51] 张建平，张洋，张新等. 基于 IFC 的 BIM 三维几何建模及模型转换[J]. 土木建筑工程信息技术，2009，1(1)：40-46.
[52] 邱奎宁，王磊. IFC 标准的实现方法[J]. 建筑科学，2004(3)76-78.
[53] IFC-based Product Model Exchange [R]. CIFE Summer Program 2001. Stanford University CA. September 13，2001.
[54] 杨宝明. 建筑信息模型 BIM 与企业资源计划系统 ERP[J]. 施工技术. 2008(6)：31-33
[55] 王荣香，张帆. 谈施工中的 BIM 技术应用[J]. 山西建筑，2015(3)：93-93，94.
[56] 李犁，邓雪原. 基于 BIM 技术建筑信息标准的研究与应用[J]. 四川建筑科学研究，2013，39(4)：395-398.
[57] 吴双月. 基于 BIM 的建筑部品信息分类及编码体系研究[D]. 北京交通大学，2015.

[58] Zhang Xin, Chi Tianhe, Chen Huabin, Zhao Hongrui. Research on Electronic Government Oriented Geographic Information Service System[M]. International Geoscience and Remote Sensing Symposium (IGARSS). 2003 (6): 3796-3798
[59] 刘占省，赵明，徐瑞龙. BIM技术建筑设计、项目施工及管理中的应用[J]. 建筑技术开发，2013，40(3)：65-71.
[60] 甘明，姜鹏，刘占省，徐瑞龙，朱忠义. BIM技术在500m口径射电望远镜(FAST)项目中的应用[J]. 铁路技术创新，2015(3)：94-98.
[61] Zarzycki，A. Exploring Parametric BIM as a Conceptual Tool for Design and Building Technology Teaching[Z]. SimAUD，2010.
[62] 邵韦平. 数字化背景下建筑设计发展的新机遇—关于参数化设计和BIM技术的思考与实践[J]. 建筑设计管理，2011，3(28)：25-28.
[63] 马锦姝，刘占省，侯钢领等. 基于BIM技术的单层平面索网点支式玻璃幕墙参数化设计[C]. //张可文. 第五届全国钢结构工程技术交流会论文集，珠海，2014. 北京：2014. 153-156.
[64] 张桦. 建筑设计行业前沿技术之一：基于BIM技术的设计与施工[J]. 建筑设计管理，2014(1)：14-21+28.
[65] 张建新. 建筑信息模型在我国工程设计行业中应用障碍研究[J]. 工程管理学报，2010(4)：387-392.
[66] 欧阳东，李克强，赵瑗琳. BIM技术——第二次建筑设计革命[J]. 建筑技艺，2014(2)：26-29.
[67] BIM技术在计算机辅助建筑设计中的应用初探[D]. 重庆大学，2006.
[68] 秦军. 建筑设计阶段的BIM应用[J]. 建筑技艺，2011，Z1：160-163.
[69] 梁波. 基于BIM技术的建筑能耗分析在设计初期的应用研究[D]. 重庆大学，2014.
[70] 王慧琛. BIM技术在绿色公共建筑设计中的应用研究[D]. 北京工业大学，2014.
[71] 罗智星，谢栋. 基于BIM技术的建筑可持续性设计应用研究[J]. 建筑与文化，2010(2)：100-103.
[72] 翟建宇. BIM在建筑方案设计过程中的应用研究[D]. 天津大学，2014.
[73] 尹航. 基于BIM的建筑工程设计管理初步研究[D]. 重庆大学，2013.
[74] 陈强. 建筑设计项目应用BIM技术的风险研究[J]. 土木建筑工程信息技术，2012(1)：22-31.
[75] 程斯茉. 基于BIM技术的绿色建筑设计应用研究[D]. 湖南大学，2013.
[76] 李甜. BIM协同设计在某建筑设计项目中的应用研究[D]. 西南交通大学，2013.
[77] 梁逍. BIM在中国建筑设计中的应用探讨[D]. 太原理工大学，2015.
[78] 杨佳. 运用BIM软件完成绿色建筑设计[J]. 工程质量，2013(2)：55-58.
[79] 林佳瑞，张建平，何田丰等. 基于BIM的住宅项目策划系统研究与开发[J]. 土木建筑工程信息技术，2013，5(1)：22-26.
[80] 王勇，张建平. 基于建筑信息模型的建筑结构施工图设计[J]. 华南理工大学学报(自然科学版)，2013，41(3)：76-82.
[81] 徐迪，基于Revit的建筑结构辅助建模系统开发[J]. 土木建筑工程信息技，2012，4(3)：71-77.
[82] 齐聪，苏鸿根. 关于Revit平台工程量计算软件的若干问题的探讨[J]. 计算机工程与设计. 2008(14)：3760-3762
[83] 麦格劳-希尔建筑信息公司. 建筑信息模型——设计与施工的革新，生产与效率的提升[R]. 2009
[84] 刘占省，武晓凤，张桐睿等. 徐州体育场预应力钢结构BIM族库开发及模型建立[C]. //2013年全国钢结构技术学术交流会论文集，北京，2013. 北京：2013.
[85] 张建平，韩冰，李久林等. 建筑施工现场的4D可视化管理[J]. 施工技术，2006，35(10)：36-38.

[86] 陈科宇，刘占省，张桐睿，徐瑞龙. Navisworks 在徐州体育场施工动态模拟中的应用[A]. 天津大学. 第十三届全国现代结构工程学术研讨会论文集[C]. 天津大学：2013：7.

[87] 刘占省，马锦姝，卫启星，徐瑞龙. BIM 技术在徐州奥体中心体育场施工项目管理中的应用研究[J]. 施工技术，2015(6)：35-39.

[88] 刘占省，李斌，王杨，卫启星. BIM 技术在多哈大桥施工管理中的应用[J]. 施工技术，2015(12)：76-80.

[89] 卢岚，杨静，秦嵩等. 建筑施工现场安全综合评价研究[J]. 土木工程学报，2003，36(9)：46-50，82.

[90] 刘占省，李斌，马东全，马锦姝. BIM 技术在钢网架结构施工过程中的应用[A]. 天津大学、天津市钢结构学会. 第十五届全国现代结构工程学术研讨会论文集[C]. 天津大学、天津市钢结构学会：2015：6.

[91] 徐瑞龙，刘占省，杨波，马锦姝. BIM 技术在发电站数字化管理中的应用概述[A]. 天津大学、天津市钢结构协会. 第十四届全国现代结构工程学术研讨会论文集[C]. 天津大学、天津市钢结构协会：2014：6.

[92] 张建平，马天一. 建筑施工企业战略管理信息化研究[J]. 土木工程学报，2004，37(12)：81-86.

[93] 张建平，李丁，林佳瑞等. BIM 在工程施工中的应用[J]. 施工技术，2012，41(16)：10-17.

[94] 张桐睿，刘占省，陈科宇，徐瑞龙. 基于 BIM 的参数化辅助索膜结构找形研究[A]. 天津大学. 第十三届全国现代结构工程学术研讨会论文集[C]. 天津大学：2013：4.

[95] 王慧琛，李炎锋，赵雪锋等. BIM 技术在地下建筑建造中的应用研究——以地铁车站为例[J]. 中国科技信息，2013(15)：72-73.

[96] 张建平，梁雄，刘强等. 基于 BIM 的工程项目管理系统及其应用[J]. 土木建筑工程信息技术，2012(4)：1-6.

[97] 刘占省，马锦姝，陈默. BIM 技术在北京市政务服务中心工程中的研究与应用[J]. 城市住宅，2014(6)：36-39.

[98] 刘占省 徐瑞龙. BIM 在徐州体育场钢结构施工中大显身手[N]. 建筑时报，2015-03-05004.

[99] 王红兵，车春鹂. 建筑施工企业管理信息系统[M]. 北京：电子工业出版社. 2006. 3.

[100] 张建平，刘强，余芳强等. 面向建筑施工的 BIM 建模系统研究与开发[C]. //第十五届全国工程设计计算机应用学术会议论文集. 2010：324-329.

[101] 刘占省，马锦姝，徐瑞龙等. 基于 BIM 的预制装配式住宅信息管理平台研发与应用[J]. 建筑结构学报，2014，35(增刊 2)：65-72.

[102] 张建平，范喆，王阳利等. 基于 4D-BIM 的施工资源动态管理与成本实时监控[J]. 施工技术，2011，40(4)：37-40.

[103] 刘祥禹，关力罡. 建筑施工管理创新及绿色施工管理探索[J]. 黑龙江科技信息，2012(5)：158-158.

[104] 李占仓，刘占省. 基于 SOCKET 技术的远程实时监测系统研究[C]. //第十三届全国现代结构工程学术研讨会论文集，徐州，2013. 徐州：2013. 794-799.

[105] USCG. BIM user guides-presentation from the 2nd congress on digital collaboration in the building industry. AIABuilding Connections. 2005.

[106] 张建平，胡振中. 基于 4D 技术的施工期建筑结构安全分析研究[C]. //第 17 届全国结构工程学术会议论文集. 2008：206-215.

[107] 林佳瑞，张建平等. 基于 4D-BIM 与过程模拟的施工进度—资源均衡[C]. 第十七届全国工程建设计算机应用大会论文集，2014.

[108] 李久林，张建平，马智亮等. 国家体育场(鸟巢)总承包施工信息化管理[J]. 建筑技术，2013，

44(10)：874-876.

[109] 张建平，郭杰，吴大鹏等. 基于网络的建筑工程4D施工管理系统[C]. //计算机技术在工程建设中的应用. 2006：495-500.

[110] 程朴，张建平，江见鲸等. 施工现场管理中的人工智能技术应用研究[C]. //全国交通土建及结构工程计算机应用学术研讨会论文集. 2001：76-80.

[111] 王荣香，张帆. 谈施工中的BIM技术应用[J]. 山西建筑，2015(3)：93-93，94.

[112] Christiansson，P.，Nashwan，D. and Kjeld，S.. Virtual Buildings(VB) and Tools to Manage Construction Process Operations. Conference Proceedings-distributing knowledge in building. CIB w78 conference. 2002

[113] 张建平，余芳强，李丁等. 面向建筑全生命期的集成BIM建模技术研究[J]. 土木建筑工程信息技术，2012(1)：6-14.

[114] 过俊，张颖. 基于BIM的建筑空间与设备运维管理系统研究[J]. 土木建筑工程信息技术，2013(3)：41-49+62.

[115] 汪再军. BIM技术在建筑运维管理中的应用[J]. 建筑经济，2013(9)：94-97.

[116] 张睿奕. 基于BIM的建筑设备运行维护可视化管理研究[D]. 重庆大学，2014.

[117] 杨子玉. BIM技术在设施管理中的应用研究[D]. 重庆大学，2014.

[118] 鞠明明，李少伟，周剑思，张敏杰. 浅谈BIM融合入IBMS的建筑运维管理[J]. 绿色建筑，2015(1)：48-50.

[119] 施晨欢，王凯，李嘉军，刘翀，翟韦. 基于BIM的FM运维管理平台研究——申都大厦运维管理平台应用实践[J]. 土木建筑工程信息技术，2014(6)：50-57.

[120] 陈兴海，丁烈云. 基于物联网和BIM的建筑安全运维管理应用研究——以城市生命线工程为例[J]. 建筑经济，2014(11)：34-37.

[121] 胡振中，彭阳，田佩龙. 基于BIM的运维管理研究与应用综述[J]. 图学学报，2015(5)：802-810.

[122] 高镝. BIM技术在长效住宅设计运维中的应用研究[J]. 山西建筑，2014(7)：3-4.

[123] Eastman，C. M.. Life cycle requirements for building product models. Construction information digital library. 1988

[124] 王代兵，佟曾. BIM在商业地产项目运维管理中的应用研究[J]. 住宅科技，2014(3)：58-60.

[125] 佟曾，王代兵. BIM在商业地产项目运维管理中的应用研究[J]. 中国住宅设施，2014(7)：98-99.

[126] 武大勇. 基于云计算的BIM建筑运营维护系统设计及挑战[J]. 土木建筑工程信息技术，2014(5)：46-52.

[127] 吴强. BIM模型在物业管理及设备运维中的应用[J]. 中国物业管理，2015(5)：42-43.